Bryan F.J. Manly · Jorge A. Navarro Alberto

Multivariate Statistical Methods

A Primer

Fourth Edition

R을 활용한 다변량 통계분석 입문

제4판

자유아카데미

머리말

이 책「Multivariate Statistical Method: a Primer」4판은 이전 3판과 유사하지만, 4판에서는 모든 분석의 R 코드를 소개하고 있다는 것이 특징이다. 코드를 실행하는 데 사용된 R 버전은 R 3.3.1이다. 이 책에서는 R 코드를 통해 얻어진 결과들을 다양한 다른 통계 패키지들의 결과와 일치하는지의 확인 과정을 거쳤다.

이 책의 목표는 수학 전공자가 아닌 사람들에게 다변량 통계방법론을 소개하는 데 있다. 따라서 지나치게 광범위한 내용을 담으려 하지 않았다. 오히려 전반적으로 무엇을 할 수 있는지에 대한 아이디어를 제공하였고 세세한 사항은 최소화하려 하였다. 다시 말해서 이 책은 여러분을 통계적 방법의 특정 분야로 인도하기 위한 책이다.

이 책은 독자들이 정규분포, t, 카이제곱, F 분포를 이용한 유의성 검정, 분산분석, 그리고 선형회귀를 포함한 기초 통계학의 실용적 지식을 갖추고 있음을 가정한다. 즉, 보통 통계학과 1학년 때 배우는 지식 정도를 갖추고 있으면 충분하다. 다만, 교재에 있는 특정 수식을 이해하는 데 약간의 대수 지식이 필요하며, 다차원 방법론을 어느 정도 이해하기 위한 행렬대수 지식도 필요하다. 그러나 몇 가지 내용을 사실로 받아들인다면 필요한 지식은 그다지 많지 않다. 행렬대수는 2장에서 정리한다. 따라서 2장을 학습하면 이 분야에서 적당한 지식을 갖게 될 것이다.

각 장들은 어느 정도 서로 독립적으로 학습할 수 있다. 처음 다섯 장은 특정한 기법이라기보다 주로 다변량에서의 일반적인 특징에 관한 내용이어서 준비 단계에 해당하는 내용들이다. 1장은 이 책에 포함된 분석들의 동기를 유발하는 예제를 포함하고 있다. 2장에서는 행렬대수를 다루고, 3장에서는 다양한 형태의 시각적 방법을, 4장에서는 유의성 검정을, 그리고 5장에서는 모든 개체들에서 측정된 변수들을 기초로 개체들 간의 거리 측정에 대해 다룬다. 현재 사용되고 있는 매우 중요한 다변량 방법들을 다루는 6장부터 12장까지의 내용을 공부하기 전에 처음 다섯 장을 먼저 학습할 것을 추천한다. 마지막 13장은 다변량 자료 분석에 대한 일반적인 논평을 포함하고 있다.

이 책 4판의 기본적인 내용들은 2판과 3판의 것을 유지하였다. 그리고 내용을 수정할 때는 이 책의 원래 의도였던, 가능한 간단히 그리고 독자들이 다변량 방법론을 현명하게 사용할 수 있도록 하는 단계까지만 인도하자는 생각을 지속적으로 반영하였다. 1장 부록에는 R 패키지 사용에 대한 내용을 소개하고, 분석에 필요한 코드는 2장부터 12장 부록에서 논의하였다.

수년 동안 이 책의 홍보와 4판이 출판될 수 있도록 우리를 격려해 준 Chapman and Hall/CRC Press 직원들의 노고에 감사를 드린다.

Bryan F.J. Manly
University of Otago
Dunedin, New Zealand

Jorge A. Navarro Alberto
Universidad Autonoma de Yucatan
Merida, Mexico

저자소개

Bryan F. J. Manly는 2000년까지 뉴질랜드 더니든에 있는 오타고 대학 통계학과 교수였고, 그 후 미국으로 옮겨 Western EcoSystems Technology 회사에서 컨설턴트로 근무했다. 2015년 다시 뉴질랜드로 돌아와 오타고 대학 의대에서 교수로 근무 중이다.

Jorge A. Navarro Alberto는 25년 넘게 멕시코 Autonomous University of Yucatan에서 생물학, 해양 생물학 그리고 천연자원관리학과 학생들에게 통계학을 가르치고 있는 교수이자 수학자이다.

역자 서문

역자는 지금까지 다변량 통계분석 강의를 하면서 오랫동안 많은 책들을 참고하였다. 어떤 책은 이론적인 설명을 생략하고 예제를 통해 통계분석과 해석만을 제공하는데, 이러한 접근방식은 통계를 전공하지 않은 학생들이 다변량 통계분석을 수행하는 데 겪는 어려움, 즉 진입장벽을 낮추는 효과가 분명히 있다. 하지만 통계적 방법론에 대한 이해가 동반되지 않은 통계분석과 단순 결과해석은 지양하는 것이 좋다.

역자는 통계학과 학생 대상의 전공필수과목인 다변량 통계분석을 강의하면서 예제를 통한 통계분석과 결과를 해석하는 능력뿐만 아니라 통계적 방법론에 대한 이론적인 지식도 함께 제공해야 함을 경험을 통해 깨달았다. 이러한 목적에 부합한 교재를 찾다가 「Multivariate Statistical Method: a Primer」를 발견하였다. 이번 4판 번역에서는 원서에서 부록에 제공하던 R 코드를 본문에 삽입하여 직접 코드를 실행하여 어떤 결과가 나오는지 바로 확인할 수 있도록 하였다. 이 책의 원 저자가 의도하였듯이 통계를 전공하지 않은 학생들도 다변량분석을 할 수 있도록 하기 위해 기본적인 수학 지식만으로도 충분히 핵심 이론을 이해할 수 있도록 쉽게 설명하고자 하였으며, 통계분석의 접근성을 높이기 위해 무료로 제공되는 통계분석 프로그램인 R을 이용하여 실습을 수행하였다.

이 책의 출판을 위해 역자와 출판사 모두 최선을 다하였으나 부족한 점이 있을 것이다. 이 책의 개선에 대한 의견이나 오류에 대한 지적은 출판사 홈페이지를 통해 부탁드리며, 출간 후에 나오는 수정사항 등은 자유아카데미 홈페이지(www.freeaca.com) 자료실에 제공할 예정이니 참고하기를 바란다. 또한 독자들의 소중한 의견은 이 책의 품질을 높이는 훌륭한 밑거름이 될 것이다.

이 책의 번역을 마무리할 수 있도록 묵묵히 곁을 지켜준 가족에게 감사의 마음을 전한다.

2020년 역자

차례

1장 다변량분석의 자료

2장 행렬대수

3장 다변량 자료 시각화

4장 다변량 자료의 유의성 검정

5장 다변량 거리 측정과 검정

6장 주성분분석

7장 인자분석

8장 판별함수분석

9장 군집분석

10장 정준상관분석

11장 다차원척도분석법

12장 다변량배열분석

1장

다변량분석의 자료

1.1 다변량 자료의 예제들

기초서적에 묘사된 통계 방법론들은 하나의 확률변수에서의 변동을 분석하는 데 관심이 있기 때문에 대부분 일변량 방법론이다. 한편, 다변량분석의 핵심은 적어도 초반에 동등하게 중요하다고 생각되는 여러 관련 변수들을 동시에 고려하는 것이다. 이러한 일반적인 접근법의 잠재적 가치는 몇 가지 예제들을 고려함으로써 드러난다.

예제 1.1 폭풍으로부터 참새들의 생존

1898년 2월 1일에 발생한 심각한 폭풍 후에 상당수의 빈사 상태의 참새들이 로드아일랜드 주에 있는 브라운 대학의 Hermon Bumpus 실험실로 옮겨졌다. 이후 대략 절반의 새들이 죽었다. Bumpus는 이를 찰스 다윈(Charles Darwin)의 자연 선택설을 지지하는 무언가를 발견할 기회로 생각했다. 이러한 목적 달성을 위해 그는 새들의 8가지 형태 자료와 무게를 측정하였다. 자료 중 5가지 측정치가 표 1.1에 정리되어 있으며, 모두 암컷 새들에 대한 자료이다.

표 1.1 암컷 참새들의 몸통 측정 자료들

새	X_1	X_2	X_3	X_4	X_5
1	156	245	31.6	18.5	20.5
2	154	240	30.4	17.9	19.6
3	153	240	31.0	18.4	20.6
4	153	236	30.9	17.7	20.2
5	155	243	31.5	18.6	20.3
6	163	247	32.0	19.0	20.9
7	157	238	30.9	18.4	20.2
8	155	239	32.8	18.6	21.2
9	164	248	32.7	19.1	21.1
10	158	238	31.0	18.8	22.0
11	158	240	31.3	18.6	22.0
12	160	244	31.1	18.6	20.5
13	161	246	32.3	19.3	21.8
14	157	245	32.0	19.1	20.0
15	157	235	31.5	18.1	19.8
16	156	237	30.9	18.0	20.3
17	158	244	31.4	18.5	21.6
18	153	238	30.5	18.2	20.9
19	155	236	30.3	18.5	20.1
20	163	246	32.5	18.6	21.9
21	159	236	31.5	18.0	21.5
22	155	240	31.4	18.0	20.7

(계속)

표 1.1 암컷 참새들의 몸통 측정 자료들

새	X_1	X_2	X_3	X_4	X_5
23	156	240	31.5	18.2	20.6
24	160	242	32.6	18.8	21.7
25	152	232	30.3	17.2	19.8
26	160	250	31.7	18.8	22.5
27	155	237	31.0	18.5	20.0
28	157	245	32.2	19.5	21.4
29	165	245	33.1	19.8	22.7
30	153	231	30.1	17.3	19.8
31	162	239	30.3	18.0	23.1
32	162	243	31.6	18.8	21.3
33	159	245	31.8	18.5	21.7
34	159	247	30.9	18.1	19.0
35	155	243	30.9	18.5	21.3
36	162	252	31.9	19.1	22.2
37	152	230	30.4	17.3	18.6
38	159	242	30.8	18.2	20.5
39	155	238	31.2	17.9	19.3
40	163	249	33.4	19.5	22.8
41	163	242	31.0	18.1	20.7
42	156	237	31.7	18.2	20.3
43	159	238	31.5	18.4	20.3
44	161	245	32.1	19.1	20.8
45	155	235	30.7	17.7	19.6
46	162	247	31.9	19.1	20.4
47	153	237	30.6	18.6	20.4
48	162	245	32.5	18.5	21.1
49	164	248	32.3	18.8	20.9

출처: Data from Bumpus, H.C., *Biological Lectures*, Marine Biology Laboratory, Woods Hole, MA, 1898.

노트: X_1 = 총 길이, X_2 = 날개 길이, X_3 = 주둥이와 머리 길이, X_4 = 상완골 길이, X_5 = 흉골의 용골돌기 길이(단위는 모두 밀리미터). 원 자료는 인치와 밀리미터 단위였다. 새 1~21은 생존, 새 22~49는 죽음

Bumpus(1989)는 자신이 얻은 자료를 통해 "죽은 새들은 폭풍 때문이 아니라 신체적으로 부적격해서 죽었고, 살아남은 새들은 어떤 신체적 특징을 가졌기 때문에 살았다."라고 결론지었다. 구체적으로, 생존한 새들이 죽은 새들보다 "작고 가벼우며 … 보다 긴 날개 뼈, 긴 다리, 긴 가슴판과 더 좋은 두뇌를 가졌다."는 것을 발견했다. 또한 그는 "선택적 제거 과정은 변동이 어떤 방향으로 발생하든 상관없이, 지나치게 변동이 큰 개체에서 가장 심각하다. 구성상 우수성의 특정 기준을 넘어서는 것은 표준보다 눈에 띄게 낮은 것만큼이나 위험하다."고 결론지었다. 즉, 평균값에 가까운 측정치

를 가진 개체들이 평균값에서 먼 개체들보다 더 잘 생존했다.

사실, Bumpus가 작업할 당시인 1898년에는 다변량 통계 방법론들이 거의 개발되지 않았다. 1877년 Francis Galton에 의해 두 변수들 간 상관관계의 측도로 상관계수가 고안되었다. 하지만 Bumpus 자료에 적용될 수 있는 가장 간단한 다변량분석 방법 중 하나인 주성분분석을 실행하기 위한 실용적인 방법론이 Harold Hotelling에 의해 개발되기까지는 또 다시 56년이란 시간이 필요했다. Bumpus는 심지어 표준편차조차도 계산하지 않았다. 그럼에도 불구하고, 그의 분석 방법은 합리적이었다. 많은 저자들이 그의 자료를 다시 분석한 결과, 대체로 그의 결론이 맞다는 것을 다시 한번 확인할 수 있었다.

이 자료를 다변량 방법론 설명을 위한 예로 고려할 때, 몇 가지 흥미로운 질문이 떠오른다. 특별히:

1. 다양한 측정치들이 어떤 관계가 있는가? 예를 들면, 한 변수의 큰 값이 다른 변수들의 큰 값과 함께 발생하는 경향이 있는가?
2. 죽은 새들과 생존한 새들에 대한 변수들의 평균값에 있어서 통계적으로 유의한 차이가 있는가?
3. 죽은 새들과 생존한 새들이 각 변수들에 대하여 유사한 변동량을 보이는가?
4. 만일 죽은 새들과 생존한 새들이 변수들의 분포에서 차이를 보인다면, 두 그룹을 구별하는 변수들의 함수를 구성하는 것이 가능한가? 만일 함수의 값이 생존 그룹에서 큰 경향을 보인다면, 이 함수가 명백하게 참새들의 다윈 적합 지표가 될 수 있기 때문에 구별이 쉬워진다.

예제 1.2 이집트인 두개골

두 번째 예제로 표 1.2에 주어진 고대 이집트 수도인 테베 영역에서 나온 남성 두개골 측정 자료를 고려하자. 각 시대별로 30개 두개골 자료로 구성된 다섯 가지 시대적 자료가 주어졌다: 왕조 전 시대 초기(약 기원전 4000년), 왕조 전 시대 후기(약 기원전 3300년), 12대와 13대 왕조(약 기원전 1850년), 프톨레마이오스 왕조시대(약 기원전 200년), 그리고 로마시대(약 기원후 150년). 각 두개골의 네 가지 측정 자료는 그림 1.1에 설명되어 있다.

표 1.2 이집트 남성 두개골 측정 자료

두개골	왕조 전 시대 초기				왕조 전 시대 후기				12대 13대 왕조				프톨레마이오스 왕조시대				로마시대			
	X_1	X_2	X_3	X_4	X_1	X_2	X_3	X_4	X_1	X_2	X_3	X_4	X_1	X_2	X_3	X_4	X_1	X_2	X_3	X_4
1	131	138	89	49	124	138	101	48	137	141	96	52	137	134	107	54	137	123	91	50
2	125	131	92	48	133	134	97	48	129	133	93	47	141	128	95	53	136	131	95	49
3	131	132	99	50	138	134	98	45	132	138	87	48	141	130	87	49	128	126	91	57
4	119	132	96	44	148	129	104	51	130	134	106	50	135	131	99	51	130	134	92	52
5	136	143	100	54	126	124	95	45	134	134	96	45	133	120	91	46	138	127	86	47
6	138	137	89	56	135	136	98	52	140	133	98	50	131	135	90	50	126	138	101	52
7	139	130	108	48	132	145	100	54	138	138	95	47	140	137	94	60	136	138	97	58
8	125	136	93	48	133	130	102	48	136	145	99	55	139	130	90	48	126	126	92	45
9	131	134	102	51	131	134	96	50	136	131	92	46	140	134	90	51	132	132	99	55
10	134	134	99	51	133	125	94	46	126	136	95	56	138	140	100	52	139	135	92	54
11	129	138	95	50	133	136	103	53	137	129	100	53	132	133	90	53	143	120	95	51
12	134	121	95	53	131	139	98	51	137	139	97	50	134	134	97	54	141	136	101	54
13	126	129	109	51	131	136	99	56	136	126	101	50	135	135	99	50	135	135	95	56
14	132	136	100	50	138	134	98	49	137	133	90	49	133	136	95	52	137	134	93	53
15	141	140	100	51	130	136	104	53	129	142	104	47	136	130	99	55	142	135	96	52
16	131	134	97	54	131	128	98	45	135	138	102	55	134	137	93	52	139	134	95	47
17	135	137	103	50	138	129	107	53	129	135	92	50	131	141	99	55	138	125	99	51
18	132	133	93	53	123	131	101	51	134	125	90	60	129	135	95	47	137	135	96	54
19	139	136	96	50	130	129	105	47	138	134	96	51	136	128	93	54	133	125	92	50
20	132	131	101	49	134	130	93	54	136	135	94	53	131	125	88	48	145	129	89	47

(계속)

표 1.2 이집트 남성 두개골 측정 자료

두개골	왕조 전 시대 초기				왕조 전 시대 후기				12개 13대 왕조				프톨레마이오스 왕조시대				로마시대			
	X_1	X_2	X_3	X_4	X_1	X_2	X_3	X_4	X_1	X_2	X_3	X_4	X_1	X_2	X_3	X_4	X_1	X_2	X_3	X_4
21	126	133	102	51	137	136	106	49	132	130	91	52	139	130	94	53	138	136	92	46
22	135	135	103	47	126	131	100	48	133	131	100	50	144	124	86	50	131	129	97	44
23	134	124	93	53	135	136	97	52	138	137	94	51	141	131	97	53	143	126	88	54
24	128	134	103	50	129	126	91	50	130	127	99	45	130	131	98	53	134	124	91	55
25	130	130	104	49	134	139	101	49	136	133	91	49	133	128	92	51	132	127	97	52
26	138	135	100	55	131	134	90	53	134	123	95	52	138	126	97	54	137	125	85	57
27	128	132	93	53	132	130	104	50	136	137	101	54	131	142	95	53	129	128	81	52
28	127	129	106	48	130	132	93	52	133	131	96	49	136	138	94	55	140	135	103	48
29	131	136	114	54	135	132	98	54	138	133	100	55	132	136	92	52	147	129	87	48
30	124	138	101	46	130	128	101	51	138	133	91	46	135	130	100	51	136	133	97	51

출처: Thomson, A. and Randall-Maciver, P., *Ancient Races of the Thebaid*, Oxford University Press, Oxford, London, 1905.
노트: X_1 = 최대 넓이, X_2 = 대천문까지 높이, X_3 = 치조 길이, X_4 = 코 높이, 모두 밀리미터

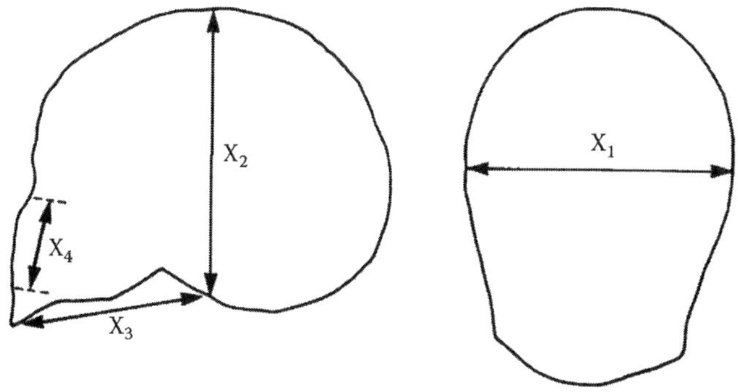

그림 1.1 이집트인 남성 두개골의 네 가지 측정 변수

이 예제와 관련하여 몇 가지 흥미로운 질문은 다음과 같다.

1. 네 가지 측정치들은 어떤 관련이 있는가?
2. 변수들에 대하여 (각 시대별) 표본의 평균들 사이에 통계적으로 유의한 차이가 있는가? 만일 그렇다면 이러한 차이들이 시대별 두개골의 형태와 규모의 점차적인 변화를 반영하는가?
3. 변수들에 대하여 (각 시대별) 표본의 표준편차들 사이에 통계적으로 유의한 차이가 있는가? 만일 그렇다면 이러한 차이들이 시대별 변동량의 변화를 반영하는가?
4. 어떤 의미에서 시대별 변화를 설명할 수 있는 네 변수들의 함수를 만드는 것이 가능한가?

물론 이러한 질문들은 예제 1.1에서 제시되었던 질문들과 상당히 유사하다.

다섯 표본들 간의 차이가 시대에 따른 변화로 일부 설명될 수 있음이 나중에 밝혀진다. 그러나 명백한 변화에 대한 이유는 아직 알려지지 않았음을 밝혀둔다. 이 지역에 다른 인종의 유입이 가장 중요한 원인일 수도 있다.

예제 1.3 어떤 나비의 분포

캘리포니아와 오리건 주에서 나비(Euphydryas editha)의 16개 콜로니에 관한 연구 자료가 표 1.3에 주어졌다. 네 개의 환경 변수(고도, 연 강수량, 그리고 최저/최고 기온)와 여섯 가지 유전적 변수(electrophoresis 기법에 의해 결정된 다른 Pgi 유전자들의 빈도백분율)가 있다. 예제의 목적상 유전자 빈도가 어떻게 결정되는지에 대한 세세한 설명까지는 필요 없으며, 엄밀히 말해 유전자 빈도가 아니다. 하지만 이 빈도가 나

표 1.3 환경 변수들 그리고 캘리포니아와 오리건 주에 서식하는 'Euphydryas editha' 나비 콜로니들의 Pgi 유전자 빈도

			기온(°F)		Pgi 유전자들의 빈도(%)[a]					
콜로니	고도 (feet)	연 강수량 (inches)	최고	최저	0.4	0.6	0.8	1	1.16	1.3
SS	500	43	98	17	0	3	22	57	17	1
SB	808	20	92	32	0	16	20	38	13	13
WSB	570	28	98	26	0	6	28	46	17	3
JRC	550	28	98	26	0	4	19	47	27	3
JRH	550	28	98	26	0	1	8	50	35	6
SJ	380	15	99	28	0	2	19	44	32	3
CR	930	21	99	28	0	0	15	50	27	8
UO	650	10	101	27	10	21	40	25	4	0
LO	600	10	101	27	14	26	32	28	0	0
DP	1,500	19	99	23	0	1	6	80	12	1
PZ	1,750	22	101	27	1	4	34	33	22	6
MC	2,000	58	100	18	0	7	14	66	13	0
IF	2,500	34	102	16	0	9	15	47	21	8
AF	2,000	21	105	20	3	7	17	32	27	14
GH	7,850	42	84	5	0	5	7	84	4	0
GL	10,500	50	81	−12	0	3	1	92	4	0

출처: McKechnie, S.W. et al., *Genetics*, 81, 571-94, 1975, 편의상 환경변수들은 반올림하여 정수로 표현

노트: 원 자료에서는 21개 콜로니들의 자료가 있지만, 이 예제에서는 모든 추정치들에 대해 비슷한 신뢰성을 확보하기 위해 적은 표본을 가진 5개 콜로니들을 제외하였다.

[a] 숫자들 0.4, 0.6 등은 Pgi의 다른 유전적 타입을 나타낸다, 그래서 어떤 콜로니의 빈도들이 그 지역 *E. editha*에 대해 다른 타입의 빈도를 보여 준다.

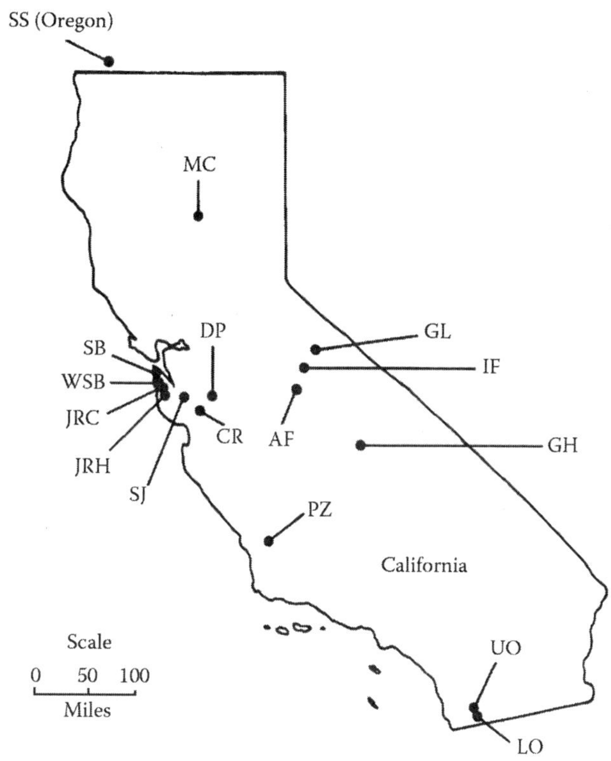

그림 1.2 캘리포니아와 오리건 주에서 Euphydras editha 나비의 콜로니들

비의 유전적 분포를 어느 정도 설명 가능한 것은 맞다. 그림 1.2는 콜로니들의 지리적 위치를 보여 준다.

이 예제에서 궁금한 질문들은 다음과 같다.

1. 거리가 가까운 콜로니끼리는 Pgi 빈도가 유사한가?
2. 어느 정도 유사함이 있다면, Pgi 빈도들이 환경 변수들과 관계가 있는가?

이러한 질문들은 Pgi 빈도들이 어떻게 결정되는지를 결정할 때 중요하다. 만일 콜로니들의 유전적 구성이 과거와 현재 이주에 의해 상당 부분 결정되었다면, 가까운 콜로니들의 유전자 빈도가 유사한 경향을 보이겠지만 환경 변수들과는 거의 관계가 없을 것이다. 한편, 만일 가장 중요한 것이 환경이라면 이것이 유전자 빈도와 환경 변수들 간의 관계에서 드러나야 하지만(옳은 변수들이 측정되었다는 가정 하에), 가까운 콜로니들이 유사한 환경을 가지면 유사한 유전자 빈도를 가질 것이다. 즉, 거리가 가까운 콜로니들은 비슷한 환경을 가질 것이다. 따라서 이 문제에 관해 명백한 결론에 도달하기는 어렵다.

예제 1.4 태국의 선사시대 개

태국 북동쪽 선사 유적지에서 기원전 약 3500년부터 현재까지 광범위한 시기의 개 뼈가 무더기로 발굴되었다. 하지만 선사시대 개의 기원은 분명하지 않다. 황금 자칼(Canis aureus) 혹은 늑대에서 기원되었을 수도 있다. 그러나 늑대는 태국이 원산지가 아니다. 가장 가까운 토종적 출처는 서중국(Canis lupus chanco)과 인도 아대륙(Canis lupus pallides)이다.

선사시대 개들의 조상을 밝히기 위해 주어진 표본들의 하악골에 대해 측정하였다. 이 자료들은 황금 자칼, 중국 늑대, 그리고 인도 늑대들의 자료와 비교된다. 또한 이러한 비교는 다음의 동물들로 확대된다: 인도에서 기원한 딩고(dingo), 남동아시아 토종인 승냥이(cuon), 그리고 현대 태국 시골 개.

일곱 개 그룹 모든 표본들의 여섯 가지 하악골 측정 자료들에 대한 평균값이 표 1.4에 주어졌다. 여기에서 질문은 측정 자료들이 그룹들 간의 관계에 대하여, 특별히 선사시대 개가 다른 그룹과 어떻게 관련되었는지에 대하여 무엇을 제시하는가이다.

표 1.4 개과 동물 일곱 그룹에 대한 하악골 측정 자료들의 평균값

그룹	X_1	X_2	X_3	X_4	X_5	X_6
현대 개	9.7	21.0	19.4	7.7	32.0	36.5
황금 자칼	8.1	16.7	18.3	7.0	30.3	32.9
중국 늑대	13.5	27.3	26.8	10.6	41.9	48.1
인도 늑대	11.5	24.3	24.5	9.3	40.0	44.6
승냥이	10.7	23.5	21.4	8.5	28.8	37.6
딩고	9.6	22.6	21.1	8.3	34.4	43.1
선사시대 개	10.3	22.1	19.1	8.1	32.2	35

출처: Higham, C.F.W. et al. *J. Archaeol. Sci.*, 7, 149-65, 1980.

노트: X_1 = 하악골 넓이, X_2 = 하악골 높이, X_3 = 첫 번째 어금니 길이, X_4 = 첫 번째 어금니 넓이, X_5 = 첫 번째에서 세 번째 어금니까지의 길이, X_6 = 첫 번째에서 네 번째 앞어금니까지의 길이, 모두 밀리미터

예제 1.5 유럽 국가들의 고용

마지막으로 앞선 생물학적 예제와 대조적인 표 1.5 자료를 고려해 보자. 이 자료는 유럽 30개국의 9가지 다른 산업에 종사하는 노동력 비율을 나타낸다. 이 경우에 다변량 방법은 비슷한 고용 패턴을 가진 국가끼리의 구별과 국가들 간의 관계 이해를 돕는 데 유용하다. 정치적 성향과 관련 있는 국가들 간의 차이(유럽연합(EU); 유럽자유무역지역(EFTA); 동유럽 국가들; 그 외 다른 국가들)에 대하여 아마 특별한 관심이 있을 것이다.

표 1.5 유럽 30개국의 9가지 다른 산업에 종사하는 노동력의 비율

국가	그룹	AGR	MIN	MAN	PS	CON	SER	FIN	SPS	TC
벨기에	EU	2.6	0.2	20.8	0.8	6.3	16.9	8.7	36.9	6.8
덴마크	EU	5.6	0.1	20.4	0.7	6.4	14.5	9.1	36.3	7.0
프랑스	EU	5.1	0.3	20.2	0.9	7.1	16.7	10.2	33.1	6.4
독일	EU	3.2	0.7	24.8	1.0	9.4	17.2	9.6	28.4	5.6
그리스	EU	22.2	0.5	19.2	1.0	6.8	18.2	5.3	19.8	6.9
아일랜드	EU	13.8	0.6	19.8	1.2	7.1	17.8	8.4	25.5	5.8
이탈리아	EU	8.4	1.1	21.9	0.0	9.1	21.6	4.6	28.0	5.3
룩셈부르크	EU	3.3	0.1	19.6	0.7	9.9	21.2	8.7	29.6	6.8
네덜란드	EU	4.2	0.1	19.2	0.7	0.6	18.5	11.5	38.3	6.8
포르투갈	EU	11.5	0.5	23.6	0.7	8.2	19.8	6.3	24.6	4.8
스페인	EU	9.9	0.5	21.1	0.6	9.5	20.1	5.9	26.7	5.8
영국	EU	2.2	0.7	21.3	1.2	7.0	20.2	12.4	28.4	6.5
오스트리아	EFTA	7.4	0.3	26.9	1.2	8.5	19.1	6.7	23.3	6.4
핀란드	EFTA	8.5	0.2	19.3	1.2	6.8	14.6	8.6	33.2	7.5
아이슬란드	EFTA	10.5	0.0	18.7	0.9	10.0	14.5	8.0	30.7	6.7
노르웨이	EFTA	5.8	1.1	14.6	1.1	6.5	17.6	7.6	37.5	8.1
스웨덴	EFTA	3.2	0.3	19.0	0.8	6.4	14.2	9.4	39.5	7.2
스위스	EFTA	5.6	0.0	24.7	0.0	9.2	20.5	10.7	23.1	6.2
알바니아	Eastern	55.5	19.4	0.0	0.0	3.4	3.3	15.3	0.0	3.0
불가리아	Eastern	19.0	0.0	35.0	0.0	6.7	9.4	1.5	20.9	7.5
체코슬로바키아	Eastern	12.8	37.3	0.0	0.0	8.4	10.2	1.6	22.9	6.9
헝가리	Eastern	15.3	28.9	0.0	0.0	6.4	13.3	0.0	27.3	8.8
폴란드	Eastern	23.6	3.9	24.1	0.9	6.3	10.3	1.3	24.5	5.2
루마니아	Eastern	22.0	2.6	37.9	2.0	5.8	6.9	0.6	15.3	6.8
구소련	Eastern	18.5	0.0	28.8	0.0	10.2	7.9	0.6	25.6	8.4
구유고슬라비아	Eastern	5.0	2.2	38.7	2.2	8.1	13.8	3.1	19.1	7.8
키프로스	Other	13.5	0.3	19.0	0.5	9.1	23.7	6.7	21.2	6.0
지브롤터	Other	0.0	0.0	6.8	2.0	16.9	24.5	10.8	34.0	5.0
몰타	Other	2.6	0.6	27.9	1.5	4.6	10.2	3.9	41.6	7.2
터키	Other	44.8	0.9	15.3	0.2	5.2	12.4	2.4	14.5	4.4

출처: Euromonitor (1995), except for Germany and the United Kingdom, where more recent values were obtained from the United Nations *Statistical Yearbook*, 2000.

노트: AGR = 농업, 어업, 임업, MIN = 광산업, MAN = 제조업, PS = 전기와 물 산업, CON = 건설, SER = 서비스업종, FIN = 금융, SPS = 사회와 개인적인 서비스업, TC = 교통과 통신

1.2 다변량 방법들의 소개

위에서 언급된 다섯 개의 예제들은 다변량 통계 방법론들을 위한 전형적인 원 재료이다. 모든 예제에서 관심 있는 여러 변수들이 있고, 분명히 각각은 독립이 아니다. 이 시점에서 이러한 예제들과 관련해서 향후에 언급될 내용들을 간략히 소개하는 것이 도움이 되겠다.

주성분분석(principal component analysis: PCA)은 고려할 변수의 수를 원 변수의 선형결합으로 표현된 작은 수의 지표(주성분이라고 불리는)로 줄이기 위해 고안되었다. 예를 들어, 표 1.1에 주어진 새 몸통 측정 자료 변동량의 상당 부분이 새의 일반적인 크기와 연관이 있다. 그래서 총합

$$I_1 = X_1 + X_2 + X_3 + X_4 + X_5$$

은 자료의 이러한 특성을 잘 나타낸다. 이것이 자료의 한 차원을 설명한다. 다른 지표

$$I_2 = X_1 + X_2 + X_3 - X_4 - X_5$$

는 처음 세 개의 자료와 나머지 두 개의 자료의 대비를 나타낸다. 이것이 자료의 또 다른 차원을 반영한다. 주성분분석은 자료가 가진 변동량을 가능한 간결하게 설명할 수 있도록 이런 형태의 지표들을 찾는 객관적인 방법을 제공한다. 두 개 혹은 세 개의 주성분이면 모든 원 변수들을 잘 요약할 수 있음이 밝혀졌다. 원 변수의 값 대신 주성분의 값을 고려하는 것이 자료를 이해하는 데 훨씬 효율적이다. 간단히 말하면 주성분분석은 변수의 수를 줄여서 자료를 간소화하는 하나의 방법이다.

인자분석(factor analysis: FA) 또한 작은 수의 지표변수 혹은 인자들을 이용하여 많은 수의 원 변수들이 가지고 있는 변동량을 설명하고자 한다. 각각의 원 변수들은 인자들의 선형결합과 그들과 독립 정도를 반영하는 잔차항의 합으로 표현될 수 있다고 가정한다. 예를 들어, 참새 자료를 위한 이 인자 모형은 다음을 가정한다.

$$\begin{aligned} X_1 &= a_{11}F_1 + a_{12}F_2 + e_1 \\ X_2 &= a_{21}F_1 + a_{22}F_2 + e_2 \\ X_3 &= a_{31}F_1 + a_{32}F_2 + e_3 \\ X_4 &= a_{41}F_1 + a_{42}F_2 + e_4 \\ X_5 &= a_{51}F_1 + a_{52}F_2 + e_5 \end{aligned}$$

여기에서 a_{ij} 값들은 상수이고, F_1과 F_2는 인자들, e_i는 다른 X의 변동과 독립인 X_i에서의 변동을 나타낸다.

여기에서 F_1은 크기와 관련된 인자일 것이다. 그러한 경우에 몸통 측정 자료 전반에 걸쳐 어떤 새들은 큰 경향이 있고, 어떤 새들은 작은 경향이 있다는 사실을 반영하기 때문에 계수 a_{11}, a_{21}, a_{31}, a_{41} 그리고 a_{51}들이 양수일 것이다. 약간의 음의 계수와 약간의 양의 계수를 갖는 두 번째 인자 F_2는 새들의 형태에 관한 어떤 양상을 측정할 수도 있다. 만일 이러한 이 인자 모형이 자료에 잘 적합하면, 고려하고 있는 다섯 가지 측정 자료들 간의 관계에 대해 상당히 직접적인 설명을 제공할 수 있을 것이다.

인자분석의 한 가지 유형은 처음 몇 개의 주성분을 고려하고 있는 자료의 인자로 생각하고 시작하는 것이다. 이러한 초기 인자들은 인자회전이라는 특별한 변화 과정을 거쳐 해석하기 쉽도록 변경된다. 초기 인자를 찾는 다른 방법들도 사용된다. 더 단순한 인자를 위한 회전은 거의 항상 행해진다.

판별함수분석(discriminant function analysis)은 유용한 측정 자료들을 기반으로 다른 그룹들을 구별 가능한지를 알아보는 문제와 관련이 있다. 예를 들면, 판별함수분석은 참새 몸통 측정 자료들을 이용해 생존 그룹과 그렇지 못한 그룹을 얼마나 잘 구별할 수 있는지(예제 1.1), 혹은 두개골 측정 자료를 이용하여 시대별로 두개골이 얼마나 잘 구별되는지(예제 1.2) 알아보기 위해 사용될 수 있다. 판별함수분석도 주성분분석처럼 의도한 목적 달성을 위해 원 변수들의 적절한 선형결합을 찾는 아이디어에 기반한다.

군집분석(cluster analysis)은 유사한 객체들의 그룹을 식별하는 것과 관련이 있다. 예제 1.1 및 1.2와 같은 자료를 가지고 이러한 분석을 하면 그룹(생존/비생존 그리고 시대들)이 이미 알려져 있기 때문에 별 의미가 없다. 그러나 예제 1.3에서는 환경 변수 혹은 Pgi 빈도를 이용하여 콜로니를 나누는 데 관심이 있고, 반면에 예제 1.4에서는 주관심사가 태국 선사시대 개와 다른 동물들과의 유사성에 있다. 마찬가지로, 예제 1.5에서 유럽 국가들이 고용패턴 유사성에 의해 그룹화가 가능할 것이다.

정준상관(canonical correlation)에서는 변수(개체가 아니라)들을 두 그룹으로 나눈다. 따라서 관심은 주로 이 변수들 간의 관계에 있다. 예제 1.3에서 처음 네 변수는 환경과 관련이 있는 반면, 나머지 여섯 변수들은 Euphydryas editha의 다른 콜로니에서 유전적 분포를 반영한다. 만일 이 두 그룹 변수들 간에 관계가 존재한다면 이러한 관계를 찾는 것이 생물학적으로 상당히 관심이 있다.

다차원척도분석(multidimensional scaling)은 많은 객체들 사이의 어떤 측도 거리에 관한 자료를 가지고 시작한다. 이러한 거리들을 이용하여 객체들이 어떤 관계가 있는지를 보여 주는 지도를 작성한다. 기하학적 의미에서 객체들이 어떤 관계가 있는지에 대한 생각 없이 지도가 한 쌍의 객체들 간에 얼마나 멀리 떨어져 있는지를 측정하는 것이 가능하기 때문에 이것은 매우 유용하다. 따라서 예제 1.4에서 태국 현대 개와 황금 자칼, 현대 개와 중국 늑대 등의 사이의 거리를 재는 다양한 방법이 있다. 동물들을 쌍으로 고려하면 총 21개 거리가 존재하고, 이러한 거리를 이용하여 그룹들 간의 관계를 나타내는 일종의 지도를 만들기 위해 다차원척도분석이 사용될 수 있다. 일차원 지도에서 그룹들은 직선 위에 놓인다. 이차원 지도에서는 그룹들이 이차원 평면 위의 점들로 표현된다. 삼차원 지도에서는 삼차원 입체에서의 점들로 표현된다. 사차원 혹은 그 이상에서는 시각적으로 간단히 표현되지 않기 때문에 사용하는 데 제한이 있지만, 표현은 가능하다. 예제 1.4에서 일차원, 이차원 혹은 삼차원 지도 값들이 명백한데, 이것은 선사시대 개가 어떤 그룹과 가장 유사한지를 바로 보여 주기 때문이다. 따라서 이러한 경우에 다차원척도분석이 군집분석의 유용한 대안이 된다. 고용패턴을 기반으로 한 유럽 국가들의 지도가 예제 1.5에서는 관심사일 것이다.

주성분분석과 다차원척도분석은 종종 배열(ordination)을 위한 방법으로 여겨진다. 다시 말해, 관심 있는 객체들의 집합을 그래프로 표현하기 위한 축을 생성하는 방법이다. 다른 방법의 배열 또한 존재한다.

주요인분석(principal coordinates analysis)은 개체들 간의 측정값 대신에 개체들의 집합에서 각 쌍의 개체들이 어느 정도 다른지에 대한 정보를 가지고 시작하는 일종의 주성분분석과 같다. 그 자체로, 다차원척도분석과 같은 일을 할 것이다. 그러나 주어진 가정과 사용된 수치적 방법은 다르다.

대응분석(correspondence analysis)은 각각의 객체들의 여러 특성들의 양에 대한 정보를 가지고 시작한다. 이것은 생태학에서 유용한데, 예를 들어 관심 있는 개체들이 종종 다른 장소이고, 특성들은 다른 종, 그리고 자료는 각 장소에서 구한 샘플에서 종들의 양으로 이루어진 경우이다. 그래서 대응분석의 목적은 종들의 분포로 표현된 장소들 간의 관계, 그리고 장소 분포로 표현된 종들 간의 관계를 명확히 하는 것이다.

1.3 다변량 정규분포

일변량 정규분포는 이 책의 독자들에게 친숙해야 한다. 이 분포는 잘 알려진 종 모양

이어서 많은 표준 일변량 통계 방법론들은 자료가 정규분포를 따른다는 가정에 기초하고 있다.

일변량 통계 방법론에서 정규분포의 중요성을 알면, 다변량 방법론에서 다변량 정규분포가 중요한 위치를 차지한다는 사실을 깨닫는 것은 놀라운 일이 아니다. 대부분의 이러한 방법들이 분석할 자료가 정규분포를 따른다는 가정을 요구한다.

다변량 정규분포의 정확한 정의가 엄청 중요한 것은 아니다. 좋건 나쁘건 간에, 대부분의 사람들은 자료가 정규분포를 따른다는 사실이 진짜가 아니라는 믿을 만한 어떤 증거가 없으면 정규분포를 따른다고 여기는 것처럼 보인다. 만일 연구 중인 각각의 모든 변수들이 정규분포인 것으로 보이면, 결합분포가 다변량 정규분포라고 가정된다. 사실, 다변량 정규성의 정의는 이보다 많은 것을 요구하기 때문에 이것은 최소한의 요구이다.

다변량 정규성 가정이 명백하게 타당하지 않은 경우도 발생한다. 예를 들어, 연구 중인 하나 혹은 그 이상의 변수들이 몇 개의 매우 큰(혹은 작은) 값들을 가진 매우 기울어진 분포를 갖거나, 여러 개의 중복된 값들을 갖는 등의 경우이다. 이러한 문제들은 종종 기초통계 교재에서 논의되었던 자료의 적절한 변환을 통해 극복될 수 있다. 만일 이것이 효과가 없으면 다른 특별한 형태의 분석이 요구될 것이다.

다변량 정규분포의 한 가지 중요한 특징은 하나의 평균 벡터와 하나의 공분산 행렬에 의해 완벽하게 특정된다는 것이다. 평균 벡터와 공분산 행렬의 정의는 2.7절에서 나온다. 기본적으로, 평균 벡터는 고려하고 있는 모든 변수들의 평균값들을 포함하고 있는 반면, 공분산 행렬은 모든 변수들의 분산에 각 쌍의 변수들이 관련된 정도를 측정하는 공분산까지 포함하고 있다.

1.4 컴퓨터 프로그램

다변량분석을 위한 계산을 수행하는 실질적인 방법들이 약 80년 동안 개발되어 왔다. 그러나 적지 않은 수의 변수들에 대해 이러한 방법을 적용하기 위해서는 컴퓨터가 이용 가능할 때까지 기다려야 했다. 그러므로 보통의 연구자들이 이러한 방법을 손쉽게 수행하게 된 지는 불과 40년 정도밖에 되지 않았다.

요즘은 모든 종류의 컴퓨터에서 계산에 활용할 수 있는 표준 통계 패키지와 컴퓨터 프로그램들이 많이 있다. 이 책은 독자들에게 이러한 패키지와 프로그램들을 현명하게 사용할 수 있도록 충분한 정보를 제공하고자 한다. 또한 R 프로그램 언어가 폭넓게 사용 가능한 경우에 특히 그것의 활용을 강조한다. 1장 부록에서 모든 장의 마지막 부분에 포함된 R 명령어들을 실행하는 데 필요한 R 환경에 대해 간단히 짚어 보고자 한다. 대부분의 예제들에 대한 R 코드는 웹페이지 http://www.manly-biostatistics.co.nz/에서 이용 가능하다. R 언어의 더 많은 활용은 Adler(2012), Crawley(2013), Logan(2010), Teetor(2011), 그리고 Venables.et al.(2015)의 책들과 매뉴얼에서 찾을 수 있다. 다변량분석을 위한 R의 활용에 관한 참고문헌들은 이어지는 장들에서 소개된다.

참고문헌

Adler, J. (2012). *R in a Nutshell*. 2nd Edn. Sebastopol, CA: O'Reilly Media.

Bumpus, H.C. (1898). The elimination of the unfit as illustrated by the introduced sparrow, *Passer domesticus. Biological Lectures*, 11th Lecture. Marine Biology Laboratory, Woods Hole, MA, 209–26.

Crawley, M. (2013). *The R Book*. 2nd Edn. Chichester: Wiley.

Euromonitor (1995). *European Marketing Data and Statistics*. London: Euromonitor Publications.

Higham, C.F.W., Kijngam, A., and Manly, B.F.J. (1980). An analysis of prehistoric canid remains from Thailand. *Journal of Archaeological Science* 7: 149–65.

Logan, M. (2010). *Biostatistical Design and Analysis Using R: A Practical Guide*. Chichester: Wiley.

McKechnie, S.W., Ehrlich, P.R., and White, R.R. (1975). Population genetics of Euphydryas butterflies. I. Genetic variation and the neutrality hypothesis. *Genetics* 81: 571–94.

Teetor, P. (2011). *R Cookbook*. Sebastopol, CA: O'Reilly Media.

Thomson, A. and Randall-Maciver, R. (1905). *Ancient Races of the Thebaid*. Oxford, London: Oxford University Press.

United Nations (2000). *Statistical Yearbook*, 44th Issue. New York: Department of Social Affairs.

Venables, W.N., Smith, D.M. and the R Core Team. (2015). *An Introduction to R: Notes on R, A Programming Environment for Data Analysis and Graphics, Version 3.1.3 (2015-03-09)*. http://cran.r-project.org/doc/manuals/R-intro.pdf

부록 R 소개

광범위한 R 기록 망(CRAN, http://www.r-project.org) 웹사이트에서 R은 "R 개발팀에 의해 유지되는 통계 계산과 그래프 작성을 위한 무료 소프트웨어 환경"으로 묘사된다. R은 요즘 자료 처리, 통계 처리 계산, 그리고 그래프 표현에 있어서 뛰어난 계산 장치로서 과학, 무역, 기술 분야에서 주도적 역할을 하고 있다. 어떤 운영체계(윈도, 맥, 혹은 리눅스)에서도 R은 설치가 가능하다. 만일 매킨토시나 윈도 운영체계를 갖고 있다면, 여러분이 선호하는 미러 사이트에서 다운로드한 설치 프로그램을 실행하고자 할 것이다. 여러분은 단지 www.r-project.org 사이트에 주어진 지시를 따르기만 하면 된다. 보통 매년 3월과 9월에 새로운 버전의 R이 출시되지만, R 프로젝트 웹사이트의 소식 구간에 발표된 최근 버전을 확인하도록 한다.

A.1 R 그래픽 사용자 인터페이스(GUI)

R은 콘솔에 보이는 수치적 결과를 얻기 위해, 그리고 그래프가 생성되는 새로운 팝업 윈도를 생성하기 위해 입력코드에 적절한 간단한 그래픽 사용자 인터페이스를 가지고 있다. 일단 R이 시작되면, 여러분이 사용하고 있는 R의 버전과 다른 특징에 대한 정보를 포함한 R 콘솔 윈도를 보게 될 것이다. 그리고 R이 상호작동 모드에 있음을 의미하는 프롬프트 >가 나타난다. 이것은 R이 명령어가 입력되고 실행되기를 기다리고 있음을 의미한다. R에서 작업하는 가장 흔한 다른 방법은 파일 메뉴에서 접근 가능한 스크립 에디터를 사용하는 것이다. 스크립 에디터가 호출될 때마다 간단한 문서 편집기가 나타나고 거기에서 일련의 R 명령어를 작성할 수 있는데, 이것들은 아스키(ASCII) 파일로 저장되고 어떤 문서 편집기에서나 읽을 수 있는 장점이 있다. 편집 메뉴에서 한 줄 혹은 선택 실행 혹은 모두 실행을 통해 R 코드의 일부 혹은 전체가 R에게 전달된다.

친화적인 인터페이스 특징을 갖춘 상업적 통계 패키지에 익숙한 사용자들에게는 초보적인 성능의 표준 R GUI가 매력적이지 않음은 자명하다. R GUI 환경과 문서 편집기의 개선된 대안으로, 메뉴에 대한 접근을 용이하게, 그리고 R 코드 작성은 더 쉽게 해주는 여러 개의 응용 프로그램이 제공된다. 이들 중 RStudio(RStudio Team 2015)와 TinnR(Faria et al. 2015) 두 프로그램이 두드러진다. R은 대문자와 소문자를 구별하고, R 프로그램은 괄호와 대괄호 같은 기호의 잦은 사용을 요구한다. TinnR과 RStudio는 R 언어의 문장들, 함수의 매개변수, 주석을 구별할 때뿐만 아니라 괄호나 대괄호 등의 시작과 끝을 표시하기 위해 색깔을 이용한다. 이러한 기능 중 어떤 것도 R GUI 문서 편집기에는 없다. 그러므로 여러분은 R과 상호작용을 촉진하기 위해 아마도 이러한 친화적인 프로그램 중 하나를 선택해야 한다.

A.2 R에서 도움말 문서

R에는 R 명령어 각각의 문법, 생성된 결과/객체, 사용 예시, 그리고 명령어가 기인한 참고문헌에 관한 기본적인 정보를 제공해 주는 도움말 시스템이 있다. R 명령어를 제대로 사용하고 있는지 궁금할 때 이러한 표준 도움말 시스템을 활용하는 것은 필수이다. R GUI에서 여러분은 다른 다양한 검색 전략 선택이 가능한 메뉴 바의 한 가지 옵션인 도움말 시스템에 접근할 수 있다. 도움말 시스템은 명령어 문법 그 이상의 정보를 제공한다. 여러분은 R 문서와 매뉴얼에 접근하고 R의 개발에 대해 학습하며 자주 제기되는 문제에 대한 대답까지 얻을 수 있다.

A.3 R 패키지들

R에서 하나의 패키지는 관련된 R 함수들과 도움말 파일, 그리고 사용자나 R 자체적으로 특별한 목적을 위해 호출해서 사용할 수 있는 자료들로 구성되어 있다. R 설치 시 함께 설치되는 패키지들을 제외하고, 사용자가 관심 있는 패키지는 다운로드하여 설치할 필요가 있다. 설치는 단 한 번만 수행하고, 패키지가 필요할 때마다 사용자는 현재 세션의 R 환경에 해당 패키지를 로딩하면 된다. 주요 공공 패키지 저장소는 전 세계 여러 CRAN 미러 사이트에서 이용 가능하지만, 가장 가까운 사이트에서 다운받아 설치하는 것이 현명하다. 패키지 저장소와 미러 사이트를 선택하고 관심 있는 패키지와 이와 관련된 추가 다른 패키지의 자동설치를 위한 가장 좋은 방법은 R GUI에서 패키지 메뉴를 선택하는 것이다. 패키지는 내부 혹은 외부 저장 매체에 저장되는 집파일(zip file)이므로 패키지는 필요한 절차, 문서, 그리고 R과의 연계들도 포함하고 있다. 패키지를 국지적으로(locally) 설치하는 것도 가능하지만(패키지 메뉴에서 선택사항), 설치되어 있는 패키지들과 연계성이 사라지면 그것의 기능도 영향을 받을 것이다. R은 엄청나게 다양한 패키지를 제공하고 있다. 버전 3.1.3을 예로 들면, CRAN 패키지 저장소에는 6415개의 이용 가능한 패키지들이 있다. 그러나 우리는 이 책에서 주어진 예제들의 결과를 얻기 위해 필요한 패키지만 언급할 것이다.

A.4 R 객체

R 언어는 객체들을 다룬다. 객체는 컴퓨터에서 표현될 수 있는 실체들로 정의된다: 숫자, 변수, 행렬, 사용자 함수, 자료(R에서 data frame으로 알려진), 혹은 이러한 것들의 조합(list 같은). 이름을 구성하는 문자열이 다음과 같은 문자를 포함하지 않는 한 객체에는 이름이 주어질 수 있다: 빈 공간(들), -, +, *, /, #, %, &, [,], {, }, (,), 또는 ~. 게다가 객체 이름은 숫자로 시작하면 안 되고, 소문자와 대문자도 구별된다. 그러므로 X와 x는 구별되고, 다른 객체를 의미한다. 후에 오타를 피하기 위해 짧고 기억하기 쉬운 이름 사용을 권장한다. 객체 이름의 할당은 문자 < 와 하이픈 - 로 구성된, 둘 사이에 공간이 없는, 즉 할당연산자 <- 에 의해 R의 현재 작업환경에 그 객체가 할당되었다는 것을 의미한다. 일례로, 여러분은 숫자 12를 값으로 갖는 변수 S를 정의하고 싶을 수 있다. 이에 대한 명령어는 S <- 12이다.

만일 S가 존재하지 않으면 새로 생성될 것이다. 존재하는 경우에는 기존 내용물이 대체된다. 이때 S는 작업환경에(컴퓨터의 메모리에) 존재하고 이를 디스크에 저장하기 위해서는 다른 명령어(즉, save)가 필요하다. 물론 명령어 rm을 통해 현재 세션에 존재하는 객체를 제거할 수 있다.

A.5 R 벡터

R의 주 객체는 벡터이다. 같은 클래스로 이루어진 하나의 n차원 객체이다. 친숙한 실수 벡터가 연결 함수 c()를 사용해서 생성할 수 있는 R에서 가장 좋은 예의 벡터이다. 표 1.3에 주어진 자료를 예로 들어 보자. 여러분들이 Euphydryas editha 나비의 콜로니들이 표본으로 선택된 장소의 연 강수량을 분석하고 싶다고 가정하자. 이를 위해 여러분은 R을 이용해서 숫자 벡터에 그 값들을 저장한다.

```
precip <- c(43, 20, 28, 28, 28, 15, 21, 10, 10, 19, 22, 58, 34, 21, 42,
  50)
```

여기에서 precip은 벡터인데 길이가 원소의 개수와 같은, 이 경우 16인 1행 배열이다. 여러분은 이 길이를 다음과 같이 확인할 수 있다

```
length(precip)
[1]  16
```

두 번째 줄은 첫 줄 실행 결과이다.

벡터의 각 원소들은 고유 인덱스 혹은 열 번호를 갖고 있어서, 대괄호 안에 숫자를 기입해서 원소들을 참고할 수 있다. 예를 들어, 벡터 precip의 13번째 원소가 강수량 34 mm이다. 여러분은 R에서 이 특정값을 다음과 같이 보여 줄 수 있다.

```
precip[13]
[1]  34
```

precip과 같은 숫자 벡터의 각 원소에 이름이 주어질 수 있다. 이러한 이름들은 어떤 문자 벡터(즉, 인용 부호 안에 문자와 숫자로 이루어진 문자열을 포함한 벡터)로부터 취해질 수 있다. 일례로 콜로니 약자를 식별자로 사용하여 precip 벡터 원소에 이름을 부여하기 위해 다음 세 가지 명령어가 사용될 수 있다.

```
COLONY <- c("SS", "SB", "WSB", "JRC", "JRH", "SJ", "CR", "UO",
    "LO", "DP", "PZ", "MC", "IF", "AF", "GH", "GL")
    names(precip) <- COLONY
    precip
    SS SB WSB JRC JRH SJ CR UO LO DP PZ MC IF AF GH GL
    43 20  28  28  28 15 21 10 10 19 22 58 34 21 42 50
```

벡터의 가장 중요한 특징은 한 종류의 객체(숫자, 문자열, 한 인자의 수준, 혹은 논리 값)만 포함할 수 있고 이들의 혼합은 안 된다. 게다가 벡터들의 연산은 각 원소별로 적용된 산술표현을 통해 이루어진다. 벡터들의 다른 특징들과 더 많은 예제들은 R 소개(Venables et al., 2015) 매뉴얼 2장을 참고하라.

A.6 R의 행렬

행렬은 R에서 같은 종류의 자료 배열, 즉 여러 벡터들의 다차원 일반화로 알려진 특별한 경우이다. 행렬을 구성하는 여러 방법이 존재한다. 행렬(matrix)함수를 이용하여 하나의 벡터를 행렬로 변환하는 것이 한 가지 방법이다. 일례로, 네 장소에서 어떤 종의 풍부함을 나타내는 8차원 벡터가 있고, 즉 처음 네 개는 첫해 다음, 네 개는 둘째 해에 해당되는 수치가 다음과 같다고 가정하자.

```
RICHNESS <- c(2, 2, 3, 2, 2, 1, 5, 1)
```

이 자료를 배열하는 더 좋은 방법은 행과 열이 각각 장소와 연도를 나타내는 4×2 행렬을 만드는 것이다.

```
RICHMAT <- matrix(RICHNESS, nrow = 4)
RICHMAT
     [,1]   [,2]
[1,]   2      2
[2,]   2      1
[3,]   3      5
[4,]   2      1
```

기본 설정으로 행렬은 열별로 채워진다. 여기에서는 행의 개수를 나타내는 매개변수 nrow = 4만 필요하지만, 여러분이 다음과 같이 행과 열의 수를 지정해서 더 구체적으로 표현할 수 있다.

```
RICHMAT <- matrix(RICHNESS, nrow = 4, ncol = 2)
```

이 예제에서 R은 행렬 RICHMAT의 각 원소들을 행과 열의 위치를 지정함으로써 접근할 수 있다. 그래서 세 번째 장소에서 두 번째 해에 해당하는 관측치는 다음과 같이 접근할 수 있다.

```
RICHMAT[3,2]
[1]  5
```

특정 행 혹은 특정 열의 원소들은 콤마 전 혹은 후에 대응되는 행 혹은 열을 생략함으로써 참조할 수 있다. 따라서 두 번째 장소에서 두 해 동안의 자료는 다음과 같고,

```
RICHMAT[2,]
[1]  2 1
```

유사하게 모든 장소에서 첫해 관측치는 다음과 같다.

```
RICHMAT[,1]
[1]  2 2 3 2
```

같은 길이(그리고 종류)의 두 개 혹은 그 이상의 벡터들을 결합해서 행렬을 만들 수도 있다. 앞 예제와 비슷하게, 각 네 개의 원소로 구성된 벡터 두 개가 있다고 하자. 첫 번째 벡터는 첫해 네 곳의 장소에서의 수치, 그리고 두 번째 벡터는 두 번째 해에 해당하는 자료가 다음과 같다.

```
richy1 <- c(2, 2, 3, 2)
richy2 <- c(2, 1, 5, 1)
```

cbind()(열별 병합) 혹은 rbind()(행별 병합)라는 명령어를 사용해서 두 벡터들을 하나의 행렬로 병합할 수 있다. 열별 병합은 다음과 같다.

```
RICHMAT1 <- cbind(richy1, richy2)
```

병합 결과는 다음과 같다.

```
RICHMAT1
     richy1 richy2
[1,]  2      2
[2,]  2      1
[3,]  3      5
[4,]  2      1
```

이 경우에 R은 원 벡터 richy1과 richy2를 행렬 RICHMAT1의 열 이름으로 할당한다. 아래 코드는 똑같은 결과를 생성한다(즉, RICHMAT1의 첫 번째 열).

```
RICHMAT1[,1]
[1]  2  2  3  2
RICHMAT1[, "richy1"]
[1]  2  2  3  2
```

행렬의 열 이름은 명령어 colnames에 의해 소환하거나 혹은 정의할 수 있다. 예를 들어, 행렬 RICHMAT1 열 이름이 이미 사용 중인지 확인을 위해, 다음을 시도해라.

```
colnames(RICHMAT1)
[1]  "richy1"  "richy2"
```

유사하게 행렬의 행 이름도 명령어 rownames에 의해 확인할 수도 혹은 정의할 수도 있다. 행렬 RICHMAT1이 생성되었을 때 행 이름은 없었다. 이는 아래와 같이 확인할 수 있다.

```
rownames(RICHMAT1)
NULL
```

행렬 RICHMAT1에 적절한 행 이름을 지어줄 수 있다.

```
rownames(RICHMAT1) <- c("S1", "S2", "S3", "S4")
RICHMAT1
   richy1  richy2
S1    2      2
S2    2      1
S3    3      5
S4    2      1
```

이제 행렬 RICHMAT1의 행들이 문자 S와 장소 숫자에 의해 식별되는 네 장소에 대응된다. 배열과 행렬의 추가 성질들은 Venables et al. 2015(5장)과 이 책 2장과 3장 부록에서 확인 가능하다.

A.7 R에서 원시 데이터베이스로부터 다변량 자료 만들기

다른 종류의 변수들로 구성된 다변량 자료를 다루기 위해 R은 data frame이라 불리는 특별한 객체를 가지고 있다. 데이터 프레임과 이차원 배열은 한 가지 공통점이 있다. 즉, 자료는 행과 열로 정렬된다. 그러나 데이터 프레임의 행들은 다른 샘플링 개체들, 여기에서 관측 혹은 측정이 이루어지는데, 이들은 다른 열들에 배치한다. 그래서 데이터 프레임의 각 열들은 하나의 특정 변수에 해당한다. 그러므로 한 종류의 자료만 허용하는 배열과 달리, 데이터 프레임은 숫자, 문자, 인자, 논리, 날짜 등 여러 변수의 혼합 형태도 가능하다.

데이터 프레임을 생성하는 한 가지 분명한 방법은 크기는 같고 각자 하나의 특정 변수를 포함하고 있는 다른 벡터들을 합친 다음, 이를 데이터 프레임 명령어로 선언하는 것이다:

```
my.data <- data.frame(vector1, vector2, ...)
```

데이터 프레임을 생성하는 더 좋고 실용적인 방법은 탭 혹은 콤마로 분리된 값(CSV) 형태의 자료를 불러올 수 있는 R을 이용하면 되는데, 이는 데이터를 R로 불러오는 가장 편한 형태이다. 다른 방법으로 엑셀, SAS, 혹은 미니탭과 같은 통계 프로그램과 스프레드시트에 저장된 자료들도 불러올 수 있는데, 이 경우에는 자료를 읽어오기 위해 적절한 R 패키지 설치가 필요하다.

여기에서 우리는 탭으로 분리된 값 혹은 csv 형태로 저장된 외부 파일에 `read.table`이란 명령어를 사용하여 데이터 프레임을 생성하는 것을 고려할 것이다. 예제 1.5에 언급된 자료를 예로 들어 보자. 이 자료는 30개의 행(유럽 나라들)과 10개의 변수들을 갖는 데이터 프레임에 적합될 수 있는데, 9개의 변수는 고려하고 있는 유럽 국가들의 9개 산업별 종사 비율(수치형 자료)을 나타내고 나머지 하나는 정치적 집단(EU, EFTA, 동유럽 국가들 등)을 나타내는 범주형 변수이다.

유럽에서 9가지 다른 산업에 종사하는 사람들의 비율 자료가 확장자가 .txt인 Euroemp.txt로 저장되어 있다고 가정하자. 이 자료는 웹사이트 http://www.manly-biostatistics.co.nz/에서 찾을 수 있다. 자료의 처음 두 개와 마지막 두 개, 그리고 변수명들은 다음과 같다.

```
Country Group  AGR MIN  MAN  PS   CON SER  FIN SPS  TC
Belgium EU     2.6 0.2 20.8 0.8 6.3 16.9 8.7 36.9 6.8
Denmark EU     5.6 0.1 20.4 0.7 6.4 14.5 9.1 36.3 7.0
...     ...    ... ...  ... ... ...  ... ...  ... ...
Malta   Other  2.6 0.6 27.9 1.5 4.6 10.2 3.9 41.6 7.2
Turkey  Other 44.8 0.9 15.3 0.2 5.2 12.4 2.4 14.5 4.4
```

여기에서 `Country`는 변수가 아니라 행 이름을 의미한다. 이는 `read.table` 명령어를 이용해서 자료를 불러올 때 고려해 볼 수 있다. 두 번째 열은 질적 변수(Group),

그리고 나머지 9개 열들은 모두 각 산업에 종사하는 사람들의 비율에 해당하는 수치형 변수이다. 텍스파일인 Euroemp.txt로부터 데이터 프레임을 생성하는 명령어는 다음과 같다.

```
euro.emp <- read.table("Euroemp.txt", header=TRUE, row.names=1)
```

이 명령어는 Euroemp.txt 파일을 포함하는 디렉토리가 R에서 현재 작업 중인 디렉토리로 선택되었다고 가정한다. 디렉토리를 지정하는 방법은 R GUI에서 **File > Change dir** ... 메뉴를 선택하면 된다. 첫 매개변수는 인용부호 안의 파일이름이고, 다음으로 옵션 header =TRUE, 이는 데이터에 표제 정보(각 열에 할당된 이름)가 포함되어 있는지를 나타낸다. 하지만 첫 열은 변수가 아니라 행의 이름을 의미한다. 행 이름이 첫 번째 열에 있음을 의미하는 옵션인 row.names=1가 이를 설명한다. 기본적으로 R은 탭 혹은 공간으로 구분된 자료를 읽고 이를 데이터 프레임으로 변환하도록 설정되어 있다. 이 예제에서 euro.emp라는 데이터 프레임이 생성되었다. 이는 원 파일과 같은 정보를 포함하고 있고 R에 의해 접근이 가능하다. 실제로 데이터 프레임인지 확인하기 위해 다음과 같이 타이핑하라.

```
class(euro.emp)
[1] "data.frame"
```

다음과 같이 데이터 프레임 전체를 화면에 보여 주거나

```
euro.emp
```

혹은 첫 6개 행만 보여 줄 수 있다.

```
head(euro.emp)
```

데이터 프레임에 있는 변수들의 타입을 알아보는 좋은 방법은 str 명령어(즉, 데이터 프레임 structure)를 이용하는 것이다. 이 경우

```
str(euro.emp)
'data.frame': 30 obs. of 10 variables:
$ Group: Factor w/ 4 levels "Eastern", "EFTA",...: 3 3 3 3 3 3
```

```
  3 3 3 3 ...
 $ AGR : num 2.6 5.6 5.1 3.2 22.2 13.8 8.4 3.3 4.2 11.5 ...
 $ MIN : num 0.2 0.1 0.3 0.7 0.5 0.6 1.1 0.1 0.1 0.5 ...
 $ MAN : num 20.8 20.4 20.2 24.8 19.2 19.8 21.9 19.6 19.2 23.6 ...
 $ PS : num 0.8 0.7 0.9 1 1 1.2 0 0.7 0.7 0.7 ...
 $ CON : num 6.3 6.4 7.1 9.4 6.8 7.1 9.1 9.9 0.6 8.2 ...
 $ SER : num 16.9 14.5 16.7 17.2 18.2 17.8 21.6 21.2 18.5 19.8 ...
 $ FIN : num 8.7 9.1 10.2 9.6 5.3 8.4 4.6 8.7 11.5 6.3 ...
 $ SPS : num 36.9 36.3 33.1 28.4 19.8 25.5 28 29.6 38.3 24.6 ...
 $ TC : num 6.8 7 6.4 5.6 6.9 5.8 5.3 6.8 6.8 4.8 ...
```

불려온 변수들은 각기 다른 행에 달러 표시와 함께 시작된다. 이것은 데이터 프레임 변수들이 R에서 참조되는 방식을 잘 보여 준다. 변수의 이름은 데이터 프레임 이름 뒤에 오는데, 둘은 $ 문자로 구별된다. 또한, 데이터 프레임 euro.emp의 변수 AGR을 보기 위한 명령어는 다음과 같다.

```
euro.emp$AGR
[1] 2.6 5.6 5.1 3.2 22.2 13.8 8.4 3.3 4.2 11.5 9.9 2.2 7.4 8.5 7
[15]0.5 5.8 3.2 5.6 55.5 19.0 12.8 15.3 23.6 22.0 18.5 5.0 13.5 0.0
[29]2.6 44.8
```

만일 데이터 프레임 이름 없이 하나의 변수만 요청한다면 다음과 같은 에러 메시지가 생성된다.

```
AGR
Error: object 'AGR' not found
```

데이터 프레임과 변수 이름을 조합하는 이런 규칙은 변수를 호출하기 전에 적절한 코드와 함께, 예를 들어 attach 혹은 with와 같은 명령어를 사용하여 피할 수 있다 (Venables et al. 2015, 6장 참고). 데이터 프레임이 R에서 특별한 객체인 리스트라는 것을 명심하는 것은 중요하다. 리스트는 R에서 함수에 의해 생성된 결과 혹은 자료를 처리하기 위해 가장 유용한 객체 중 하나로 여겨진다. 자세한 내용은 Venables et al. (2015) 논문을 참조하라.

R은 문자와 숫자를 포함하는 변수를 팩터(factor)로 전환하도록 기본 설정되어 있

다. 위의 예제에서 euro.emp$Group이 이와 같은 경우이다. 팩터는 길이가 같은 다른 벡터들의 성분들을 분류하는 데 유용한 객체이다. 팩터벡터와 문자벡터의 차이는 팩터벡터의 성분들은 인용부호와 함께 사용되지 않는다는 것이 내부적으로 R은 팩터를 순서가 레이블의 알파벳 순으로 결정된 숫자(정수)벡터로 간주한다. 컴퓨터 메모리 사용 측면에서 정수가 문자열에 비해 더 적은 메모리를 사용하기 때문에 팩터 저장이 좋은 방법이다. 이러한 특성들은 R 명령어에 의해 확인 가능하다. 따라서 euro.emp$Group 벡터의 클래스는 팩터임을 다음과 같이 확인할 수 있다.

```
class(euro.emp$Group)
[1] "factor"
```

그러나 형태(mode)는 숫자형이다.

```
mode(euro.emp$Group)
[1] "numeric"
```

유럽 여러 국가의 9가지 산업 종사 비율 예제에서 자료들이 csv 파일로 저장됐을 수 있다. 이러한 자료를 포함하는 데이터 프레임을 작성하는 R 명령어는 다음과 같다.

```
euro.empcsv <- read.table("Euroemp.csv", header=TRUE, row.names
  =1, sep=",")
```

마지막 매개변수 sep=","에서 콤마는 자료 내 각 필드들의 구별자임을 의미한다. csv 파일은 또한 다음과 같은 방법으로도 불러올 수 있다.

```
euro.empcsv <- read.csv("Euroemp.csv", header=TRUE, row.names=1)
```

read.csv는 파일을 읽어올 때 기본 설정으로 콤마를 구별자로 사용한다는 점을 제외하고는 read.table과 동일하다. 외부 파일을 불러오는 내용과 관련하여 자세한 사항은 Venables et al. (2015) 7장을 참고하라.

A.8 데이터 프레임 인덱싱

데이터 프레임은 벡터와 행렬에서 언급된 한 개 혹은 두 개의 인덱스를 사용한다. 따라서 데이터 프레임 내 개별적인 벡터(변수)에서 특정값들은 하나의 인덱스(그 변수에 해당하는 위치를 나타내는)를 사용해서 접근이 가능한 반면, 변수들의 그룹들 혹은 여러 행들의 접근은 이중 인덱싱(행과 열을 나타내는)을 통해서 가능하다.

데이터 프레임 euro.emp에서 변수 AGR의 내용은 다음과 같이 확인할 수 있다.

```
euro.emp$AGR[3:8]
[1] 5.1 3.2 22.2 13.8 8.4 3.3
```

여기에서 3:8은 벡터 c(3,4,5,6,7,8)와 같다. 비슷하게

```
euro.emp$AGR[c(1,3,5)]
[1] 2.6 5.1 22.2
```

다음은 이중 인덱싱 사용 예이다.

```
euro.emp[25:30,]
Group AGR MIN MAN PS CON SER FIN SPS TC
USSRF       Eastern 18.5 0.0 28.8 0.0 10.2 7.9 0.6 25.6 8.4
YugoslaviaF  Eastern 5.0 2.2 38.7 2.2 8.1 13.8 3.1 19.1 7.8
Cyprus      Other 13.5 0.3 19.0 0.5 9.1 23.7 6.7 21.2 6.0
Gibraltar   Other 0.0 0.0 6.8 2.0 16.9 24.5 10.8 34.0 5.0
Malta       Other 2.6 0.6 27.9 1.5 4.6 10.2 3.9 41.6 7.2
Turkey      Other 44.8 0.9 15.3 0.2 5.2 12.4 2.4 14.5 4.4
```

그리고 특정 행들이 그들의 이름에 의해 참조되는 경우

```
euro.emp[c("UK","Romania"),]
Group  AGR MIN MAN PS CON SER FIN SPS TC
UK     EU 2.2 0.7 21.3 1.2 7.0 20.2 12.4 28.4 6.5
Romania Eastern 22.0 2.6 37.9 2.0 5.8 6.9 0.6 15.3 6.8
```

그리고 두 번째와 다섯 번째 변수들을 참조하는 경우(지면 절약을 위해 첫 번째와 다섯 번째 행만 표기)

```
euro.emp[,c(2,5)]
AGR  PS
Belgium 2.6  0.8
...      ... ...
Turkey  44.8 0.2
```

또한, 변수들 "Group"과 "MIN"의 내용을 참조하는 경우

```
euro.emp[,c("Group","MIN")]
Group   MIN
Belgium  EU   0.2
...      ... ...
Turkey  Other 0.9
```

여기에는 첫 번째와 마지막 행만 표기하였다. 다음 명령어는

```
euro.emp[euro.emp$Group == "Other",]
Group AGR MIN MAN PS CON SER FIN SPS TC
Cyprus    Other 13.5 0.3 19.0 0.5 9.1 23.7 6.7 21.2 6.0
Gibraltar Other 0.0 0.0 6.8 2.0 16.9 24.5 10.8 34.0 5.0
Malta     Other 2.6 0.6 27.9 1.5 4.6 10.2 3.9 41.6 7.2
Turkey    Other 44.8 0.9 15.3 0.2 5.2 12.4 2.4 14.5 4.4
```

변수 Group이 "Other"인 자료들만 보여 준다(공간 절약을 위해 첫 줄과 마지막 몇 줄만 제공). 이중 등호 == 는 조건식 혹은 논리식에서의 등식을 의미한다. 따라서 제시된 결과들은 변수 Group이 "Other"에 해당되는 등식이 참인 경우이다.

데이터 프레임에서의 싱글 혹은 이중 인덱싱 사용에 관한 더 많은 예제는 Logan 책(2010, 2장)을 참고하라.

참고문헌

Faria, J.C., Grosjean, P., and Jelihovschi, E. (2015). *Tinn-R Editor - GUI for R Language and Environment.* http://nbcgib.uesc.br/lec/software/editores/tinn-r/en

RStudio Team. (2015). *RStudio: Integrated Development for R.* RStudio, Inc., Boston, MA. http://www.rstudio.com/

2장

행렬대수

2.1 행렬대수의 필요성

다변량 통계분석 이론은 행렬대수를 이용하면 더 잘 설명된다. 이 때문에 수학의 이 부분에 대한 지식이 필수는 아니지만 도움이 된다. 이는 방법론을 단지 도구로 사용하는 데 관심이 있는 사람들에게도 적용된다. 처음에는 행렬대수의 기호들이 다소 어려워 보인다. 하지만 몇 가지 사실들을 그냥 받아들인다면 기본 원칙들을 이해하는 것은 어렵지 않다.

2.2 행렬과 벡터

하나의 m×n 행렬은 다음과 같은 형태의 하나의 독립체로 여겨지는, m행 n열을 가진 숫자들의 배열이다.

$$\mathbf{A} = \begin{bmatrix} a_{11} & a_{12} & \cdot\cdot & a_{1n} \\ a_{21} & a_{22} & \cdot\cdot & a_{2n} \\ \cdot & \cdot & & \cdot \\ \cdot & \cdot & & \cdot \\ a_{m1} & a_{m2} & \cdot\cdot & a_{mn} \end{bmatrix}$$

만일 m=n이면 이것은 정방행렬이다. 만일 다음과 같이 하나의 열로 이루어져 있으면

$$\mathbf{c} = \begin{bmatrix} c_1 \\ c_2 \\ \cdot \\ \cdot \\ c_m \end{bmatrix}$$

이것은 열벡터로 불린다. 만일 다음처럼 하나의 행으로 이루어져 있으면

$$\mathbf{r} = (r_1, r_2, \ldots, r_n)$$

이것은 행벡터로 불린다. 볼드체는 행렬이나 벡터를 나타내기 위해 사용된다.

전치행렬은 행과 열을 바꿈으로써 얻어진다. 그래서 행렬 **A**의 전치행렬은

$$\mathbf{A}' = \begin{bmatrix} a_{11} & a_{21} & \cdots & a_{m1} \\ a_{12} & a_{22} & \cdots & a_{m2} \\ \cdot & \cdot & & \cdot \\ \cdot & \cdot & & \cdot \\ a_{1n} & a_{2n} & \cdots & a_{mn} \end{bmatrix}$$

또한, 벡터 **c**의 전치는 $\mathbf{c}'=(c_1, \cdots, c_m)$, 그리고 행벡터 **r**의 전치는 열벡터 **r**′이다.

중요한 특별한 종류의 행렬들이 많이 있다. 영행렬은 모든 성분이 영이다. 그래서 다음과 같다.

$$\mathbf{0} = \begin{bmatrix} 0 & \cdot\cdot & 0 & \cdot\cdot & 0 \\ 0 & \cdot\cdot & 0 & \cdot\cdot & 0 \\ \cdot & & \cdot & & \cdot \\ \cdot & & \cdot & & \cdot \\ 0 & \cdot\cdot & 0 & \cdot\cdot & 0 \end{bmatrix}$$

대각행렬은 대각선에 있는 성분을 제외하고는 0으로 구성되어 있다. 그래서 다음과 같다.

$$\mathbf{D} = \begin{bmatrix} d_1 & \cdot\cdot & 0 & \cdot\cdot & 0 \\ 0 & \cdot\cdot & d_2 & \cdot\cdot & 0 \\ \cdot & & \cdot & & \cdot \\ \cdot & & \cdot & & \cdot \\ 0 & \cdot\cdot & 0 & \cdot\cdot & d_n \end{bmatrix}$$

대칭행렬은 전치했을 때 변하지 않은 정방행렬이다 그래서 **A**′=**A**이다. 마지막으로, 단위행렬은 대각성분이 모두 1인 대각행렬이다. 그래서 다음과 같다.

$$\mathbf{I} = \begin{bmatrix} 1 & \cdot\cdot & 0 & \cdot\cdot & 0 \\ \cdot & & \cdot & & \cdot \\ 0 & \cdot\cdot & 1 & \cdot\cdot & 0 \\ \cdot & & \cdot & & \cdot \\ \cdot & & \cdot & & \cdot \\ 0 & \cdot\cdot & 0 & \cdot\cdot & 1 \end{bmatrix}$$

크기가 같고 모든 성분이 같을 때 두 행렬은 같다. 예를 들면, 다음 식은

$$\begin{bmatrix} a_{11} & a_{12} & a_{13} \\ a_{21} & a_{22} & a_{23} \\ a_{31} & a_{32} & a_{33} \end{bmatrix} = \begin{bmatrix} b_{11} & b_{12} & b_{13} \\ b_{21} & b_{22} & b_{23} \\ b_{31} & b_{32} & b_{33} \end{bmatrix}$$

모든 성분이 같을 때($a_{11} = b_{11}$, $a_{12} = b_{12}$, $a_{13} = b_{13}$ 등)만 성립한다.

행렬의 트레이스는 정방행렬에서만 정의되는 대각성분의 합이다. 예를 들면, 위에서 언급된 성분 a_{ij}를 갖는 3×3 행렬의 트레이스는 $\text{trace}(\mathbf{A}) = a_{11} + a_{22} + a_{33}$이다.

2.3 행렬 연산

더하기, 빼기, 곱하기, 나누기와 같은 보통의 산술 연산은 대응되는 행렬을 갖는다. 더하기나 빼기는 같은 크기의 두 행렬의 같은 성분끼리 연산이 이뤄진다. 예를 들어, 두 행렬 **A**와 **B**의 크기가 3×2이면,

$$\mathbf{A} + \mathbf{B} = \begin{bmatrix} a_{11} & a_{12} \\ a_{21} & a_{22} \\ a_{31} & a_{32} \end{bmatrix} + \begin{bmatrix} b_{11} & b_{12} \\ b_{21} & b_{22} \\ b_{31} & b_{32} \end{bmatrix} = \begin{bmatrix} a_{11} + b_{11} & a_{12} + b_{12} \\ a_{21} + b_{21} & a_{22} + b_{22} \\ a_{31} + b_{31} & a_{32} + b_{32} \end{bmatrix}$$

반면에

$$\mathbf{A} - \mathbf{B} = \begin{bmatrix} a_{11} & a_{12} \\ a_{21} & a_{22} \\ a_{31} & a_{32} \end{bmatrix} - \begin{bmatrix} b_{11} & b_{12} \\ b_{21} & b_{22} \\ b_{31} & b_{32} \end{bmatrix} = \begin{bmatrix} a_{11} - b_{11} & a_{12} - b_{12} \\ a_{21} - b_{21} & a_{22} - b_{22} \\ a_{31} - b_{31} & a_{32} - b_{32} \end{bmatrix}$$

명백히 이러한 연산은 같은 크기의 두 행렬에만 적용된다.

행렬대수에서 20 같은 보통의 수는 스칼라로 불린다. 행렬 **A**와 스칼라 k의 곱은 행렬 **A**의 각 성분들과 k의 곱으로 정의된다. 따라서 만일 **A**가 위에서 언급된 3×2 행렬이면

$$k\mathbf{A} = \begin{bmatrix} ka_{11} & ka_{12} \\ ka_{21} & ka_{22} \\ ka_{31} & ka_{32} \end{bmatrix}$$

A · B 혹은 **A**×**B**로 표현되는 두 행렬의 곱은 더 복잡하다. 우선 **A · B**는 행렬 **A**의 열의 수와 행렬 **B**의 행의 수가 같을 때만 정의된다. **A**가 m×n 행렬이고 **B**가 n×p 행렬로서 이것이 성립한다고 가정하자. 이때, 행렬 곱은 다음 결과를 생성한다.

$$\mathbf{A}\cdot\mathbf{B} = \begin{bmatrix} a_{11} & a_{12} & \cdots & a_{1n} \\ a_{21} & a_{22} & \cdots & a_{2n} \\ \cdot & \cdot & & \cdot \\ \cdot & \cdot & & \cdot \\ a_{m1} & a_{m2} & \cdots & a_{mn} \end{bmatrix} \begin{bmatrix} b_{11} & b_{12} & \cdots & b_{1p} \\ b_{21} & b_{22} & \cdots & b_{2p} \\ \cdot & \cdot & & \cdot \\ \cdot & \cdot & & \cdot \\ b_{n1} & b_{n2} & \cdots & b_{np} \end{bmatrix}$$

$$= \begin{bmatrix} \Sigma a_{1j}\cdot b_{j1} & \Sigma a_{1j}\cdot b_{j2} & \cdots & \Sigma a_{1j}\cdot b_{jp} \\ \Sigma a_{2j}\cdot b_{j1} & \Sigma a_{2j}\cdot b_{j2} & \cdots & \Sigma a_{2j}\cdot b_{jp} \\ \cdot & \cdot & & \cdot \\ \cdot & \cdot & & \cdot \\ \Sigma a_{mj}\cdot b_{j1} & \Sigma a_{mj}\cdot b_{j2} & \cdots & \Sigma a_{mj}\cdot b_{jp} \end{bmatrix}$$

여기에서 인덱스 j가 1부터 n까지 변한다. 따라서 행렬 **A · B**의 i번째 행과 k번째 열 원소는

$$\Sigma a_{ij}\cdot b_{jk} = a_{i1}\cdot b_{1k} + a_{i2}\cdot b_{2k} + \ldots + a_{in} b_{nk}$$

두 행렬 **A**, **B**가 모두 정방행렬일 때 **A · B**와 **B · A**가 모두 정의된다. 그러나 둘은 보통 같지 않다. 예를 들면

$$\begin{bmatrix} 2 & -1 \\ 1 & 1 \end{bmatrix}\begin{bmatrix} 1 & 1 \\ 0 & 1 \end{bmatrix} = \begin{bmatrix} 2\times1-1\times0 & 2\times1-1\times1 \\ 1\times1+1\times0 & 1\times1+1\times1 \end{bmatrix} = \begin{bmatrix} 2 & 1 \\ 1 & 2 \end{bmatrix}$$

인 반면,

$$\begin{bmatrix} 1 & 1 \\ 0 & 1 \end{bmatrix}\begin{bmatrix} 2 & -1 \\ 1 & 1 \end{bmatrix} = \begin{bmatrix} 1\times2+1\times1 & -1\times1+1\times1 \\ 0\times2+1\times1 & -1\times0+1\times1 \end{bmatrix} = \begin{bmatrix} 3 & 0 \\ 1 & 1 \end{bmatrix}$$

이다.

2.4 역행렬

역행렬은 보통 산술 연산의 나누기와 유사하다. 어떤 스칼라 k에 대해서 $k \times k^{-1} = 1$은 당연히 사실이다. 유사하게, 만일 $\mathbf{A}$가 정방행렬이고 $\mathbf{A} \times \mathbf{A}^{-1} = \mathbf{I}$이면 행렬 $\mathbf{A}^{-1}$은 $\mathbf{A}$의 역행렬이다. 역행렬은 정방행렬에 대해서만 존재하지만, 모든 정방행렬이 역행렬을 갖는 것은 아니다. 만일 하나의 역행렬이 존재하면, 그것은 좌역행렬 즉, $\mathbf{A}^{-1} \times \mathbf{A} = \mathbf{I}$이면서 동시에 우역행렬 즉, $\mathbf{A} \times \mathbf{A}^{-1} = \mathbf{I}$이다.

역행렬의 하나의 예는

$$\begin{bmatrix} 2 & 1 \\ 1 & 2 \end{bmatrix}^{-1} = \begin{bmatrix} 2/3 & -1/3 \\ -1/3 & 2/3 \end{bmatrix}$$

이고, 이것은 아래 식 확인을 통해 검증할 수 있다.

$$\begin{bmatrix} 2 & 1 \\ 1 & 2 \end{bmatrix}\begin{bmatrix} 2/3 & -1/3 \\ -1/3 & 2/3 \end{bmatrix} = \begin{bmatrix} 1 & 0 \\ 0 & 1 \end{bmatrix}$$

사실 2×2 행렬의 역행렬이 존재하면 쉽게 계산할 수 있다. 역행렬은 다음과 같다.

$$\begin{bmatrix} a & b \\ c & d \end{bmatrix}^{-1} = \begin{bmatrix} d/\Delta & -b/\Delta \\ -c/\Delta & a/\Delta \end{bmatrix}$$

여기에서 $\Delta = a \times d - b \times c$이다. 스칼라 Δ는 행렬의 행렬식(determinant)이라 불린다. 만일 $\Delta = 0$이면 역행렬은 정의되지 않는 것이 분명하다. 왜냐하면 역행렬의 각 성분을 계산할 때 0으로 나눠야 하기 때문이다. 3×3 혹은 더 큰 행렬에 대해서 역행렬 계산은 지루해서 컴퓨터 프로그램을 사용하는 것이 최선이다. 요즘에는 심지어 엑셀도 역행렬 계산 기능을 갖추고 있다.

어떤 정방행렬도 하나의 행렬식을 갖는데 이는 2×2 행렬의 행렬식 계산의 일반화를 통해 계산될 수 있다. 만일 행렬식이 0이면, 역행렬이 존재하지 않고 이것의 역도 성립한다. 행렬식이 0인 행렬은 singular하다고 한다.

역행렬이 전치행렬과 같은 행렬들이 종종 있다. 이러한 행렬들을 직교(orthogonal) 행렬이라 불린다. 그래서 만일 $\mathbf{A}^{-1} = \mathbf{A}'$이면 행렬 **A**는 직교행렬이다.

2.5 이차형식

A가 n×n 행렬이고 **x**가 길이 n인 열벡터라고 가정하자. 이때

$$Q = \mathbf{x}'\mathbf{A}\mathbf{x}$$

는 이차형식이라 불리는 스칼라이다. 이 스칼라는 다음과 같이 표현될 수 있다.

$$Q = \sum_{i=1}^{n} \sum_{j=1}^{n} x_i a_{ij} x_j$$

여기에서 x_i는 x의 i번째 행 원소이고, a_{ij}는 행렬 **A**의 i행 j열 원소이다.

2.6 고유값과 고유벡터

다음과 같은 선형 연립방정식을 고려하자.

$$\begin{aligned} a_{11}x_1 + a_{12}x_2 + \ldots + a_{1n}x_n &= \lambda\, x_1 \\ a_{21}x_1 + a_{22}x_2 + \ldots + a_{2n}x_n &= \lambda\, x_2 \\ &\vdots \\ a_{n1}x_1 + a_{n2}x_2 + \ldots + a_{nn}x_n &= \lambda\, x_n \end{aligned}$$

여기에서 λ는 스칼라이다. 행렬로 표현하면 다음과 같다.

$$\mathbf{A}\,\mathbf{x} = \lambda \mathbf{x}$$

혹은

$$(\mathbf{A} - \lambda \mathbf{I})\mathbf{x} = 0$$

여기에서 **I**는 n×n 단위행렬이고 **0**는 n×1 영벡터이다. 이때, 이런 등식들이 특정 λ들에 대해서만 성립함을 보일 수 있는데, 이들을 **A**의 고유값이라 한다. 이러한 고유값은 n개까지 존재한다. i번째 고유값 λ_i가 주어지면, 임의로 $x_1 = 1$ 설정에 의해 방정식이 풀리는데, 전치행렬이 $\mathbf{x}' = (x_1, x_2, x_3, \cdots, x_n)$인 결과벡터 **x**, 혹은 이 벡터의 상수 배는 행렬 **A**의 i번째 고유벡터라고 불린다. 또한, 고유값들의 합은 2.2절에서 정의된 행렬 **A**의 트레이스(trace)와 같다. 그래서 trace(**A**) = $\lambda_1 + \lambda_2 + \cdots + \lambda_n$이다.

2.7 평균 벡터와 공분산 행렬

어떤 일변량 확률변수에 대한 모집단과 표본 값들은 평균과 분산에 의해 잘 요약된다. 만일 크기 n 표본이 $x_1, x_2, x_3, \cdots, x_n$이면 표본 평균은 다음과 같이 정의되고

$$\bar{x} = x_1 + x_2 + \ldots + x_n = \sum_{i=1}^{n} x_i / n$$

표본 분산은 다음과 같다.

$$s^2 = \sum_{i=1}^{n} (x_i - \bar{x})^2 / (n-1)$$

이들은 모평균 μ와 모분산 σ^2 같은 대응되는 모집단 모수들의 추정치이다.

유사하게, 다변량 모집단과 표본도 평균 벡터와 공분산 행렬에 의해 요약된다. 고려중인 p개의 변수 $X_1, X_2, \cdots, X_p$가 존재하고 변수들 각각에 대해 n개 표본 값들이 존재한다고 가정하자. j번째 변수의 표본 평균과 표본 분산은 위에서 주어진 식을 이용하여 각각 $\bar{x}_j$와 s_j^2이라 하자. 게다가, 두 변수 X_j와 X_k의 공분산은

$$c_{jk} = \sum_{i=1}^{n} (x_{ij} - \bar{x}_j)(x_{ik} - \bar{x}_k) / (n-1)$$

로 정의하고, 여기에서 x_{ij}는 i번째 다변량 관측치의 변수 X_j에 해당하는 값이다. 이 공분산은 X_j와 X_k 사이 선형 관계의 정도에 대한 측도여서, 값이 양이면 X_j와 X_k의 큰 값들이 동시에 발생함을 의미하고, 값이 음이면 한 변수가 값이 크면 다른 변수는 작은 값이 발생함을 의미한다. 이는 다음과 같이 정의되는 두 변수의 상관계수와 관련이 있다.

$$r_{jk} = c_{jk} / \left(s_j s_k\right)$$

게다가, 정의에 의해 $c_{kj} = c_{jk}$, $r_{kj} = r_{jk}$, $c_{jj} = s_j^2$ 그리고 $r_{jj} = 1$이다.

이런 정의를 이용하면 표본 평균 벡터의 전치

$$\bar{\mathbf{x}}' = \left(\bar{x}_1,\ \bar{x}_2,\ \ldots,\ \bar{x}_p\right)$$

는 다변량 표본의 중심을 반영하는 것으로 생각된다. 또한, 이것은 모평균 벡터의 전치

$$\boldsymbol{\mu}' = \left(\mu_1,\ \mu_2,\ \ldots,\ \mu_p\right)$$

의 추정치이다.

표본 분산-공분산 행렬 혹은 공분산 행렬은 다음과 같다.

$$\mathbf{C} = \begin{bmatrix} c_{11} & c_{12} & \cdots & c_{1p} \\ c_{21} & c_{22} & \cdots & c_{2p} \\ \cdot & \cdot & & \cdot \\ \cdot & \cdot & & \cdot \\ c_{p1} & c_{p2} & \cdots & c_{pp} \end{bmatrix}$$

여기에서 $c_{ii} = s_i^2$이다. 또한 이것은 종종 표본 산포행렬이라고도 불리는데, 이것은 p개의 변수들 간의 상관관계 정도뿐만 아니라 표본에서 변동량을 측정한다. 이것은 모집단 공분산 행렬

$$\mathbf{\Sigma} = \begin{bmatrix} \sigma_{11} & \sigma_{12} & \cdots & \sigma_{1p} \\ \sigma_{21} & \sigma_{22} & \cdots & \sigma_{2p} \\ \cdot & \cdot & & \cdot \\ \cdot & \cdot & & \cdot \\ \sigma_{p1} & \sigma_{p2} & \cdots & \sigma_{pp} \end{bmatrix}$$

의 추정치이다.

마지막으로, 표본 상관행렬은 다음과 같다.

$$\mathbf{R} = \begin{bmatrix} 1 & r_{12} & \cdots & r_{1p} \\ r_{21} & 1 & \cdots & r_{2p} \\ \cdot & \cdot & & \cdot \\ \cdot & \cdot & & \cdot \\ r_{p1} & r_{p2} & \cdots & 1 \end{bmatrix}$$

이것은 대응되는 모집단 상관행렬의 추정치이다. 분석에서 한 가지 중요한 사실은 만일 변수들 각각에 대한 관측 값들을 표준화하면(즉, 표본 평균을 빼고 표본 표준편차로 나눈 값), 각 표준화된 값들은 각 변수들에 대해 평균 0과 표준편차 1을 갖는다. 이런 경우 표본 공분산 행렬은 표본 상관행렬과 같게 된다. 즉, $\mathbf{C} = \mathbf{R}$이다.

2.8 추가 자료

행렬대수에 대한 이 정도의 짧은 소개가 이 책에서 언급되는 방법들, 그리고 이 방법들 기저에 깔린 이론을 이해하는 데 충분할 것이다. 하지만 이론을 더 잘 이해하기 위해서는 더 많은 지식과 능력이 요구될 것이다.

통계 응용에 필요한 것들을 다루는 다양한 분량의 서적들이 많이 있다. 이 중 네 개만 언급하면 Searle(2006), Healy(2000), Harville(2000), 그리고 Namboodiri(1984)이다. 행렬 대수 주제에 대한 웹서핑도 하나의 방법이다. 웹서핑을 통해 유용한 무료 서적과 강의노트를 찾을 수도 있다.

참고문헌

Harville, D.A. (2000). *Matrix Algebra from a Statistician's Perspective*. New York: Springer.
Healy, M.J.R. (2000). *Matrices for Statistics*. 2nd Edn. Oxford: Clarendon.
Namboodiri, K. (1984). *Matrix Algebra: An Introduction*. Thousand Oaks, CA: Sage.
Searle, S.R. (2006). *Matrix Algebra Useful to Statisticians*. New York: Wiley-Interscience.

부록 R에서의 행렬대수

행렬 연산과 행렬을 다루는 데 유용한 주요 R 함수들의 요약을 여기에 제공한다. 각각의 함수 혹은 이를 대신하는 함수들의 모든 옵션에 대한 자세한 설명은 관련된 R의 도움말을 참고하기 바란다. 좀 더 자세한 설명과 예제들은 이 책의 웹사이트에 제공된다. 여기에서 **x**는 벡터이고 **A**와 **B**는 행렬이다.

함수	설명	유용한 옵션
`matrix(x, nrow=, ncol=, ...)`	nrow행과 ncol열을 가진 열별 행렬을 생성	byrow=TRUE 행별 행렬을 생성
`dim(A)`	행렬 차원	
`nrow(A)`		
`ncol(A)`		
`t(A)`	전치행렬	
`matrix(0, n, m)`	n×m 영행렬	
diag(c(s_1, s_2, ⋯, s_n))	스칼라 s_1, s_2, ⋯, s_n을 대각원소로 갖는 n차원 정방행렬	오직 하나의 양수만 주어지면 (즉, s), 크기 s인 단위행렬 생성
`diag(A)`	정방행렬 **A**의 대각원소 추출	
`sum(diag(A))`	정방행렬 **A**의 트레이스	
`A+B, A-B`	연산 가능한 행렬들의 합과 차	
`k*A`	행렬에 상수 k곱	**A*B**는 같은 형태의 두 행렬의 성분별 곱의 계산. 표준 행렬 곱이 아니다.
`A%*%B`	행렬 곱	
`det(A)`	정방행렬의 행렬식	
`solve(A)`	정방행렬의 역행렬	`solve(A,b)`는 선형 방정식 `A%*%x = b`의 해 x 계산
`eigen(A)`	행렬 **A**의 스펙트럼 분해. 두 개의 원소를 갖는 리스트: 고유값 벡터 하나와 크기가 1인 고유벡터를 각 열로 갖는 행렬	고유값과 고유벡터는 각각 `eigen(A)$values`와 `eigen(A)$vectors`를 통해 불러올 수 있다.
`colMeans(A)` `rowMeans(A)`	열 평균 행 평균	관련 함수: `colSums(A)`, `rowSums(A)`
`cov(A)`	n×m 행렬 **A**가 주어지면 m×m 분산-공분산 행렬 계산	**A**는 데이터 프레임도 가능
`cor(A)`	n×m 행렬 **A**가 주어지면 m×m 상관행렬 계산	**A**는 데이터 프레임도 가능

3장

다변량 자료 시각화

3.1 이차원에서 다변량 자료 시각화의 문제

그래프는 종이 혹은 컴퓨터 스크린에서 이차원으로 표현돼야 한다. 그러므로 한 변수는 수직축에, 다른 변수는 수평축에 표현하면 간단하다. 예를 들어, 그림 3.1은 예제 1.1에서 언급된 자연선택설에 관한 연구에서 Hermon Bumpus에 의해 측정된 49마리 암컷 참새들에 대한 날개 길이와 총 길이를 보여 준다. 이런 그림은 연구 중인 사물들의 한 가지 혹은 그 이상의 다른 특징들을 보여 주는 것이 가능한데, Bumpus의 참새 연구에서는 생존과 죽음이 표시됐다. 이런 그림은 간단해서 표준 통계 패키지뿐만 아니라 엑셀이나 다른 스프레드시트 프로그램을 통해서도 만들 수 있다. 3장 부록에 제공되는 R 코드를 이용해서 이러한 그림과 아래에서 언급될 좀 더 복잡한 그림 또한 얻을 수 있다.

하나의 변수를 다른 두 변수에 대해 그리는 것이 여전히 가능하지만 훨씬 더 복잡하다. 그림 3.2는 49마리 참새에 대한 주둥이와 머리 길이를 다른 두 변수(총 길이와 날

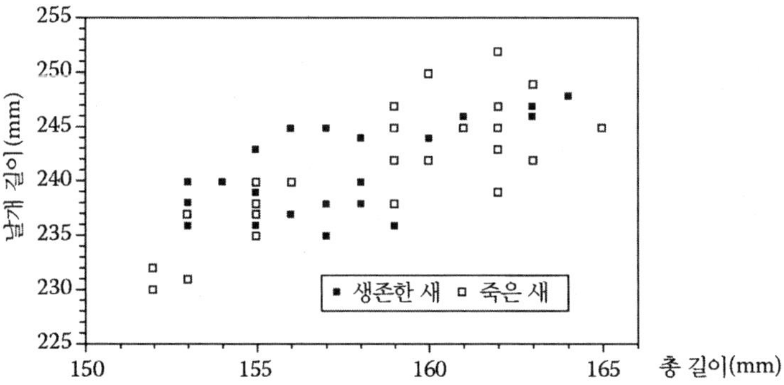

그림 3.1 Hermon Bumpus에 의해 측정된 49마리 암컷 참새들에 대한 총 길이 대비 날개 길이

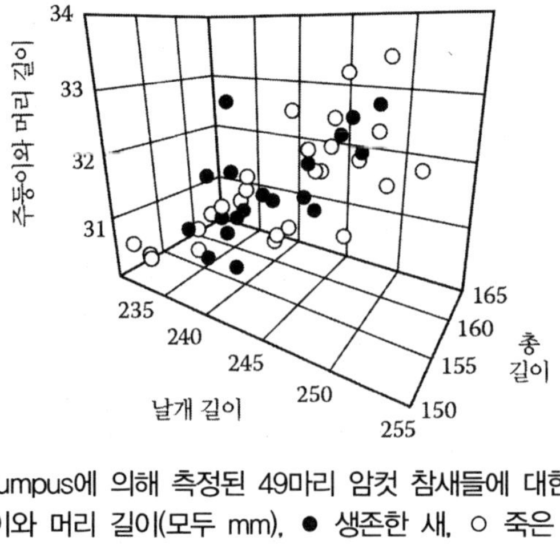

그림 3.2 Hermon Bumpus에 의해 측정된 49마리 암컷 참새들에 대한 총 길이와 날개 길이 대비 주둥이와 머리 길이(모두 mm). ● 생존한 새, ○ 죽은 새

개 길이)에 대비해서 보여 준다. 생존과 죽음은 다른 기호를 사용하여 표현하였다. 이는 삼차원 그림이라 불리고, R 코드를 사용하거나 많은 표준 통계 패키지를 사용해서 생성할 수 있다.

삼차원 그림의 확장으로 하나의 변수를 다른 세 개의 변수에 대해 그리는 것은 불가능하다. 따라서 객체들이 네 개 혹은 그 이상의 변수들로 묘사된 다변량 자료에서 각 객체들 간에 존재하는 관계를 간략하게 보여 주는 데 큰 어려움이 있다. 이러한 문제에 대해 제안된 다양한 해결책들을 이 장에서 논의하고자 한다.

3.2 지표변수 그리기

네 개 이상의 변수들에 의해 묘사된 객체들 간의 차이를 그래프를 이용하여 요약하는 방법 중 하나는 객체들을 두 개 혹은 세 개의 지표변수를 이용하여 그리는 것이다. 사실 많은 다변량분석의 주목적이 이러한 목적에 맞게 사용될 수 있는 지표변수를 만드는 것인데, 이는 종종 배열(ordination)이라 불리는 과정이다. 예를 들어, 6장에서 설명될 주성분도 일종의 지표변수이다. 주성분 1 값 대비 주성분 2 값들의 그림이 객체들 간의 관계를 시각적으로 표현하는 하나의 방법으로 사용될 수 있고, 처음 두 주성분 대비 주성분 3 그림 또한 필요하면 사용될 수 있다.

적절한 지표변수를 사용하는 것이 많은 변수들의 그림 문제를 이차원 혹은 삼차원으로 줄이는 데 유리하지만, 객체 간 몇몇 중요한 차이가 축소된 차원에서 사라질 수 있는 잠재적인 단점도 존재한다. 이러한 방법은 나중에 여러 장에서 논의가 되므로 여기에서는 더 이상 고려하지 않겠다.

3.3 Draftsman 그림

다변량 자료의 산점도 행렬이라고도 불리는 draftsman 그림은 각 변수들을 나머지 다른 변수들에 대해 그린 그림들로 이루어져 있는데, 그림 하나하나의 크기는 여러 개의 그림을 한꺼번에 볼 수 있을 정도로 작다. 이것은 이차원 그림들만 필요하다는 장점이 있는 반면, 세 개 이상의 변수들이 함께 고려됐을 때 드러나는 자료의 특징이 보이지 않을 수 있다는 단점이 있다.

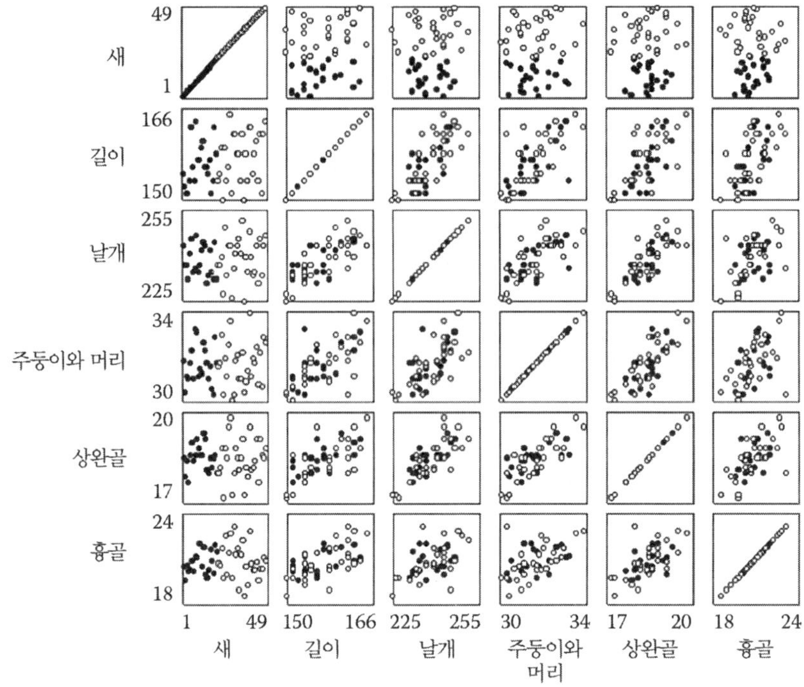

그림 3.3 49마리 암컷 참새에서 측정된 다섯 변수와 참새 번호의 draftsman 그림(변수들(총 길이, 날개 길이, 주둥이와 머리 길이, 상완골 길이, 흉골의 용골돌기 길이)은 모두 밀리미터 단위이고 분명한 약어로 표현됐다.). ● 생존한 새, ○ 죽은 새

예시가 그림 3.3에 주어졌다. 표 1.1에 주어진 자료, 즉 Hermon Bumpus에 의해 49마리 참새에 대해 측정된 다섯 변수들(총 길이, 날개 길이, 주둥이와 머리 길이, 상완골 길이, 흉골의 용골돌기 길이, 측정단위는 밀리미터)과 1 ~ 49까지 참새의 번호에 해당하는 새로운 변수를 추가하여 그린 그림이다. 생존한 새(1 ~ 21)와 죽은 새(22 ~ 49) 측정 자료에 대해 다른 기호가 사용되었다. 또한 회귀선이 종종 그림에 추가되기도 한다.

이런 종류의 그림은 각 쌍의 변수들 간의 관계를 보여 주고, 하나 혹은 두 변수에서 특이한 값을 갖는 객체의 존재를 부각할 때 분명히 유용하다. 그래서 다양한 다변량분석의 일부로 추천되고 있고, R이나 많은 통계 패키지에서 이용 가능하다. R이나 몇 가지 패키지들은 수평축과 수직축이 반드시 같아야 한다고 강요하지 않고 각 축의 변수를 지정하는 옵션을 허용한다.

각 객체들이 draftsman 그림에서는 쉽게 식별이 안돼서, 어떤 객체들이 유사하고 어떤 객체들이 다른지가 바로 명확하지는 않다. 그러므로 이런 종류의 그림은 변수들 간의 관계를 보여 줄 때와는 달리 객체들 간에 관계를 보여 주는 데는 적합하지 않다.

3.4 개별적인 자료들의 표현

다변량 자료를 표현하는 한 가지 방법은 변수마다 서로 다른 특징을 나타내는 기호들을 이용하여 각 객체들을 표현하는 방법과 관련이 있다. 이런 목적으로 얼굴(Chernoff, 1973)과 별(Welsch, 1976)을 포함하여 많은 다른 종류의 기호들이 소개되었다.

일례로, 예제 1.4에서 논의된 7개 개과 동물들에 대한 6가지 하악골 측정 자료들의 평균에 대한 표 1.4의 자료를 고려하자. 여기에서 중요한 질문은 선사시대 태국 개와 가장 유사한 그룹이 무엇인가, 그리고 그것은 전체 그룹의 시각적 비교를 통해 명백해지길 희망한다. 이를 위해, 그림 3.4는 얼굴과 별에 의해 표현된 자료들을 보여 준다.

얼굴 그림에서, 변수들과 특징들 사이에 다음과 같은 관계가 있다: 하악골 넓이와 눈 크기, 하악골 높이와 코 크기, 첫 번째 어금니 길이와 눈썹 길이, 첫 번째 어금니 넓이와 귀 크기, 첫 번째 어금니에서 세 번째 어금니까지 길이와 입 크기, 그리고 첫 번째에서 네 번째 앞어금니까지 길이와 미소의 정도. 예를 들면, 중국 늑대가 최대 하

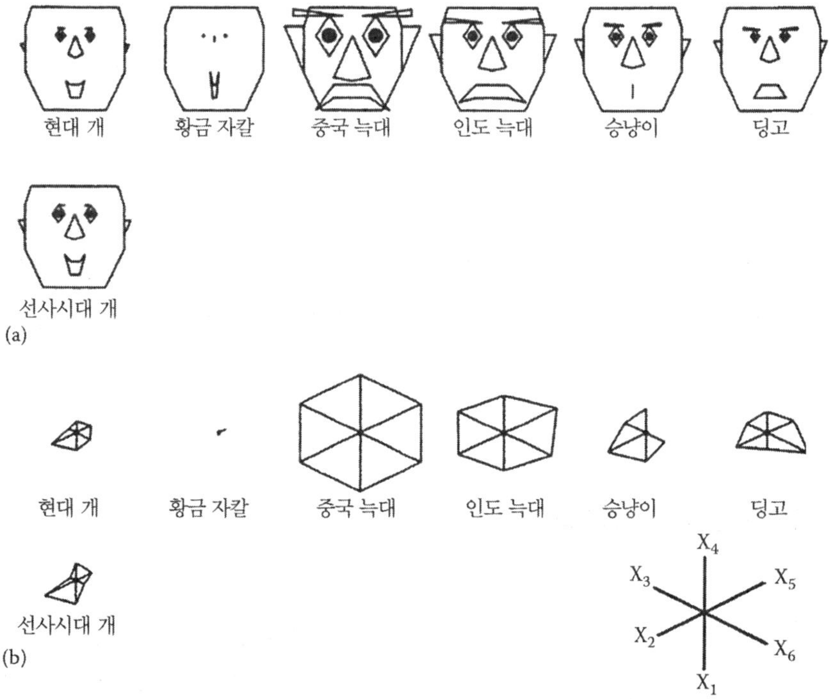

그림 3.4 다양한 개과 동물 하악골 측정 자료들의 시각적 표현. (a) 체르노프 얼굴 (b) 별 그림

악골 넓이 13.5 mm로 이 변수에 해당하는 눈이 가장 크고, 황금 자칼이 최소 8.1 mm로 가장 작다. 그림을 통해 선사시대 태국 개가 현대 태국 개와 가장 유사하고, 중국 늑대와는 가장 다름을 알 수 있다.

별 그림에서, 여섯 개의 변수들은 다음 순서로 여섯 개의 선과 관계가 있다: (1) 하악골 넓이; (2) 하악골 높이; (3) 첫 번째 어금니 길이; (4) 첫 번째 어금니 넓이; (5) 첫 번째에서 세 번째 어금니까지의 길이; (6) 첫 번째에서 네 번째 앞어금니까지의 길이. 하악골 길이는 여섯 시 방향 선에 의해 표현되고, 다른 변수들은 그림에 동반된 분류 기호에 표현된 대로 시계방향 순이다. 별 그림을 통해서도 다시 한번 선사시대 태국 개가 현대 태국 개와 가장 유사하고 중국 늑대와 가장 다름을 알 수 있다.

얼굴과 별 그림의 대안에 관한 제안과 다른 상징들의 상대적 장점에 대한 논의는 Everitt(1978)과 Toit et al.(1986, 4장)에서 언급된다. 요약하면, 상징을 사용하는 것이 변수들을 한꺼번에 보여 주는 장점도 있지만, 그래프를 통해 느낀 인상이 객체들이 보여지는 순서나 변수들이 기호의 다른 특징에 할당되는 순서에 따라 심하게 달라지는 단점도 있다.

변수 할당이 별 그림에서보다 얼굴 그림에서 더 큰 영향을 끼치는 것 같은데, 이유는 얼굴의 다른 특징들의 변동이 보는 사람들에게 매우 다른 영향을 미치는 반면, 별 그림에서 다른 선의 사용에 있어서는 영향이 덜 한 것처럼 보인다. 이렇기 때문에 얼굴 그림에서 무엇이 가장 좋은지 알아보기 위해 변수들을 다른 특징들에 배치해 보는 것이 권장되고 있다. 이런 종류 프로세스에서의 주관적인 측면은 분명히 만족스럽지 못하다.

고려 중인 객체들의 변수 값들에 대한 얼굴 그림, 별 그림 그리고 다른 유사한 표현 방법들이 비록 어떤 상황에서는 유용해 보이지만, 사실은 거의 사용되지 않는다. 한 가지 이유는 이런 그래프를 그려 주는 소프트웨어를 찾기가 어렵다. 과거에는 이런 소프트웨어를 손쉽게 접할 수 있었지만, 요즘에는 통계 패키지에서 이런 기능을 찾기가 매우 어렵다.

3.5 변수들의 프로파일

여러 변수들의 측정 자료에 의해 설명된 객체들을 표현하는 다른 방법은 변수 값들의 프로파일을 보여 주는 선을 이용하는 것이다. 이를 그리는 간단한 방법은 앞에서 언급된 7종류 개과 동물들에 대해 그림 3.5처럼 그냥 변수 값들을 그리면 된다. 앞선 그래

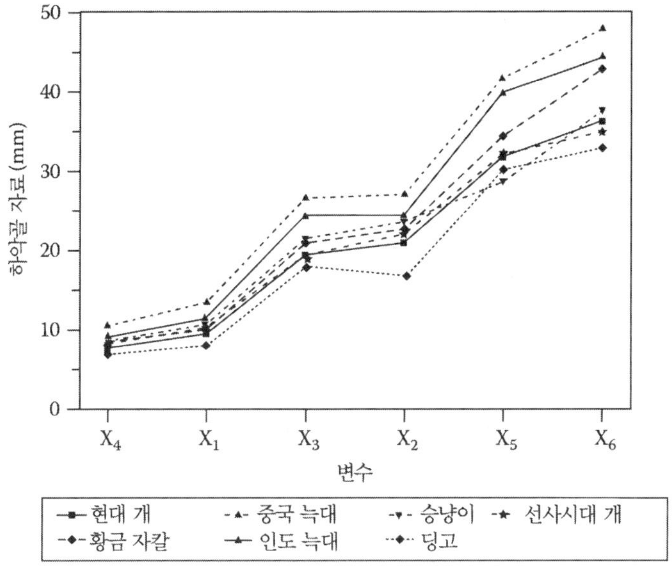

그림 3.5 개과 동물 7종류에서 측정된 하악골 자료 변수들의 프로파일(변수들은 평균값이 작은 순이다.) X_1: 하악골 넓이, X_2: 하악골 높이, X_3: 첫 번째 어금니 길이, X_4: 첫 번째 어금니 넓이, X_5: 첫 번째에서 세 번째 어금니까지의 길이, X_6: 첫 번째에서 네 번째 앞어금니까지의 길이

프에서 관찰된 선사시대 태국 개와 현대 태국 개의 유사성이 여전히 분명하게 드러나고, 선사시대 개와 중국 늑대 사이의 차이도 여전히 드러난다. 이 그래프에서 유사성과 차이점을 강조하기 위해 7개 그룹의 변수별 평균값 크기 순서로 그려져 있다.

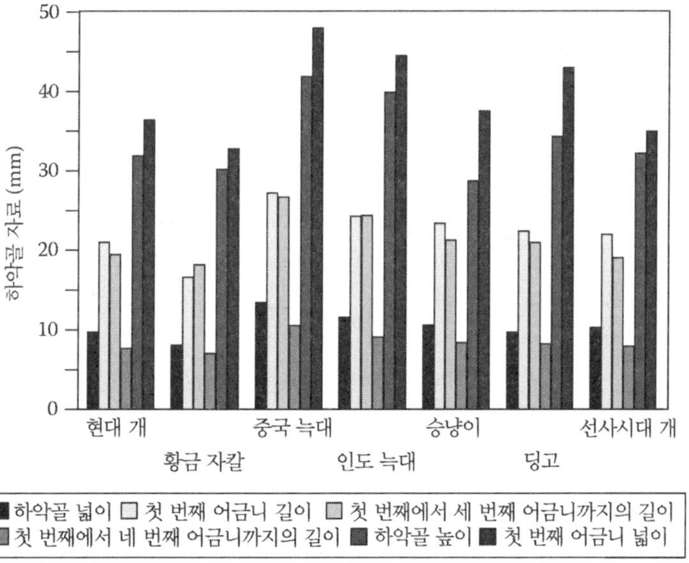

그림 3.6 그림 3.5에서 사용된 선대신 막대를 이용하여 변수들의 프로파일을 보여 주는 다른 방법

다른 표현 방법으로, 선 대신 막대를 이용한 것이 그림 3.6에 주어졌다. 막대를 사용할 때는 순서를 바꿀 필요가 거의 없어 보여서 여기에서 변수들은 원래 순서대로 사용되었다. 종류별 유사성과 차이점에 대한 결론은 그림 3.5에서와 정확히 일치한다.

3.6 논의와 추가 자료

만일 다변량 자료를 두 개 혹은 세 개의 지표변수로 (6장부터 12장까지 언급될 방법들 중 하나를 사용하여) 줄이는 것이 바람직하지 않다면, 한꺼번에 많은 변수를 완벽하게 만족스럽게 표현하는 방법은 없어 보인다. 여기에서 언급한 세 가지 방법은 모든 변수들을 쌍으로 보여 주는 draftsman 그림을 이용하거나, 상징(별 혹은 얼굴)을 이용하거나, 변수들의 프로파일을 이용하는 방법이다. 특정 분야에서 이들 중 어떤 방법이 가장 적절한지는 상황에 따라 다르지만, 일반적으로 한 쌍의 변수들 간의 관계에 주목하기에는 draftsman 그림이 좋은 반면, 독특한 경우 그리고 유사한 경우에 주목할 때는 기호나 프로파일을 이용하는 것이 좋다.

일반적인 그래프 구성 이론에 관한 더 많은 정보는 Cleveland(1994)와 Tufte(2001) 책을 참고하라. 다변량 자료에 특화된 시각화 방법에 관한 더 자세한 사항은 Everitt(1978), Toit et al.(1986), 그리고 Jacoby(1999) 책들을 참고하기 바란다.

참고문헌

Chernoff, H. (1973). Using faces to represent points in K-dimensional space graphically. *Journal of the American Statistical Association* 68: 361–8.

Cleveland, W.S. (1994). *The Elements of Graphing Data.* Revised Edn. Summit, NJ: Hobart.

Everitt, B. (1978). *Graphical Techniques for Multivariate Data.* New York: North-Holland.

Jacoby, W.G. (1999). *Statistical Graphics for Visualizing Multivariate Data.* Thousand Oaks, CA: Sage.

Toit, S.H.C., Steyn, A.G.W. and Stumf, R.H. (1986). *Graphical Exploratory Data Analysis.* New York: Springer.

Tufte, E.R. (2001). *The Visual Display of Quantitative Information.* 2nd Edn. Cheshire, CT: Graphics.

Welsch, R.E. (1976). Graphics for data analysis. *Computers and Graphics* 2: 31–7.

부록 R로 그림 그리기

A.1 이차원 산점도

x와 y가 각각 수평축과 수직축에 해당하는 변수일 때, 이차원 산점도는 plot(x,y) 명령어를 사용하여 쉽게 그릴 수 있다. 그림에서 점들은 plot 함수의 점기호 옵션인 pch=에 지정한 특정 기호 값에 따라 식별이 가능하다. 예를 들면, 참새 자료인 Bumpus sparrow.csv는 생존한 새와 죽은 새를 구별하는 인자 Survivorship을 포함하고 있다. 총 길이와 날개 길이의 이차원 산점도에서 생존 상태에 따라 점들을 구별하기 위해(그림 1.3) 인덱싱이 필요하다. 인자는 인자 수준의 알파벳 순서에 의해 결정된 정수 값으로 저장된다는 사실을 명심하기 바란다. 그래서 죽은 새들(인자 Survivorship에서 NS로 표기)은 순서상 먼저(1로 저장)이고, 생존한 새들(S)은 2로 저장된다. R 문서에서(예로 points 함수에서), 비워진 원은 pch 코드가 1, 그리고 채워진 원은 16임을 알 수 있다. 그래서

```
plot(Total_length, Alar_extent, pch=c(1,16)[as.numeric(Survivorship)])
```

은 채워진 원(pch=16)으로 표현된 생존한 새들과 비워진 원(pch=1)인 그렇지 않은 새들을 구별한다. 총 길이와 날개 길이 한 쌍의 자료에 대해, pch는 대응되는 survivorship의 수준 값에 따라 결정된다.

A.2 삼차원 산점도

Ligges and Mächler(2003)가 평행사영을 이용하여 삼차원 공간에서 다변량 자료의 시각화를 위한 R 패키지 "scatterplot3d"를 개발했다. 주 함수는 scatterplot3d(패키지 이름과 동일)이다. 이 함수를 호출하는 가장 간단한 방법은

```
scatterplot3d(x,y,z)
```

이고, 함수의 인수들은 각각 x, y, 그리고 z축에 사용될 변수들을 의미한다. 함수 plot(x,y)를 이용한 이차원 산점도에서 사용했던 것과 유사한 방식으로 점 구별이 가능하다. 그림 3.2와 살짝 다른 버전의 예제가 이 책의 웹사이트에 있는 보조 자료에 주어졌다.

A.3 Draftsman 그림

R은 pairs()로 불리는 기본 명령어를 사용하여 산점도 행렬을 생성하는 방법을 가지고 있다. 일례로, 그림 3.3의 Bumpus 참새 데이터에 대한 draftsman 그림에서 변수 이름들이 대각선에 보이고, 점들은 그들의 생존 상태에 의해 구별된다. 사용자가 대각선에 히스토그램, 상자 그림, 밀도 그림 등을 보여 주고 싶을 수도 있는데, 약간의 프로그램 능력이 필요하다. 프로그램의 번잡함을 피하는 몇 가지 방법이 있는데, 이 모두가 R 패키지와 관련이 있다. 패키지 SciViews(Grosjean, 2016)는 대각 성분을 지정하는 가장 쉬운 방법으로 함수 pairs()에 인자 diag.panel= 를 추가하였다(예, 히스토그램은 diag.panel= "hist", 상자 그림은 diag.panel= "boxplot" 등). 맞춤형 draftsman 그림을 허용하는 다른 쉬운 함수는 car 패키지(Fox and Weisberg, 2011)에 있는 scatterplotMatrix이다. 비슷한 목적의 더 정교한 함수들은 lattice(Deepayan, 2008)와 GGally(Schloerke et al., 2014) 패키지에 있다.

A.4 개별적 자료들의 표현: 체르노프 얼굴과 별

체르노프 얼굴 그림 함수를 제공하는 두 개의 R 패키지는 aplpack(Wolf and Bielefeld, 2014)와 TeachingDemos(Snow, 2013)이다. faces라는 하나의 함수를 통해 aplpack 패키지는 복잡한 표현이 가능하다(예를 들어, 얼굴에 색깔 표현, (X, Y) 두 변수들의 얼굴 산점도 등). TeachingDemos는 두 함수를 제공한다: aplpack에 있는 간소화 버전의 faces, 그리고 입력 자료로 행렬을 요구하는 faces2. 더 자세한 사항은 두 패키지의 도움말에서 제공되는 예제와 자료를 참고하라. 7종류 개과 동물 자료 탐색을 위해 faces와 faces2 사용 예는 이 책의 보조 자료에 주어졌다.

별 그림을 위해서는 사용자가 graphics라는 패키지에 있는 함수 stars()를 호출할 필요가 있다. 입력 행렬이나 데이터 프레임 외에도, 기본적인 별 그림의 변형인 세그멘트 그림(circular sectors)과 레이더 그림을 얻기 위해 다른 인수가 사용될 수 있다. 자세한 사항은 R 문헌을 참고하라. 개과 동물 자료를 이용하여 그림 3.4b와 유사한 그림과 각 변수를 원형 섹터와 연관짓는 일종의 변형 그림을 생성하는 하나의 방법으로 stars 함수를 이용하는 예제를 이 책의 웹사이트에 제공한다.

A.5 변수들의 프로파일

프로파일 그림은 고수준의 그래픽함수(plot())와 저수준의 그래픽함수(예, axis()와

lines())의 조합을 이용하여 생성할 수 있다. R에서 만일 고수준 함수들이 먼저 호출되지 않으면 저수준 함수들은 호출될 수 없다. 이러한 전략이 고수준 함수에 의해 생성된 기본적인 그래프 배치를 수정하지 않고 추가 요소들을 그림에 배치할 수 있게 해준다. 변수들이 평균값 크기에 따라 그려지기 때문에 order()와 rank() 같은 R 함수들도 필요하다. 이 모든 명령어를 이용하여 그림 3.5와 3.6에 주어진 것들과 유사한 그림을 생성하는 R 코드 파일이 책의 웹사이트에 주어졌다. 그러나 그림 3.6은 선 대신 막대를 이용(barplot() 함수 이용)하였다.

참고문헌

Deepayan, S. (2008). *Lattice: Multivariate Data Visualization with R*. New York: Springer.

Fox, J. and Weisberg, S. (2011). *An R Companion to Applied Regression*. 2nd Edn. Thousand Oaks, CA: Sage.

Grosjean, Ph. (2016). *SciViews: A GUI API for R*. Mons, Belgium: UMONS. http://www.sciviews.org/SciViews-R

Ligges, U. and Mächler, M. (2003). Scatterplot3d: An R package for visualizing multivariate data. *Journal of Statistical Software* 8(11): 1–20.

Schloerke, B., Crowley, J., Cook, D., Hofmann, H., Wickham, H., Briatte, F., Marbach, M. and Thoen, E. (2014). GGally: Extension to ggplot2. R package version 0.5.0. http://CRAN.R-project.org/package=GGally

Snow, G. (2013). TeachingDemos: Demonstrations for teaching and learning. R package version 2.9. http://CRAN.R-project.org/package=TeachingDemos

Wolf, H.P. and Bielefeld, U. (2014). Aplpack: Another plot PACKage: Stem.leaf, bagplot, faces, spin3R, plotsummary, plothulls, and some slider functions. R package version 1.3.0. http://CRAN.R-project.org/package=aplpack

4장

다변량 자료의 유의성 검정

4.1 여러 변수들의 동시 검정

동일한 표본에서 여러 변수들에 대한 자료가 수집된 경우, 유의성 검정에 관심이 있다면 변수를 한 번에 하나씩 검사하는 것이 항상 가능하다. 예를 들면, 만일 표본이 두 그룹으로 이루어진 경우 각 변수들에 대해 두 그룹 평균들의 차이를 각각 검정할 수 있다. 불행하게도, 이러한 단순한 접근법에는 문제가 있는데 이유는 잘못된 결론에 도달할 일정한 확률을 갖는 유의성 검정을 반복적으로 사용하기 때문이다. 4.4절에서 좀 더 자세히 언급되겠지만, 적어도 하나의 유의미한 차이를 허위로 발견할 확률은 실행 중인 검정의 개수에 따라 누적되므로 점점 받아들일 수 없을 정도로 크게 될 것이다.

많은 검정이 동시에 이뤄질 수 있도록 유의수준을 조정하는 방법들이 있지만, 모든 변수들로부터의 정보를 한꺼번에 사용하는 하나의 검정을 수행하는 것이 아마 선호될 것이다. 예를 들면, 모든 변수의 모평균이 두 다변량 모집단에 대해 같다는 가설을 검정하는 것이 바람직한데, 유의미한 결과는 적어도 하나의 변수에서 평균이 다르다는 증거가 된다. 두 개 이상의 그룹에 대한 평균 비교와 변동량 비교를 위한 이런 종합검정이 이 장에서 고려된다.

4.2 이표본 평균 비교: 일변량 경우

표 1.1에 주어진 49마리 참새의 몸통 측정 자료를 고려하자. 특별히, 총 길이인 첫 번째 측정치를 고려하자. 흥미로운 질문 하나는 이 변수의 평균이 새들이 수집되게 만든 태풍으로부터 생존한 그룹과 그렇지 못한 그룹에서 평균이 같은가일 것이다. 21마리 생존 그룹과 그렇지 못한 28마리로 구성된 그룹이 있다. 이들이 생존한 새들과 죽은 새들의 훨씬 큰 모집단으로부터 얻어진 확률 표본이라고 가정할 때, 이 질문은 만일 두 모평균이 같다면 관측된 평균 차이가 너무 커서 우연히 발생할 것 같지 않다는 의미에서 두 표본 평균이 유의미하게 다르냐이다. 주로 사용되는 방법은 t-검정을 실시하는 것이다.

일반적인 상황으로 두 개의 다른 모집단으로부터 하나의 변수 X에 대해 얻어진 임의의 확률 표본들이 있다고 가정하자. x_{i1}은 첫 번째 표본의 X 값들($i = 1, 2, \cdots, n_1$), 그리고 x_{i2}는 두 번째 표본의 값들($i = 1, 2, \cdots, n_2$)이라고 하자. 이때 j번째 표본의 평균과 분산은 다음과 같다.

$$\bar{x}_j = \sum_{i=1}^{n_j} x_{ij}/n$$

그리고

$$s_j^2 = \sum_{i=1}^{n_j} \left(x_{ij} - \bar{x}_j\right)^2 / \left(n_j - 1\right) \tag{4.1}$$

X가 두 표본에서 모두 분산이 같은 정규분포를 따른다는 가정 하에서, 두 표본 평균이 유의미하게 다른지를 알아보기 위한 검정은 통계량

$$t = \left(\bar{x}_1 - \bar{x}_2\right) / \left\{s \cdot \sqrt{\left(1/n_1 + 1/n_2\right)}\right\} \tag{4.2}$$

계산과 이것이 자유도 $n_1 + n_2 - 2$인 t-분포에서 0과 유의미하게 다른지를 알아보는 과정을 수반한다. 여기에서

$$s^2 = \left\{\left(n_1 - 1\right)s_1^2 + \left(n_2 - 1\right)s_2^2\right\} / \left(n_1 + n_2 - 2\right) \tag{4.3}$$

은 두 표본 분산의 통합추정치이다.

이 검정은 정규성 가정 하에 상당히 강건해서 만일 X가 정규분포에서 크게 벗어나지 않으면 검정은 특히 표본 크기가 20 이상인 경우 만족스럽다. 또한 두 분산의 비가 0.4 ~ 2.5 사이이면 등분산성 가정도 크게 중요치 않다. 두 표본의 크기가 같거나 비슷할 때 특히 이 검정은 강건하다.

만일 정규성에 대해서는 크게 문제가 없으나 두 모분산이 다르면 수정된 t-검정을 사용하는 것이 하나의 방법이다. 예를 들어, Welch 검정(1951)이 사용될 수 있다: 이 검정은 다음 검정통계량을 갖는다.

$$t = \left(\bar{x}_1 - \bar{x}_2\right) / \left\{\sqrt{\left(s_1^2/n_1 + s_2^2/n_2\right)}\right\} \tag{4.4}$$

만일 t 값이 자유도 v를 갖는 t 분포와 비교해서 0과 유의미하게 다르면 두 모평균이 다르다는 증거가 된다.

여기에서

$$v = (w_1 + w_2)^2/[w_1^2/(n_1 - 1) + w_2^2/(n_2 - 1)] \tag{4.5}$$

이고, $w_1 = s_1^2/n_1$ 그리고 $w_2 = s_2^2/n_2$이다.

정규성과 등분산성 가정에 대한 염려가 있을 때, Manly and Francis(2002)가 모평균 차이를 믿을만하게 검정하는 것이 불가능할 수도 있음을 보였다. 특별히, 어떤 검정을 사용하든 상관없이 실제로 평균에 차이가 존재하지 않을 때, 모평균에 차이가 있다는 너무 많은 잘못된 결론에 도달할 가능성이 있다. Manly and Francis는 랜덤검정을 이용하여 두 개 혹은 그 이상의 표본들이 평균 혹은 분산에서 서로 다른지를 평가하는 과정(Manly, 2009, 4.6절)과, 평균 차이에 대한 랜덤검정이 믿을만한지에 대한 평가 과정을 포함한 검정전략을 통하여 이 문제에 대한 해결책을 제공하였다. 더 자세한 사항은 그들의 논문을 참고하기 바란다.

4.3 이표본 평균 비교: 다변량 경우

표 1.1에 주어진 참새 자료를 다시 고려하자. 앞 장에서 언급된 t 검정은 표에 주어진 다섯 가지 측정치 각각에 사용될 수 있다(총 길이, 날개 길이, 주둥이와 머리 길이, 상완골 길이, 흉골의 용골돌기 길이). 이런 방식에서, 생존한 그룹과 그렇지 않은 그룹 간 평균에 차이가 만일 존재한다면 변수들 중 어떤 변수에서 차이가 존재하는지를 결정하는 것이 가능하다. 하지만, 이러한 개별적인 검정뿐만 아니라 모든 변수를 한꺼번에 고려하여 두 그룹 간 차이가 있는지를 알아보는 것 또한 관심이 있을 것이다. 다시 말해, 모든 증거가 두 그룹 간 평균 차이를 얘기하는가?

이 질문에 답하기 위해 필요한 것이 다변량 검정이다. 가능한 한 가지가 Hotelling의 T^2-검정이다. 사용된 통계량은 수식 (4.2)의 t-통계량의 일반화 혹은 더 정확하게는 이 t-통계량의 제곱이다.

일반적인 경우에 p개의 변수 X_1, X_2, …, X_p와 표본 크기가 n_1과 n_2인 두 표본이 고려된다. 이때, 두 표본 평균 벡터 $\bar{x}_1$과 $\bar{x}_2$, 그리고 두 표본 공분산 행렬 $\mathbf{C}_1$과 $\mathbf{C}_2$는 2.7절에서 설명된 대로 계산된다.

두 모집단의 공분산 행렬이 같다고 가정하면, 이 행렬의 통합추정치는 다음과 같다.

$$\mathbf{C} = \{(n_1 - 1)\mathbf{C}_1 + (n_2 - 1)\mathbf{C}_2\} / (n_1 + n_2 - 2) \tag{4.6}$$

Hotelling의 T^2-검정통계량은 다음과 같이 정의된다.

$$T^2 = n_1 \cdot n_2 (\bar{\mathbf{x}}_1 - \bar{\mathbf{x}}_2)' \mathbf{C}^{-1} (\bar{\mathbf{x}}_1 - \bar{\mathbf{x}}_2) / (n_1 + n_2) \tag{4.7}$$

이 통계량이 통계적으로 유의하게 크면 두 모평균 벡터가 다르다는 증거이다. 만일 두 모평균 벡터가 같다는 귀무가설이 참이면, 변형된 통계량

$$F = (n_1 + n_2 - p - 1)\ T^2 / \{(n_1 + n_2 - 2)p\} \tag{4.8}$$

가 자유도 p와 $(n_1 + n_2 - p - 1)$인 F 분포를 따른다는 사실을 이용하여 T^2의 유의성은 가장 간단하게 결정된다.

T^2-통계량은 2.5절에서 정의된 이차식이다. 그러므로 계산이 간단한 이중 합으로 표현이 가능하다.

$$T^2 = \{(n_1 n_2)/(n_1 + n_2)\} \sum_{i=1}^{p} \sum_{k=1}^{p} (\bar{x}_{1i} - \bar{x}_{2i})\, c^{ik}\, (\bar{x}_{1k} - \bar{x}_{2k}) \tag{4.9}$$

여기에서 $\bar{x}_{ji}$는 표본 j에서 변수 X_i의 평균이고, c^{ik}는 공분산 역행렬 $\mathbf{C}^{-1}$의 i번째 행과 k번째 열 성분이다.

T^2-통계량을 이용하여 비교되는 두 표본은 공분산이 같은 다변량 정규분포로부터 나온다고 가정한다. 다변량 정규성에서 약간 벗어나는 것은 크게 중요하지 않다. 두 모집단 공분산 행렬이 조금 다른 것도, 특히 표본 크기가 같거나 비슷하다면 큰 문제는 아니다. 만일 두 모공분산 행렬이 매우 다르고 표본 크기 또한 매우 다르다면 수정된 검정이 사용될 수 있다(Yao, 1965). 하지만 여전히 다변량 정규성 가정에 의존한다.

예제 4.1 Bumpus 암컷 참새 자료의 평균값 검정

이표본을 위해 언급된 일변량과 다변량 검정의 사용 예로, 표 1.1에 주어진 암컷 참새 자료를 다시 고려하자. 여기에서 다섯 가지 형태학적인 특징의 평균값에서 생존 그룹과 그렇지 못한 그룹 간에 차이가 있는지에 대한 궁금증이 있다.

우선, 총 길이 변수 X_1으로 시작하는 개별 변수에 대한 검정이 고려될 수 있다. 21마리 생존 그룹의 평균은 $\bar{x}_1 = 157.38$이고, 반면에 28마리 다른 그룹의 평균은 $\bar{x}_2 = 158.43$이다. 대응되는 표본 분산은 $s_1^2 = 11.05$이고 $s_2^2 = 15.07$이다. 수식 (4.3)에 의한 통합분산은

$$s^2 = (20 \times 11.05 + 27 \times 15.07)/47 = 13.36$$

표 4.1 Bumpus 암컷 참새 자료의 생존 그룹과 죽음 그룹의 각각의 변수에 대한 평균 비교

	생존		죽음			
변수	$\bar{x}_1$	s_1^2	$\bar{x}_2$	s_2^2	t (47)	p-값[a]
총 길이	157.38	11.05	158.43	15.07	−0.99	0.327
날개 길이	241.00	17.50	241.57	32.55	−0.39	0.698
주둥이와 머리 길이	31.43	0.53	31.48	0.73	−0.20	0.842
상완골 길이	18.50	0.18	18.45	0.43	0.33	0.743
흉골의 용골돌기 길이	20.81	0.58	20.84	1.32	−0.10	0.921

[a] 모집단 평균 차이가 없다는 귀무가설이 참일 때 0으로부터 관측된 값만큼 멀리 떨어진 t-값을 얻을 확률

그리고 수식 (4.2)의 t-통계량은

$$t = (157.38 - 158.43) \Big/ \sqrt{\{13.36(1/21 + 1/28)\}} = -0.99$$

이고, 자유도는 $n_1 + n_2 - 2 = 47$이다. 5% 유의수준에서 0과 통계적으로 유의하게 다르지 않으므로 총 길이는 두 그룹 간 평균에 차이가 없다.

표 4.1은 다섯 개 개별 변수에 대한 검정 결과를 요약한다. 어떤 변수도 두 그룹 모평균 차이에 대한 증거는 없다.

모든 변수를 한꺼번에 고려한 검정을 위해 2.7절에 정의된 표본 평균 벡터와 공분산 행렬을 알 필요가 있다. 평균들은 표 4.1에 주어졌고, 공분산 행렬은 2.7절에서 정의됐다. 21마리 생존 그룹에 대한 평균과 분산은 다음과 같다.

$$\bar{\mathbf{x}}_1 = \begin{bmatrix} 157.381 \\ 241.000 \\ 31.433 \\ 18.500 \\ 20.810 \end{bmatrix} \text{ 그리고 } \mathbf{C}_1 = \begin{bmatrix} 11.048 & 9.100 & 1.557 & 0.870 & 1.286 \\ 9.100 & 17.500 & 1.910 & 1.310 & 0.880 \\ 1.557 & 1.910 & 0.531 & 0.189 & 0.240 \\ 0.870 & 1.310 & 0.189 & 0.176 & 0.133 \\ 1.286 & 0.880 & 0.240 & 0.133 & 0.575 \end{bmatrix}$$

28마리 생존하지 못한 그룹의 결과는 다음과 같다.

$$\bar{\mathbf{x}}_2 = \begin{bmatrix} 158.429 \\ 241.571 \\ 31.479 \\ 18.446 \\ 20.839 \end{bmatrix} \quad \text{그리고} \quad \mathbf{C}_2 = \begin{bmatrix} 15.069 & 17.190 & 2.243 & 1.746 & 2.931 \\ 17.190 & 32.550 & 3.398 & 2.950 & 4.066 \\ 2.243 & 3.398 & 0.728 & 0.470 & 0.559 \\ 1.746 & 2.950 & 0.470 & 0.434 & 0.506 \\ 2.931 & 4.066 & 0.559 & 0.506 & 1.321 \end{bmatrix}$$

통합 표본 공분산은

$$\mathbf{C} = (20 \cdot \mathbf{C}_1 + 27 \cdot \mathbf{C}_2)/47 = \begin{bmatrix} 13.358 & 13.748 & 1.951 & 1.373 & 2.231 \\ 13.748 & 26.146 & 2.765 & 2.252 & 2.710 \\ 1.951 & 2.765 & 0.645 & 0.350 & 0.423 \\ 1.373 & 2.252 & 0.350 & 0.324 & 0.347 \\ 2.231 & 2.710 & 0.423 & 0.347 & 1.004 \end{bmatrix}$$

예를 들어 2행 3열 성분은

$$(20 \times 1.910 + 27 \times 3.398)/47 = 2.765$$

이다.

행렬 **C**의 역행렬은 아래와 같다.

$$\mathbf{C}^{-1} = \begin{bmatrix} 0.2061 & -0.0694 & -0.2395 & 0.0785 & -0.1969 \\ -0.0694 & 0.1234 & -0.0376 & -0.5517 & 0.0277 \\ -0.2395 & -0.0376 & 4.2219 & -3.2624 & -0.0181 \\ 0.0785 & -0.5517 & -3.2624 & 11.4610 & -1.2720 \\ -0.1969 & 0.0277 & -0.0181 & -1.2720 & 1.8068 \end{bmatrix}$$

이것은 두 행렬의 곱 $\mathbf{C} \times \mathbf{C}^{-1}$이 라운딩 오차를 제외하면 단위행렬과 같은지 확인을 통해 검증될 수 있다.

$\mathbf{C}^{-1}$의 성분들과 다른 값들을 수식 (4.7)에 대입하면

$$\begin{aligned} T^2 = &\{(21 \times 28)/(21+28)\} \big[(157.381 - 158.429) \times 0.2061 \times (157.381 \\ &-158.429) - (157.318 - 158.429) \times 0.0694 \times (241.000 - 241.571) \\ &+(20.810 - 20.839) \times 1.8068 \times (20.810 - 20.839)\big] = 2.824 \end{aligned}$$

수식 (4.8)을 이용하면, 이것은 자유도 5와 43을 갖는 변환된 F-통계량이 된다.

$$F = (21+28-5-1)\times 2.824/\{(21+28-2)\times 5\} = 0.517$$

유의미한 F-값은 1보다 반드시 커야 하기 때문에 분명히 이것은 유의하게 큰 값은 아니다. 따라서 모든 변수를 함께 고려했을 때 생존 그룹과 그렇지 않은 그룹의 모평균 차이에 대한 증거가 부족하다.

4.4 다변량 검정 대 일변량 검정

앞 예제에서 변수들의 일변량 검정과 다변량 검정 모두에서 통계적으로 유의미한 결과는 없었다. 하지만, 일변량 검정에서는 결과가 유의미하지 않지만 다변량 검정에서는 유의미한 결과가 나오는 것도 가능하다. 일변량 검정에서 나온 증거들의 누적으로 인해 모든 변수를 동시에 고려하는 검정에서는 이러한 일이 발생할 수 있다. 반대로, 일변량 검정에서는 유의미한 차이가 있지만 다변량 검정은 유의하지 않을 수 있다. 왜냐하면 유의미한 변수들에 의한 차이의 증거가 차이가 없는 다른 변수들의 증거에 의해 무력화될 수 있기 때문이다.

일련의 일변량 검정들과 다른 하나의 다변량 검정 사용의 한 가지 중요한 특징은 1종 오류율 제어에 대한 문제이다. 1종 오류는 비교되는 두 표본의 평균(일변량) 혹은 평균들(다변량)이 실제로 같은 분포에서 얻어졌을 때 통계적으로 유의미한 결과를 얻는 것과 관련된다. 5% 유의수준의 일변량 검정에서, 두 모평균이 같을 때 통계적으로 유의하지 않은 결과를 얻을 확률이 0.95이다. 따라서 만일 p개의 독립 검정이 이러한 조건 하에 수행되면 유의하지 않은 결과를 얻을 확률이 0.95^p이다. 그러므로 적어도 하나 이상 유의미한 결과를 얻을 확률은 아마 받아들일 수 없을 정도로 큰 $1-0.95^p$가 된다. 예를 들어, 만일 $p=5$이면 적어도 하나 이상 유의미한 결과를 우연히 얻을 확률이 $1-0.95^p=0.23$이다. 다변량 자료에서 보통 변수들은 독립이 아니어서, 만일 변수들을 일변량 검성을 통해 하나씩 검정하면 $1-0.95^p$는 우연히 적어도 하나 이상의 유의미한 결과를 얻을 확률을 정확하게 의미하지는 않는다. 하지만, 검정을 더 많이 하면 우연히 적어도 하나 이상의 유의미한 결과를 얻을 확률이 점점 더 커진다는 원칙은 여전히 적용된다.

한편, 5% 유의수준에서 Hotelling T^2 검정 같은 다변량 검정은 검정 조건들이 성립하면 관련된 변수의 수와 상관없이 1종 오류 확률은 0.05이다. 이것이 특히 변수의 수가 많을 때, 일련의 일변량 검정에 비해 눈에 띄는 장점이다.

여러 일변량 검정이 수행될 때 통합 1종 오류 확률을 제어하기 위해 유의수준을 조정하는 다양한 방법들이 있다. 가장 간단한 방법은 Bonferroni 조정이다. 일례로 만일 p개의 일변량 검정이 유의수준 5/p%에서 수행된다면 모든 귀무가설이 참일 때 어떤 유의미한 결과를 얻을 확률이 0.05보다 작다. 더 일반적으로 만일 p개 검정이 유의수준 100α/p%에서 수행되면 우연히 어떤 유의미한 결과를 얻을 확률은 α보다 작다.

어떤 사람들은 Bonferroni 수정을 사용하지 않으려 하는데, 이유는 만일 p가 크면 각 개별적인 검정에 적용되는 유의수준이 너무 지나치기 때문이다. 예를 들어 $p = 10$이고 전체 유의수준이 5%인 경우, 개별 검정이 0.5%에서 유의해야 유의하다고 선언된다. 이러한 사실이 Manly(2009, 4.9절)에 의해 논의된 Bonferroni 수정보다 조금 덜 보수적인 변형의 개발로 이어진다.

하나의 다변량 검정을 사용하는 것이 여러 개의 일변량 검정을 사용하는 것보다 많은 경우에 더 좋은 절차를 제공하는지에 관해서는 논쟁이 있을 수 있다. 다변량 검정은 변수들의 상관관계를 설명하는 추가된 장점 또한 갖고 있다.

4.5 이표본 변동 비교: 일변량 경우

일변량의 경우, 두 표본의 변동 비교를 위해 잘 알려진 방법은 F-검정이다. 만일 수식 (4.1)에 의해 계산된 s_j^2이 표본 j의 분산이면, 분산의 비 s_1^2/s_2^2은 자유도 $(n_1 - 1)$과 $(n_2 - 1)$을 가진 F 분포의 확률 값과 비교된다. 1과 통계적으로 유의하게 다른 분산 비의 값은 분산이 다른 두 모집단에서 표본이 추출됐다는 증거가 된다. 불행하게도 F-검정은 정규성 가정에 다소 민감하다. 유의한 결과가 분산이 달라서라기보다 아마 변수가 정규분포를 따르지 않아서일 것이다. 이런 이유로, 종종 분산 비교를 위해 F-검정은 사용되지 않아야 한다는 논쟁이 있다.

F-검정의 강건한 대안이 Levene(1960) 검정이다. 여기에서 아이디어는 각 표본에서 원 자료를 표본 평균 혹은 표본 중위수로부터 편차의 절댓값을 계산한 다음 t-검정을 이용하여 두 표본의 평균 편차에 대한 차이를 검정한다. 비록 표본 평균으로부터 편차의 절댓값이 종종 사용되지만, 더 강건한 검정은 표본 중위수로부터 편차의 절댓값을 사용하는 것이다(Schultz, 1993). 중위수를 이용한 방법은 예제 4.2에서 언급된다.

4.6 이표본 변동 비교: 다변량 경우

많은 컴퓨터 패키지는 두 개 이상의 다변량 표본에서 변동량 비교를 위해 Box의 M-검정을 사용한다. 이것이 두 개 이상의 표본에 적용되기 때문에 4.8절에서 언급된다. 이 검정은 표본들이 다변량 정규분포에서 얻어졌다는 가정에 다소 민감한 것으로 알려졌다. 그러므로 유의미한 결과는 모공분산이 달라서라기보다 비정규성 때문일 가능성이 항상 존재한다.

더 강건한 다른 방법은 Levene 검정에서 사용된 원칙을 이용하여 만들어질 수 있다. 즉, 자료 값들을 표본 평균이나 중위수로부터 편차의 절댓값으로 변환한다. 두 표본이 통계적으로 유의미하게 다른 변동량을 나타내는지에 대한 질문은 변환 값들이 유의하게 다른 평균 벡터를 갖는가에 대한 질문으로 바뀐다. T^2-검정을 이용해 평균 벡터들의 검정이 가능하다.

다른 가능성이 Van Valen(1978)에 의해 제안되었다. 이것은 다음 계산

$$d_{ij} = \sqrt{\left\{\sum_{k=1}^{p} \left(x_{ijk} - \bar{x}_{jk}\right)^2\right\}} \tag{4.10}$$

을 포함하고 있는데, 여기에서 x_{ijk}는 표본 j에서 개체 i의 변수 X_k의 값이고 $\bar{x}_{jk}$는 그 표본의 같은 변수들의 평균이다.

d_{ij} 값들의 표본 평균들이 t-검정과 비교된다. 한 표본이 다른 표본보다 더 변동성이 있으면 평균값 d_{ij}는 변동성이 큰 표본에서 분명히 더 큰 경향이 있다.

모든 변수들이 동일한 가중치를 갖도록 d_{ij} 값을 계산하기 전에 통합 표본에서 각 변수들이 평균이 0이고 분산이 1을 갖도록 표준화해야 한다. 더 강건한 검정을 위해, 수식 (4.10)에서 표본 평균 대신 표본 중위수를 사용하는 것이 더 좋을 것이다. 따라서 d_{ij} 값들의 공식은

$$d_{ij} = \sqrt{\left\{\sum_{k=1}^{p} \left(x_{ijk} - M_{jk}\right)^2\right\}} \tag{4.11}$$

이고, 여기에서 M_{jk}는 표본 j에서 변수 X_k의 중위수이다.

중위수로부터의 편차를 이용한 T^2-검정과 Van Valen 검정은 다음 예제에서 설명된다. 검정통계량 (4.10)과 (4.11)의 사용에서 한 가지 주의할 점은 만일 검정 중인 두 표

본이 다르면 한 표본이 다른 표본에 비해 모든 변수에서 더 변동성이 크다는 암묵적인 가정에 기반하고 있다는 것이다. 예를 들어, 변수 X_1과 X_2는 표본 1에서 변동성이 더 크지만 변수 X_3과 X_4는 표본 2에서 더 변동성이 큰 경우에는 유의미한 결과를 기대할 수 없다. 다른 분산의 효과가 d_{ij}의 계산에서 상쇄되는 경향이 있다. 따라서 모든 변수에서 일관된 변동량 변화를 기대할 수 없을 때 Van Valen 검정은 적합하지 않다.

예제 4.2 참새 자료의 변동량 검정

표 1.1에 주어진 Bumpus 참새 자료에서 한 가지 흥미로운 질문은 생존하지 못한 그룹이 생존한 그룹보다 더 변동성이 큰지와 관련이 있다. 이것은 안정화 선택이 발생했다면 기대할 수 있는 것이다.

이 질문을 조사하기 위해, 우선 총 길이 변수 X_1부터 개별 변수들을 한 번에 하나씩 고려한다. Levene 검정을 위해 원 자료는 표본 중위수로부터 편차로 변환한다. 생존 그룹의 중위수는 157 mm, 그리고 이 표본의 21마리 새들의 중위수로부터 절대편차들의 평균은 $\bar{x}_1 = 2.571$이고 분산은 $s_1^2 = 4.257$이다. 생존하지 못한 그룹의 중위수는 159 mm, 그리고 29마리 새들에 대한 중위수로부터 절대편차들의 평균은 $\bar{x}_2 = 3.286$이고 분산은 $s_2^2 = 4.212$이다. 수식 (4.3)의 통합분산은 4.231, 그리고 수식 (4.2)의 t-통계량은

$$t = (2.57 - 3.29)/\{4.231(1/21 + 1/28)\}^{½} = -1.20$$

이며 자유도 47이다.

만일 안정화 선택이 발생했다면 생존한 그룹보다 그렇지 않은 그룹이 더 변동성이 클 것이기 때문에 여기에서 단측 검정이 요구되고, 작은 t 값이 안정화 선택의 증거가 된다. 현 예제에서 관측된 t 값이 통계적으로 유의하게 작지 않다. 다른 변수들에 대한 t 값들은 다음과 같다: 날개 길이, $t = -1.18$; 주둥이와 머리 길이, $t = -0.81$; 상완골 길이, $t = -1.91$; 흉골의 용골돌기 길이, $t = -1.41$. 유의수준 5%에서 상완골 길이만 통계적으로 유의미하게 작다.

표 4.2는 Van Valen 검정을 위해 변수들을 표준화한 후 표본 중위수로부터의 절대편차들을 보여 준다. 생존 그룹에서 첫 번째 변수 첫 번째 값은 0.274이다. 이 값은 다음과 같이 얻어졌다. 먼저, 원 자료들을 49마리 새들에 대해 평균 0과 분산 1이 되도록 변환한다. 생존 그룹 첫 번째 새의 변환된 총 길이는 $(156 - 157.980)/3.654 = -0.542$가 된다. 생존 그룹 변환된 길이의 중위수는 -0.268이다. 따라서 생존 그룹 첫

표 4.2 표 1.1에 주어진 암컷 참새 자료의 생존 그룹(1)과 비생존 그룹(2)의 크기 자료에 대한 표준 값

	표준 값					표본 중위수로부터의 표준편차					
생존 그룹	총 길이	날개 길이	주둥이와 머리 길이	상완골 길이	흉골의 용골돌기 길이	총 길이	날개 길이	주둥이와 머리 길이	상완골 길이	흉골의 용골돌기 길이	d
1	−0.542	0.725	0.177	0.054	−0.329	0.274	0.987	0.252	0.000	0.101	1.059
1	−1.089	−0.262	−1.333	−1.009	−1.237	0.821	0.000	1.258	1.063	1.009	2.099
1	−1.363	−0.262	−0.578	−0.123	−0.229	1.095	0.000	0.503	0.177	0.000	1.218
1	−1.363	−1.051	−0.704	−1.363	−0.632	1.095	0.789	0.629	1.418	0.403	2.095
1	−0.815	0.330	0.051	0.231	−0.531	0.547	0.592	0.126	0.177	0.303	0.888
1	1.374	1.120	0.680	0.940	0.074	1.642	1.381	0.755	0.886	0.303	2.460
1	−0.268	−0.656	−0.704	−0.123	−0.632	0.000	0.395	0.629	0.177	0.403	0.864
1	−0.815	−0.459	1.687	0.231	0.377	0.547	0.197	1.762	0.177	0.605	1.959
1	1.647	1.317	1.561	1.118	0.276	1.916	1.579	1.636	1.063	0.504	3.197
1	0.006	−0.656	−0.578	0.586	1.184	0.274	0.395	0.503	0.532	1.412	1.662
1	0.006	−0.262	−0.200	0.231	1.184	0.274	0.000	0.126	0.177	1.412	1.455
1	0.553	0.528	−0.452	0.231	−0.329	0.821	0.789	0.377	0.177	0.101	1.217
1	0.827	0.922	1.058	1.472	0.982	1.095	1.184	1.132	1.418	1.210	2.712
1	−0.268	0.725	0.680	1.118	−0.834	0.000	0.987	0.755	1.063	0.605	1.744
1	−0.268	−1.248	0.051	−0.655	−1.035	0.000	0.987	0.126	0.709	0.807	1.464
1	−0.542	−0.854	−0.704	−0.832	−0.531	0.274	0.592	0.629	0.886	0.303	1.303
1	0.006	0.528	−0.074	0.054	0.780	0.274	0.789	0.000	0.000	1.009	1.310
1	−1.363	−0.656	−1.207	−0.477	0.074	1.095	0.395	1.132	0.532	0.303	1.735
1	−0.815	−1.051	−1.459	0.054	−0.733	0.547	0.789	1.384	0.000	0.504	1.759
1	1.374	0.922	1.310	0.231	1.083	1.642	1.184	1.384	0.177	1.311	2.786
1	0.279	−1.051	0.051	−0.832	0.679	0.547	0.789	0.126	0.886	0.908	1.596

(계속)

표 4.2 표 1.1에 주어진 암컷 참새 자료의 생존 그룹(1)과 비생존 그룹(2)의 크기 자료에 대한 표준 값

	표준 값					표본 중위수로부터의 표준편차					
생존 그룹	총 길이	날개 길이	주둥이와 머리 길이	상완골 길이	흉골의 용골돌기 길이	총 길이	날개 길이	주둥이와 머리 길이	상완골 길이	흉골의 용골돌기 길이	d
중위수	−0.268	−0.262	−0.074	0.054	−0.229					Mean	1.742
										Var	0.402
2	−0.815	−0.262	−0.074	−0.832	−0.128	1.095	0.395	0.126	0.886	0.000	1.468
2	−0.542	−0.262	0.051	−0.477	−0.229	0.821	0.395	0.000	0.532	0.101	1.059
2	0.553	0.133	1.435	0.586	0.881	0.274	0.000	1.384	0.532	1.009	1.814
2	−1.636	−1.840	−1.459	−2.250	−1.035	1.916	1.973	1.510	2.304	0.908	3.997
2	0.553	1.711	0.303	0.586	1.688	0.274	1.579	0.252	0.532	1.816	2.492
2	−0.815	−0.854	−0.578	0.054	−0.834	1.095	0.987	0.629	0.000	0.706	1.751
2	−0.268	0.725	0.932	1.826	0.578	0.547	0.592	0.881	1.772	0.706	2.251
2	1.921	0.725	2.065	2.358	1.890	1.642	0.592	2.013	2.304	2.017	4.059
2	−1.363	−2.038	−1.710	−2.072	−1.035	1.642	2.171	1.762	2.127	0.908	3.982
2	1.100	−0.459	−1.459	−0.832	2.293	0.821	0.592	1.510	0.886	2.421	3.154
2	1.100	0.330	0.177	0.586	0.478	0.821	0.197	0.126	0.532	0.605	1.174

(계속)

2	0.279	0.725	0.429	0.054	0.881	0.000	0.592	0.377	0.000	1.009	1.229
2	0.279	1.120	−0.704	−0.655	−1.842	0.000	0.987	0.755	0.709	1.715	2.233
2	−0.815	0.330	−0.704	0.054	0.478	1.095	0.197	0.755	0.000	0.605	1.474
2	1.100	2.106	0.555	1.118	1.385	0.821	1.973	0.503	1.063	1.513	2.871
2	−1.636	−2.235	−1.333	−2.072	−2.246	1.916	2.368	1.384	2.127	2.118	4.495
2	0.279	0.133	−0.829	−0.477	−0.329	0.000	0.000	0.881	0.532	0.202	1.048
2	−0.815	−0.656	−0.326	−1.009	−1.540	1.095	0.789	0.377	1.063	1.412	2.256
2	1.374	1.514	2.442	1.826	1.991	1.095	1.381	2.391	1.772	2.118	4.056
2	1.374	0.133	−0.578	−0.655	−0.128	1.095	0.000	0.629	0.709	0.000	1.448
2	−0.542	−0.854	0.303	−0.477	−0.531	0.821	0.987	0.252	0.532	0.403	1.468
2	0.279	−0.656	0.051	−0.123	−0.531	0.000	0.789	0.000	0.177	0.403	0.904
2	0.827	0.725	0.806	1.118	−0.027	0.547	0.592	0.755	1.063	0.101	1.536
2	−0.815	−1.248	−0.955	−1.363	−1.237	1.095	1.381	1.007	1.418	1.110	2.713
2	1.100	1.120	0.555	1.118	−0.430	0.821	0.987	0.503	1.063	0.303	1.767
2	−1.363	−0.854	−1.081	0.231	−0.430	1.642	0.987	1.132	0.177	0.303	2.253
2	1.100	0.725	1.310	0.054	0.276	0.821	0.592	1.258	0.000	0.403	1.664
2	1.647	1.317	1.058	0.586	0.074	1.368	1.184	1.007	0.532	0.202	2.147
중위수	0.279	0.133	0.051	0.054	−0.128					Mean	2.242
										Var	1.110

노트: 표준 값은 5개 모든 변수 각각에 대해 평균은 0 그리고 표준편차는 1이다. 이러한 값들은 표본 중위수로부터 편차와 수식 (4.11)에 기초하여 생존 그룹과 비생존 그룹의 이표본에서 변동성을 비교하기 위해 Van Valen(1978) 검정에 사용된다. Van Valen 검정은 t-검정을 이용하여 d-값들의 두 표본평균을 비교한다. 이 검정은 생존 그룹보다 비생존 그룹에서 통계적으로 유의한 큰 변동이 있음을 보여 준다(자유도 47을 가진 t-값 = -1.92 단측 검정에서 p-값=0.030).

번째 새의 표본 중위수로부터 절대편차는 표 4.2에 주어진 $|-0.542-(-0.268)|=0.274$이다.

Hotelling T^2-검정을 이용하여 다섯 변수들의 변환된 표본 평균 벡터들을 비교하면 검정통계량 $T^2 = 2.82$이고, 수식 (4.8)을 이용한 대응되는 F-검정은 자유도 5와 43을 가지며 통계량은 0.52이다. F-값이 1보다 적고, 유의수준이 0.76이므로 표본들 간에 유의한 차이에 대한 증거가 없다.

마지막으로 Van Valen 검정을 고려하자. 수식 (4.11)의 d-값들 즉, 표본 내에 있는 개별 개체들에 대한 합이 표 4.2의 마지막 열에 주어졌다. 생존 그룹 평균은 1.742, 분산은 0.402이다. 비생존 그룹의 평균은 2.242, 분산은 1.110이다. 수식 (4.2)의 t-값이 −1.92이고, 이는 유의수준 5%에서 유의미하게 적다(단측 검정 p 값 = 0.03). 따라서 이 검정은 생존 그룹보다 비생존 그룹에서 더 많은 변동을 보임을 얘기한다.

Levene 검정은 유의하지 않지만, Van Valen 검정에서 유의한 결과가 나온 이유를 찾기는 어렵지 않다. 위에서 언급한 대로 Levene 검정은 방향성이 없고, 생존 그룹이 비생존 그룹보다 덜 변동적이라는 기대를 고려하지 않는다. 한편 Van Valen 검정은 모든 변수에서 표본 2보다 표본 1이 특별히 덜 변동적인 것을 위한 것이다. 이 예제에서 모든 변수들이 표본 2보다 표본 1에서 더 작은 변동성을 보여 준다. Van Valen 검정은 이러한 사실을 강조하였지만 Levene 검정은 그렇지 않았다.

4.7 여러 표본의 평균 비교

변수는 한 개이고 비교하고자 하는 표본이 여러 개일 때, t-검정의 확장은 일-요인 분산분석의 F-검정이다. 계산들은 표 4.3에 주어졌다.

변수와 표본이 모두 여러 개일 때, 모든 표본들이 평균 벡터가 같은 모집단으로부터 나왔다는 가설을 검정하기 위해 흔히 사용되는 4가지 다른 통계량들이 존재한다는 사실로 인해 상황이 훨씬 더 복잡하다.

고려할 첫 번째 검정은 Wilks의 람다통계량

$$\Lambda = |\mathbf{W}| / |\mathbf{T}| \tag{4.12}$$

을 사용하는데, 여기에서 $|\mathbf{W}|$는 표본 내 제곱합과 교차곱 행렬의 행렬식이고, $|\mathbf{T}|$는 총 제곱합과 교차곱 행렬의 행렬식이다.

표 4.3 m개 모집단으로부터의 표본들 평균값들을 비교하기 위한 일-요인 분산분석 (일변량)

변수 자료	제곱합	자유도	평균제곱	F-값
표본 간	$B = T - W$	$m - 1$	$M_B = B/(m-1)$	$F = M_B/M_W$
표본 내	$W = \sum_{j=1}^{m} \sum_{i=1}^{n_j} (x_{ij} - x_j)^2$	$n = m$	$M_W = W/(n-m)$	
총	$T = \sum_{j=1}^{m} \sum_{i=1}^{n_j} (x_{ij} - x)^2$	$n = 1$		

노트: n_j = j번째 표본의 크기, $n = n_1 + \cdots + n_m$: 총 관측치의 수, X_{ij} = j번째 표본에서 i번째 관측치, X_j = j번째 표본의 평균, X = 모든 관측치의 평균

본질적으로, 이것은 표본들 내 변동과 총 변동(표본 내 그리고 표본 간 변동)을 비교한다. 여기에서 행렬 **T**와 **W**는 좀 더 설명이 필요하다. x_{ijk}는 표본 j에서 개체 i의 변수 X_k 값이고, $\bar{x}_{jk}$는 같은 표본에서 변수 X_k의 평균, $\bar{x}_k$는 모든 자료를 고려한 변수 X_k의 전체 평균이라 하자. 게다가 m개의 표본이 있고, j번째 표본 크기는 n_j라고 가정하자. 이때 행렬 **T**의 r행 c열 성분은

$$t_{rc} = \sum_{j=1}^{m} \sum_{i=1}^{n_j} (x_{ijr} - \bar{x}_r)(x_{ijc} - \bar{\mathbf{x}}_c) \tag{4.13}$$

이고 행렬 **W**의 r행 c열 성분은

$$w_{rc} = \sum_{j=1}^{m} \sum_{i=1}^{n_j} (x_{ijr} - \bar{\mathbf{x}}_{jr})(x_{ijc} - \bar{\mathbf{x}}_{jc}) \tag{4.14}$$

이다.

행렬식의 의미는 2.4절에서 간단히 언급되었다. 여기에서 알아야 할 것은 이들이 벡터나 행렬이 아니라 보통의 숫자 즉, 스칼라라는 점, 그리고 관련된 행렬들이 2×2 혹은 3×3 정도의 행렬이 아니면 이들을 계산하기 위해 특별한 컴퓨터 알고리즘이 필요하다는 것이다.

만일 Λ가 작으면, 표본들 내 변동이 총 변동 대비 작다는 것을 의미한다. 이것은 같은 평균 벡터를 가진 모집단들로부터 표본들이 나오지 않았다는 증거를 제공한다. 표

본 내 변동이 이런 점에서 유의하게 적은지에 대한 근사적 검정이 표 4.4에 주어졌다. 또한 정확한 임계값들의 표들도 이용 가능하다.

$\lambda_1 \geq \lambda_2 \geq \cdots \lambda_p \geq 0$는 행렬 $\mathbf{W}^{-1}\mathbf{B}$의 고유치들이라 하고, 여기에서 $\mathbf{B} = \mathbf{T} - \mathbf{W}$는 총 제곱합 혹은 교차곱 행렬에서 이에 대응되는 그룹 내 제곱합 혹은 교차곱 행렬을 뺐기 때문에 그룹 간 제곱합 그리고 교차곱 행렬로 불린다. 따라서 Wilks의 람다는 또한 다음과 같이

$$\Lambda = \prod_{i=1}^{p} 1/(1+\lambda_i) \tag{4.15}$$

로 표현될 수 있는데, 이는 그것을 표현하기 위해 종종 사용되는 형태이다.

두 번째 통계량은 행렬 $\mathbf{W}^{-1}\mathbf{B}$의 가장 큰 고유치 λ_1인데, 이는 Roy의 최대 근 검정이라 불리는 것을 이끌었다(고유값들이 latent roots라고 불리기도 한다). 이 통계량을 사용한 근거는 만일 표본 내 제곱합 대비 표본 간 제곱합 비를 최대로 하는 변수들 $X_1, \cdots, X_p$의 선형 결합을 찾으면 이 최대비가 λ_1과 같다는 것이다. 이는 이 최대 고유치가 그룹 간 변동량이 유의미하게 큰지를 검정하는 데 좋은 통계량이고, 따라서 고려 중인 표본들이 같은 평균 벡터들을 가진 모집단으로부터 기인하지 않았다는 증거를 의미한다. 이러한 접근이 8장의 주제인 판별함수분석과 연관이 있다. 몇몇 컴퓨터 프로그램에서 Roy의 최대 근 통계량으로 부르는 것이 λ_1 대신 $\lambda_1/(1-\lambda_1)$이라는 사실을 알아둘 필요가 있다. 만일 의심스러우면 프로그램 문서를 확인해 보길 바란다.

λ_1이 유의미하게 큰지 평가하기 위해, 관측치에 해당하는 정확한 유의수준이 수치적으로 계산되거나, 혹은 유의수준에 대한 하한을 찾는 데 F 분포가 이용될 수 있다. 즉, F-값이 계산되고 실제 유의수준이 이 F-값보다 크거나 같은 값을 얻을 확률보다 크다. 유의한 결과를 얻으면 컴퓨터 패키지 사용자들은 이런 대안들 중 어떤 것이 사용됐는지 알아야 한다. 왜냐하면 만일 F 분포가 사용되면 λ_1 값이 선택된 유의수준에서 실제로 유의미하게 크지 않을 수도 있다. 사용된 F-값은 표 4.4에 주어졌다.

표본들이 평균 벡터가 같은 모집단들로부터 나왔는지 검정하는 데 사용되는 세 번째 통계량은 Pillai의 트레이스 통계량이다. 이것은 고유치들 $\lambda_1, \cdots, \lambda_p$을 이용하여 다음과 같이 표현된다.

$$V = \sum_{i=1}^{p} \lambda_i/(1+\lambda_i) \tag{4.16}$$

표 4.4 모평균 벡터들이 같지 않다는 가설 검정을 위해 근사적 F 검정에서 표본 평균 벡터들 비교를 위해 사용되는 검정통계량

검정	통계량	F	df_1	df_2	설명
Wilk의 람다	Λ	$\{(1-\Lambda^{1/t})/\Lambda^{1/t}\}(df_2/df_1)$	$p(m-1)$	$wt - df_1/2 + 1$	$w = n - 1 - (p+m)/2$ $t = [(df_1^2 - 4)/\{p^2 + (m-1)^2 - 5\}]^{1/2}$ If $df_1 = 2$, set $t = 1$
Roy의 최대 근	λ_1	$(df_2/df_1)\,\lambda_1$	D	$n - m - d - 1$	The significance level obtained is a lower bound $d = \max(p, m-1)$
Pillai의 트레이스	$V = \sum_{i=1}^{p} \lambda_i/(1+\lambda_i)$	$(n-m-p+s)V/\{d(s-V)\}$	sd	$s(n-m-p+s)$	$s = \min(p, m-1)$ = number of positive eigenvalues $d = \max(p, m-1)$
Lawes–Hotelling 트레이스	$U = \sum_{i=1}^{p} \lambda_i$	$df_2\,U/(s\,df_1)$	$s(2A+s+1)$	$2(sB+1)$	s is as for Pillai's trace $A = (\lvert m-p-1 \rvert - 1)/2$ $B = (n-m-p-1)/2$

노트: m개의 표본은 p개 변수들로 구성, j번째 표본 크기는 n_j, 총 표본 크기는 $n = \sum_j n_j$ 라고 가정한다. 검정통계량들은 일반적인 p와 m에 대한 근사이다. 정확한 혹은 더 좋은 근사가 어떤 특별한 경우에 가능하다. 그리고 다른 근사 또한 이용할 수 있다. 모든 경우에, 이 검정통계량이 언급된 F 값으로 변환되고, 이 값은 자유도 df_1과 df_2인 F 분포와 비교하여 유의하게 큰지를 알아보는 방식으로 검정이 진행된다. 또한 카이제곱분포 근사도 흔히 사용된다고 해서 임계값들을 정리한 표도 이용할 수 있다(Kres, 1983).

이 통계량이 크면 고려 중인 표본들이 서로 다른 평균 벡터를 가진 모집단들로부터 나왔다는 증거가 된다. 유의수준(만일 표본들이 같은 평균 벡터를 가진 모집단들로부터 얻어졌을 때 V보다 크거나 같은 값을 얻을 확률) 근사값이 표 4.4에 제공된다.

마지막으로 동일한 모평균 벡터들의 귀무가설을 검정하는 데 사용되는 네 번째 통계량은 Lawes-Hotelling 트레이스

$$U = \sum_{i=1}^{p} \lambda_i \tag{4.17}$$

인데, 이것은 단지 행렬 $\mathbf{W}^{-1}\mathbf{B}$ 고유치들의 합이다. 값이 크면 귀무가설에 반하는 증거가 되고, 근사 F 검정은 표 4.4에 주어졌다.

일반적으로, 언급된 네 검정들이 비슷한 유의수준을 제공할 것을 기대할 수 있다. 그래서 이들 중에서 골라야 할 필요는 없다. 네 검정 모두 p개의 변수들은 다변량 정규분포를 따르고, 표본이 추출되는 m개의 모든 모집단이 동일한 공분산 행렬을 갖고 있다는 가정을 포함하고 있다. 만일 m개의 표본들의 크기가 같거나 거의 비슷하면 네 방법 모두 상당히 강건하다고 생각된다. 만일 다변량 정규성이나 등 공분산성에 의심이 든다면, 모의실험 결과 Pillai의 트레이스 통계량이 다른 세 통계량보다 아마도 더 강건함을 보인다(Seber, 2004, p.442).

4.8 여러 표본의 변동 비교

여러 표본들의 변동 비교에는 Box의 M-검정이 잘 알려져 있다. 이 검정은 변수가 여러 개인 이 표본에서도 이미 언급됐는데, 이것은 변수가 하나 혹은 여러 개일 때, 그리고 표본이 2개 혹은 그 이상일 때도 사용될 수 있다.

m개의 표본에서 M-통계량은 다음 수식

$$M = \left\{ \prod_{i=1}^{m} |C_i|^{(n_i-1)/2} \right\} \Big/ |C|^{(n-m)/2} \tag{4.18}$$

으로 주어지고, 여기에서 n_i는 표본 i의 크기, C_i는 2.7절에서 정의된 표본 i의 표본 공분산, C는 통합 공분산 행렬

$$C = \sum_{i=1}^{m} (n_i - 1)\ C_i / (n - m)$$

그리고 $n = \sum n_i$는 총 관측치수이다.

M이 크면 표본들이 공분산이 같은 모집단들로부터 나오지 않았다는 증거가 된다. 관측된 M-값이 유의하게 큰지에 대한 근사 F-검정은 통계량

$$F = -2 \cdot b \log_e (M) \tag{4.19}$$

을 계산한 다음 자유도가 v_1과 v_2인 F 분포에서 관측된 F-값보다 크거나 같은 확률을 계산하여 판단하는데, 여기에서

$$v_1 = p(p+1)(m-1)/2$$

$$v_2 = (v_1 + 2)/(c_2 - c_1^2)$$

$$b = (1 - c_1 - v_1/v_2)/v_1$$

그리고

$$c_1 = (2p^2 + 3p - 1)\left\{\sum_{i=1}^{m} 1/(n_i - 1) - 1/(n - m)\right\}/\{6(p+1)(m-1)\}$$

$$c_2 = (p-1)(p+2)\left\{\sum_{i=1}^{m} 1/(n_i - 1)^2 - 1(n - m)^2\right\}/\{6(m-1)\}$$

이다.

수식 (4.19)의 F 근사는 $c_2 > c_1^2$일 때만 유효하다. 만일 $c_2 < c_1^2$이면 다른 근사가 사용된다. 다른 근사 경우에, F-값은

$$F = -\{2\, b_1 \cdot v_2 \cdot \log_e (M)\}/\{v_1 + 2 \cdot b_1 \cdot \log_e (M)\} \tag{4.20}$$

으로 계산되고, 여기에서

$$b_1 = (1 - c_1 - 2/v_2)/v_2$$

이다.

이 값이 유의하게 큰지를 알아보기 위해 자유도 v_1과 v_2인 F 분포와 비교하여 검정한다.

Box 검정은 고려하는 변수들의 정규성에 대해 민감한 것으로 알려져 있다. 이런 이유로 Box 검정의 강건한 대안들이 권장되는데, 이 방법들이 이표본 상황에서 제안되었던 방법들의 확장이다. 그래서 m개의 표본들에서 자료의 표본 중위수로부터 절대편차가 계산될 수 있다. 하나의 변수에 대해, 이것들은 일-요인 분산분석의 관측치들로 여겨질 수 있다. 유의한 F-값은 표본들이 평균 편차가 다른 모집단들 즉, 공분산 행렬이 다른 모집단들로부터 나왔다는 증거이다. 변수가 2개 이상인 경우, 앞 절에서 언급된 4개의 검정 중에서 어떤 검정도 변환된 자료에 사용될 수 있고, 유의한 결과는 공분산 행렬이 m개의 모집단에서 일정하지 않다는 것을 의미한다.

대안으로, 모든 자료를 통틀어 변수들이 단위분산을 갖도록 표준화하고 수식 (4.11)을 사용하여 d-값들을 계산한다. 이러한 d-값들을 일요인 분산분석을 통해 분석한다. 이것은 두 다변량 표본에서 변동을 비교하기 위해 제안되었던 Van Valen 검정의 일반화한 방법이다. 분산분석으로부터 유의한 F-값은 m개의 모집단들 중 일부가 다른 모집단에 비해 변동성이 더 크다는 것을 의미한다. 이표본의 경우에서처럼 이 검정은 고려 중인 모든 측정치에서 몇몇 표본들이 다른 표본들보다 변동성이 더 클 때 적합하다.

예제 4.3 이집트인 두개골 표본 비교

여러 개의 표본을 비교 검정하는 일례로, 표 1.2에 주어진 과거 다양한 시대에 걸친 다섯 표본들의 이집트 남성 두개골에 대한 네 가지 측정 자료를 고려하자.

첫 변수, 최대 넓이에 대한 일-요인 분산분석이 자유도 4 그리고 145에 해당하는 $F = 5.95$(표 4.3)를 생성한다. 이 값은 유의수준 0.1%에서 유의미하게 커서 모평균이 시간에 따라 변한다는 확실한 증거이다. 다른 세 변수에 대한 분산분석은 다음과 같은 결과를 제공한다: 대천문까지 높이, $F = 2.45$(유의수준 5%에서 유의); 치조 길이, $F = 8.31$(유의수준 0.1%에서 유의); 그리고 코 높이, $F = 1.51$(유의하지 않음). 그래서 처음 세 변수의 모평균이 시간에 따라 변했다는 증거가 있다.

다음은 네 변수를 한꺼번에 고려하자. 만일 다섯 표본이 통합되면, 수식 (4.13)을 이용해 계산된 150개 관측 값에 대한 제곱합과 교차곱 합의 행렬은

$$\mathbf{T} = \begin{bmatrix} 3563.89 & -222.81 & -615.16 & 291.30 \\ -222.81 & 3635.17 & 1046.28 & 346.47 \\ -615.16 & 1046.28 & 4309.27 & -16.40 \\ 426.73 & 346.47 & -16.40 & 1533.33 \end{bmatrix}$$

로 주어지고, 행렬식은 $|\mathbf{T}| = 7.306 \times 10^{13}$이다. 또한, 그룹 내 제곱과 교차곱 합의 행렬은 수식 (4.14)로부터

$$\mathbf{W} = \begin{bmatrix} 3061.07 & 5.33 & 11.47 & 291.30 \\ 5.33 & 3405.27 & 754.00 & 412.53 \\ 11.47 & 754.00 & 3505.97 & 164.33 \\ 291.30 & 412.53 & 164.33 & 1472.13 \end{bmatrix}$$

로 주어지고, 행렬식은 $|\mathbf{W}| = 4.848 \times 10^{13}$이다. 그러므로 Wilks 람다 통계량은

$$\Lambda = |\mathbf{W}| / |\mathbf{T}| = 0.6636$$

이다. 이 값이 유의하게 작은지를 평가하기 위한 근사 F-검정에 대한 자세한 사항은 표 4.4에 제공된다. 네 변수, 다섯 표본, 그리고 총 150개 관측치를 가지고 표 4.4에 주어진 기호를 이용하면

$$df_1 = p(m-1) = 16$$

$$w = n - 1 - (p+m)/2 = 150 - 1 - (4+5)/2 = 144.5$$

$$t = \left[(df_1^2 - 4) / \left\{p^2 + (m-1)^2 - 5\right\}\right]^{½} = \left[(16^2 - 4) / \left\{4^2 + (5-1)^2 - 5\right\}\right]^{½}$$

$$= 3.055$$

그리고

$$df_2 = wt - df_1/2 + 1 = 144.5 \times 3.055 - 16/2 + 1 = 434.5$$

자유도 16과 434.5에 해당되는 F-통계량은

$$F = \left\{(1 - \Lambda^{1/t}) / \Lambda^{1/t}\right\}(df_2 / df_1) = \left\{(1 - 0.6636^{1/3.055}) / 0.6636^{1/3.055}\right\}$$

$$(434.5 / 16) = 3.90$$

이다.

이것은 유의수준 0.1%에서 유의하게 크다(p 값 < 0.001). 그러므로 네 변수들의 평균 벡터가 시간에 따라 변한다는 명백한 증거이다.

Roy의 최대 근 검정을 위한 행렬 $\mathbf{W}^{-1}\mathbf{B}$의 최대 고유치는 $\lambda_1 = 0.4251$이다. 표 4.4에 주어진 대응되는 근사 F-통계량은

$$F = (df_2/df_1)\lambda_1 = (140/4)0.4251 = 14.88$$

이고, 자유도 계산 표에 주어진 식을 통해 계산한 자유도는 4와 140이다. 이 값은 다시 한번 매우 유의하게 크다(p 값 < 0.001).

Pillai의 트레이스 통계량은 $V = 0.3533$이다. 이 경우 근사 F-통계량은

$$F = (n - m - p + s)V/\{d(s - V)\} = 3.51$$

이고, 표 4.4에 주어진 식을 통해 계산한 자유도는 sol = 16 그리고 $s(n-m-p+s) = 580$이다. 이 값은 또한 매우 유의미한 결과이다($p < 0.001$).

마지막으로, 평균 벡터 검정을 위한 Lawley-Hotelling 트레이스 통계량은 $U = 0.4818$이다. 표 4.4의 수식을 이용하여 계산된 중간에 필요한 값들은 $s = 4$, $A = -0.5$, 그리고 $B = 70$이다. 그러므로 F-통계량에 대한 자유도는 $df_1 = s(2A + s + 1) = 16$ 그리고 $df_2 = 2(sB + 1) = 562$이다. F-통계량은

$$F = df_2 \cdot U/(s \cdot df_1) = (562 \times 0.4818)/(4 \times 16) = 4.23$$

이다. 다시 이것은 매우 유의한 결과이다(p 값 < 0.001).

다섯 그룹의 변동을 비교하기 위해, 먼저 Box 검정을 고려하자. 수식 (4.18)에 의해 $M = 2.869 \times 10^{-11}$이다. 앞 장의 식에 의해 $b = 0.0235$, 그리고 자유도 $v_1 = 40$과 $v_2 = 46379$인

$$F = -2 \cdot b \cdot \log_e(M) = 1.14$$

이다. 이것은 전혀 유의미하게 크지 않기 때문에(p 값 $= 0.250$), 이 검정에서 공분산 행렬이 시간에 따라 변한다는 증거는 없다.

두개골 측정치들이 정규분포에 가까운 분포를 갖는 것처럼 보이기 때문에 Box의 검정이 이 자료에 적합하다. 그러나 강건한 검정이 수행될 수 있다. Levene-타입의 검정을 위해 자료들을 표본 중위수로부터 절대편차로 바꾸는 것은 간단하다. 분산분석을 통

해 각각 고려된 네 변수들 중 어느 변수에 대해서도 변환된 자료들의 그룹 간 평균에 유의한 차이가 없음을 보여 준다. 또한, 표 4.4에 요약된 다변량 검정 중 어떤 검정도 모든 변수를 한꺼번에 고려했을 때 유의수준 5%에서 유의한 결과를 산출하지 않는다.

그러므로 비록 고려 중인 네 변수들의 평균들이 시간에 따라 변한다는 강한 증거가 있지만, 변동이 시간에 따라 변한다는 증거는 전혀 없는 것처럼 보인다.

4.9 컴퓨터 프로그램

이 장에서 논의된 다변량 정규 자료에 대한 검정들은 비록 한두 개가 패키지에 따라 빠져 있을 수 있지만, 대부분 통계 컴퓨터 패키지에서 이미 쉽게 볼 수 있다. 검정들이 이 장 부록에 언급된 R 코드를 사용해서 수행될 수 있다. F 분포 근사에 기반한 검정 결과들이 다른 근사 방식 사용으로 인해 프로그램에 따라 다소 차이가 있을 수 있다. 한편 분산의 강건한 검정은 계산의 일부 혹은 모든 계산이 스프레드시트에서 이루어질 수도 있다.

이 장에서는 다변량 표본들이 다른 평균 벡터를 가진 모집단들로부터 혹은 다른 공분산 행렬을 가진 모집단들로부터 왔는지를 알아보기 위해 비교되는 표본이 두 개 혹은 그 이상인 경우로 제한하고 있다. 평균 벡터 관점에서 이것은 다변량분산분석(MANOVA)이라 불리는 단순한 경우이다. 더 복잡한 예제들은 여러 인자들을 기반으로 분류되는 표본들을 포함하는데, 보통 분산분석의 일반화이다. 대부분의 통계 패키지들은 일반적인 다변량분산분석 계산 수행이 가능하다.

표 4.5 개과 동물 다섯 표본에서 측정한 9가지 하악골 측정 자료 값들

	X_1	X_2	X_3	X_4	X_5	X_6	X_7	X_8	X_9	Sex
					현대 태국 개					
1	123	10.1	23	23	19	7.8	32	33	5.6	1
2	137	9.6	19	22	19	7.8	32	40	5.8	1
3	121	10.2	18	21	21	7.9	35	38	6.2	1
4	130	10.7	24	22	20	7.9	32	37	5.9	1
5	149	12.0	25	25	21	8.4	35	43	6.6	1
6	125	9.5	23	20	20	7.8	33	37	6.3	1
7	126	9.1	20	22	19	7.5	32	35	5.5	1
8	125	9.7	19	19	19	7.5	32	37	6.2	1
9	121	9.6	22	20	18	7.6	31	35	5.3	2

(계속)

표 4.5 개과 동물 다섯 표본에서 측정한 9가지 하악골 측정 자료 값들

	X_1	X_2	X_3	X_4	X_5	X_6	X_7	X_8	X_9	Sex
10	122	8.9	20	20	19	7.6	31	35	5.7	2
11	115	9.3	19	19	20	7.8	33	34	6.5	2
12	112	9.1	19	20	19	6.6	30	33	5.1	2
13	124	9.3	21	21	18	7.1	30	36	5.5	2
14	128	9.6	22	21	19	7.5	32	38	5.8	2
15	130	8.4	23	20	19	7.3	31	40	5.8	2
16	127	10.5	25	23	20	8.7	32	35	6.1	2
					황금 자칼					
1	120	8.2	18	17	18	7.0	32	35	5.2	1
2	107	7.9	17	17	20	7.0	32	34	5.3	1
3	110	8.1	18	16	19	7.1	31	32	4.7	1
4	116	8.5	20	18	18	7.1	32	33	4.7	1
5	114	8.2	19	18	19	7.9	32	33	5.1	1
6	111	8.5	19	16	18	7.1	30	33	5.0	1
7	113	8.5	17	18	19	7.1	30	34	4.6	1
8	117	8.7	20	17	18	7.0	30	34	5.2	1
9	114	9.4	21	19	19	7.5	31	35	5.3	1
10	112	8.2	19	17	19	6.8	30	34	5.1	1
11	110	8.5	18	17	19	7.0	31	33	4.9	2
12	111	7.7	20	18	18	6.7	30	32	4.5	2
13	107	7.2	17	16	17	6.0	28	35	4.7	2
14	108	8.2	18	16	17	6.5	29	33	4.8	2
15	110	7.3	19	15	17	6.1	30	33	4.5	2
16	105	8.3	19	17	17	6.5	29	32	4.5	2
17	107	8.4	18	17	18	6.2	29	31	4.3	2
18	106	7.8	19	18	18	6.2	31	32	4.4	2
19	111	8.4	17	16	18	7.0	30	34	4.7	2
20	111	7.6	19	17	18	6.5	30	35	4.6	2
					승냥이					
1	123	9.7	22	21	20	7.8	27	36	6.1	1
2	135	11.8	25	21	23	8.9	31	38	7.1	1
3	138	11.4	25	25	22	9.0	30	38	7.3	1
4	141	10.8	26	25	21	8.1	29	39	6.6	1
5	135	11.2	25	25	21	8.5	29	39	6.7	1
6	136	11.0	22	24	22	8.1	31	39	6.8	1
7	131	10.4	23	23	23	8.7	30	36	6.8	1
8	137	10.6	25	24	21	8.3	28	38	6.5	1
9	135	10.5	25	25	21	8.4	29	39	6.9	1
10	131	10.9	25	24	21	8.5	29	35	6.2	2
11	130	11.3	22	23	21	8.7	29	37	7.0	2
12	144	10.8	24	26	22	8.9	30	42	7.1	2
13	139	10.9	26	23	22	8.7	30	39	6.9	2
14	123	9.8	23	22	20	8.1	26	34	5.6	2

(계속)

표 4.5 개과 동물 다섯 표본에서 측정한 9가지 하악골 측정 자료 값들

	X_1	X_2	X_3	X_4	X_5	X_6	X_7	X_8	X_9	Sex
15	137	11.3	27	26	23	8.7	30	39	6.5	2
16	128	10.0	22	23	22	8.7	29	37	6.6	2
17	122	9.9	22	22	20	8.2	26	36	5.7	2
					인도 늑대					
1	167	11.5	29	28	25	9.5	41	45	7.2	1
2	164	12.3	27	26	25	10.0	42	47	7.9	1
3	150	11.5	21	24	25	9.3	41	46	8.5	1
4	145	11.3	28	24	24	9.2	36	41	7.2	1
5	177	12.4	31	27	27	10.5	43	50	7.9	1
6	166	13.4	32	27	26	9.5	40	47	7.3	1
7	164	12.1	27	24	25	9.9	42	45	8.3	1
8	165	12.6	30	26	25	7.7	40	43	7.9	1
9	131	11.8	20	24	23	8.8	38	40	6.5	2
10	163	10.8	27	24	24	9.2	39	48	7.0	2
11	164	10.7	24	23	26	9.5	43	47	7.6	2
12	141	10.4	20	23	23	8.9	38	43	6.0	2
13	148	10.6	26	21	24	8.9	39	40	7.0	2
14	158	10.7	25	25	24	9.8	41	45	7.4	2
					선사시대 개					
1	112	10.1	17	18	19	7.7	31	33	5.8	0
2	115	10.0	18	23	20	7.8	33	36	6.0	0
3	136	11.9	22	25	21	8.5	36	39	7.0	0
4	111	9.9	19	20	18	7.3	29	34	5.3	0
5	130	11.2	23	27	20	9.1	35	35	6.6	0
6	125	10.7	19	26	20	8.4	33	37	6.3	0
7	132	9.6	19	20	19	9.7	35	38	6.6	0
8	121	10.7	21	23	19	7.9	32	35	6.0	0
9	122	9.8	22	23	18	7.9	32	35	6.1	0
10	124	9.5	20	24	19	7.6	32	37	6.0	0

노트: X_1 = 하악골 길이, X_2 = 제1대구치 아래 하악골 너비, X_3 = 관절의 너비, X_4 = 하악 제1대구치 아래 높이, X_5 = 제1대구치 길이, X_6 = 제1대구치 너비, X_7 = 제1대구치에서 제3대구치까지의 길이, X_8 = 제1소구치부터 제4소구치까지의 길이, X_9 = 아래 송곳니 너비, Sex: = 수컷 1, 암컷 2, 미상 0

연습문제

예제 1.4는 태국 선사시대 개와 여섯 가지 다른 관련 동물 그룹들을 하악골 측정치들의 평균에 의해 비교하는 것과 관련이 있다. 표 4.5는 이러한 그룹들의 비교를 위한 약간의 추가 자료를 보여 주는데, 이는 Higham et al.(1980) 논문에서 언급된 자료의 일

부이다.

1. 9개 변수들의 평균값 그리고 변동 측면에서 다섯 종류 사이에 유의성 검정을 실시하라. 전체에서 차이가 있는지, 그리고 선사시대 개와 각각 다른 종류의 그룹들과 차이가 있는지 둘 다 검정하라. 선사시대 태국 개와 다른 그룹들 간의 유사성에 관하여 어떤 결론에 도달하는가?
2. 처음 네 그룹에서 같은 그룹의 암컷과 수컷 크기 차이에 대한 증거가 있는가?
3. 적절한 그래프를 활용하여 선사시대와 현대 태국 개의 9개 변수에 대한 분포를 비교하라.

참고문헌

Higham, C.F.W., Kijngam, A. and Manly, B.F.J. (1980). An analysis of prehistoric canid remains from Thailand. *Journal of Archaeological Science* 7: 149–65.

Kres, H. (1983). *Statistical Tables for Multivariate Analysis,* New York: Springer.

Levene, H. (1960). Robust tests for equality of variance. In *Contributions to Probability and Statistics* (eds I. Olkin, S.G. Ghurye, W. Hoeffding, W.G. Madow and H.B. Mann), pp. 278–92. Pala Alto, CA: Stanford University Press.

Manly, B.F.J. (2009). *Statistics for Environmental Science and Management.* 2nd Edn. Boca Raton, FL: Chapman and Hall/CRC.

Manly, B.F.J. and Francis, R.I.C.C. (2002). Testing for mean and variance differences with samples from distributions that may be non-normal with unequal variances. *Journal of Statistical Computation and Simulation* 72: 633–46.

Schultz, B. (1983). On Levene's test and other statistics of variation. *Evolutionary Theory* 6: 197–203.

Seber, G.A.F. (2004). *Multivariate Observations.* New York: Wiley.

Van Valen, L. (1978). The statistics of variation. *Evolutionary Theory* 4: 33–43. (Erratum *Evolutionary Theory* 4: 202.)

Welch, B.L. (1951). On the comparison of several mean values: An alternative approach. *Biometrika* 38: 330–6.

Yao, Y. (1965). An approximate degrees of freedom solution to the multivariate Behrens-Fisher problem. *Biometrika* 52: 139–47.

부록 R을 이용한 유의성 검정

A.1 일변량 이표본 t-검정

이표본 t-검정 계산은 `t.test()` 함수로 계산이 가능하다. R은 기본 설정으로 양측검정과 이분산성을 가정한다. 그러므로 등분산성 가정 하에서는

```
t.test(vector1, vector2, var.equal=TRUE)
```

를 사용할 필요가 있고, 여기에서 vector1과 vector2는 각각 표본 1과 표본 2의 하나의 반응변수를 나타내는 수치벡터이다. 이 책 웹사이트의 보충자료에는 Bumpus 참새 자료에서 생존 그룹과 그렇지 않은 그룹 간의 총 길의 평균 비교가 제공된다.

A.2 Hotelling T^2를 이용한 다변량 이표본 검정

`hotelling.test()` 명령어는 패키지 Hotelling (Curran et al. 2013)을 로딩한 후 실행될 수 있는데 즉, 다음 명령어를 사용한다.

```
library(Hotelling)
hotelling.test(formula)
```

formula는 수식인데 더하기(+) 기호에 의해 구분된 반응변수들 다음에 물결무늬(~)와 두 수준의 팩터벡터가 뒤따른다. 일례로, 만일 Y1, Y2, 그리고 Y3가 데이터 프레임의 세 반응변수이고 X가 두 수준의 그룹 변수이면, `hotelling.test(Y1, Y2, Y3 ~ X)`는 두 다변량 평균 벡터 비교를 위한 Hotelling 검정을 호출한다. 예제 4.1의 결과를 얻기 위해 이 함수를 이용한 코드는 책의 웹사이트에 주어졌다.

A.3 일변량 이표본의 변동량 비교

R은 4.5절에서 언급된 F-검정과 Levene 검정을 이용한 이표본 분산 검정을 제공하고, Levene 검정은 car 패키지 로딩을 요구한다. F-검정은 var.test 함수를 통해 호출되고, 문법은 `t.test()` 함수와 비슷하다:

```
var.test(vector1, vector2)
```

이 검정에서 대립가설의 기본 설정은 양측 검정이다.

패키지 car에 구현된 Levene 검정은 (leveneTest() 함수) 그룹 변수를 두 수준으로 제한하지 않는다. 이 함수에 대한 코드는

```
library(car)
leveneTest(response ~ x)
```

함수 leveneTest()의 첫 매개변수는 반응변수를 포함한 벡터이고, x는 그룹을 나타내는 팩터이다(최소 두 수준).

A.4 다변량 이표본의 변동량 비교

4.6절에서 언급한 대로 이표본의 다변량 변동성 검정을 위한 R 명령어는 자료 표준화 함수, scale() 혹은 decostand(), 뿐만 아니라 벡터함수를 이용한다. scale() 함수가 간단한 문법을 갖는 반면, decostand()(패키지 vegan의 함수(Oksanen et al. 2016))는 더 다양하게 사용될 수 있지만 숫자 열벡터를 행렬 형태로 변형하기를 요구한다. 이 책의 웹사이트에 예제 4.2의 Bumpus 참새 자료에 두 방법을 적용하는 데 필요한 코드가 제공된다. 이들은 T^2-통계량에 기반한 Levene 검정과 일변량 이표본 t-검정에 기반한 Van Valen 검정이다.

A.5 여러 다변량 평균의 비교

R은 일변량 R 함수 aov()의 확장인 MANOVA를 위한 함수 manova()를 제공한다. 사실 manova()가 계산을 위해 aov()를 호출하지만, 추가 정보들 또한 계산되고 결과물로 제곱합, 교차제곱합, 고유값들, 그리고 Wilks 람다와 Pillai 검정과 같은 다양한 통계량을 제공한다. 이것은 manova()가 다른 객체 즉, manova 클래스 중 하나(자세한 사항은 R 문서 참고)를 생성한다고 얘기할 수 있다. R에서 일원배치 MANOVA를 호출하는 가장 간단한 방법은

```
manova.obj <- manova(mat ~ x, data=df)
```

데이터 프레임 df에서 가져온 분석되는 반응변수는 행렬 mat에 포함시키고, 비교되는 표본들은 팩터 x의 수준이다. 일단 함수 manova() 결과가 객체 manova.obj에 할당되면, MANOVA 결과 요약은 summary.manova()를 통해 호출될 수 있기 때문에 검정통계량 중 어떤 것도 이용 가능하다. 예를 들면, Wilks 검정 결과는 다음을 통해 얻을 수 있다.

```
summary.manova(manova.obj, test="Wilks")
```

매개변수 test= 옵션들로는 "Wilks", "Pillai" (기본 설정), "Hotelling-Lawley", 그리고 "Roy"가 있다. 함수 manova와 summary.manova는 이 책의 웹사이트에 주어진 코드를 이용해 이집트 두개골 표본 비교에 사용될 수 있다.

A.6 여러 공분산 행렬의 동질성 검정

Box M-검정은 패키지 biotools(da Silva, 2015)의 함수 BoxM()을 사용하여 수행할 수 있다. 이 함수는 4.8절에서 언급한 F 분포에 기반한 방법 대신 카이제곱 근사를 이용한다. Morrison(2004)이 카이제곱 근사의 자세한 계산을 제공하는데, 이는 그룹 수와 변수의 수가 4 혹은 5를 초과하지 않을 때, 그리고 그룹 당 표본 크기가 20 혹은 그 이상일 때 사용 가능하다. F 근사는 그룹과 변수의 수가 많을 때 그리고 그룹 당 표본 크기가 작을 때 더 적합하다. 두 근사식이 관련이 있어서 함수 BoxM()의 결과로부터 근사 F-통계량을 얻는 것은 어렵지 않다. 예제 4.3에서 사용된 이 두 검정의 계산이 이 책의 웹사이트에 주어졌다.

참고문헌

Curran, J.M. (2013). Hotelling: Hotelling's T-squared test and variants. R package version 1.0-2. http://CRAN.R-project.org/package=Hotelling

da Silva, A.R. (2015). biotools: Tools for Biometry and Applied Statistics in Agricultural Science. R package version 2.1. http://CRAN.R-project.org/package=biotools

Morrison, D. (2004) *Multivariate Statistical Methods*. 4th Edn. Pacific Grove, CA: Duxbury.

Oksanen, J., Blanchet, F.G., Friendly, M., Kindt, R., Legendre, P., McGlinn, D., Minchin, P.R., et al. (2016). vegan: Community ecology package. R package version 2.4-0. http://CRAN.R-project.org/package=vegan

5장

다변량 거리 측정과 검정

5.1 다변량 거리들

많은 다변량 문제들이 각 관측치들 간의 거리, 관측치 표본들 간의 거리, 혹은 관측치 모집단들 간의 거리의 관점으로 보일 수 있다. 예를 들어, 표 1.4의 개, 늑대, 자칼, 승냥이(cuon), 딩고(dingo)의 하악골 측정 자료들을 고려할 때, 이들 중 하나가 나머지 다른 그룹들과 얼마나 차이가 나는지 궁금해하는 것이 합리적이다. 아이디어는 만일 두 동물의 하악골 평균값이 비슷하면 두 동물은 가까운 관계인 반면, 만일 평균값이 상당히 다르면 두 동물은 서로 거리가 있다고 여긴다. 5장에서 이런 의미의 거리가 사용된다.

다변량분석에서 다양한 거리 측정 방법들이 제안되었고 사용되고 있다. 여기에서는 가장 흔하게 사용되는 몇 개만 언급된다. 거리를 측정하는 것은 어느 정도의 임의성이 불가피한 주제임을 말해 둔다.

고려 중인 n개의 각 개체에서 많은 자료들을 측정하고, 측정값들이 두 가지 형태인 상황이 있다고 하자. 예를 들어, 표 1.3에서 어떤 나비의 16 콜로니들에 대한 4개의 환경 변수들과 6개 유전자 빈도에 대한 결과들이 주어졌다. 콜로니들 간에 환경적 그리고 유전적 두 종류의 거리들이 계산될 수 있다. 여기에서 흥미로운 질문은 이 두 거리들 사이에 유의미한 관계가 있는가이다. 이와 관련해서 Mantel 검정(5.6절)이 유용하다.

5.2 개별 관측치들 간의 거리

우선 n개의 개체가 있고, 각 개체에서 p개의 변수들의 값 X_1, …, X_p이 있는 가장 간단한 경우를 고려하자. 객체 i의 값들은 x_{i1}, …, x_{ip}로 나타내고 객체 j의 값들은 x_{j1}, …, x_{jp}로 나타낸다. 문제는 두 개체들 간의 거리를 측정하는 것이다. 만일 변수가 $p = 2$이면 값들은 그림 5.1처럼 표현된다. 피타고라스 정리에 의해 두 개체를 연결하는 빗변의 길이(유클리디안 거리)는

$$d_{ij} = \left\{ \left(x_{i1} - x_{j1} \right)^2 + \left(x_{i2} - x_{j2} \right)^2 \right\}^{1/2}$$

이다.

$p = 3$인 경우 개체들 i와 j 값들은 삼차원 그래프에서 점들로 표현된다(그림 5.2). 피

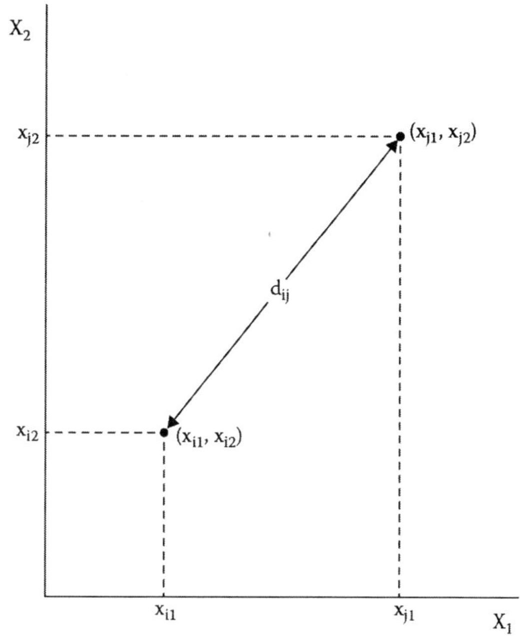

그림 5.1 변수가 $p=2$개인 경우 개체 i와 개체 j 사이의 유클리디안 거리

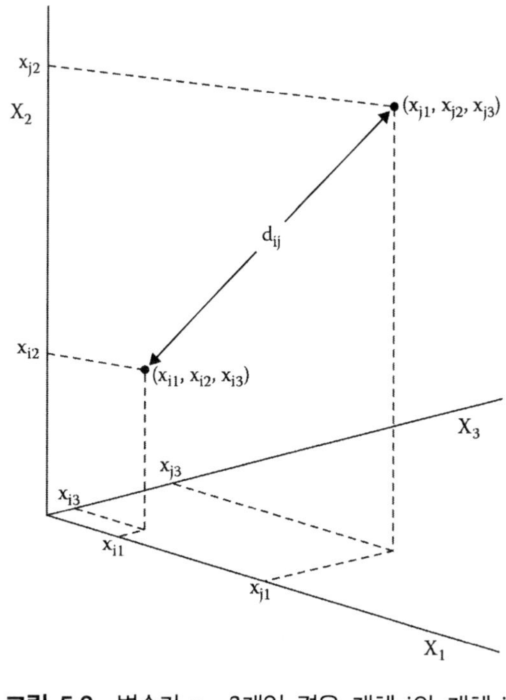

그림 5.2 변수가 $p=3$개인 경우 개체 i와 개체 j 사이의 유클리디안 거리

타고라스 정리에 의해 두 점들 간의 거리는

$$d_{ij} = \left\{ \left(x_{i1} - x_{j1} \right)^2 + \left(x_{i2} - x_{j2} \right)^2 + \left(x_{i3} - x_{j3} \right)^2 \right\}^{1/2}$$

가 된다.

변수가 4개 이상인 경우 변수 값들을 시각적으로 표현하는 것이 불가능하다. 그러나 변수가 2개 혹은 3개인 경우를 고려하면 다음과 같은 일반화된 유클리디안 거리

$$d_{ij} = \left\{ \sum_{k=1}^{p} \left(x_{ik} - x_{jk} \right)^2 \right\} \tag{5.1}$$

가 변수가 p개인 경우 다양한 목적에 대해 만족스러운 역할을 한다.

수식 (5.1)의 형태에서, 만일 측정 변수 중 하나가 다른 변수들에 비해 변동성이 훨씬 크다면 이 변수가 거리 계산에서 상당 부분을 차지할 것이다. 극단적인 예로 n명의 남자를 비교하는데, 변수 X_1은 남자들 신장, 그리고 나머지 변수들은 이의 치수이고 모든 변수들은 밀리미터로 측정됐다고 가성하사. 신장 차이는 아마 20 혹은 30 mm 정도인 반면에, 이의 치수 차이는 1 혹은 2 mm 정도일 것이다. 단순 계산된 d_{ij}는 이 치수 차이는 거의 영향이 없고 신장 차이만을 나타내는 개체들 간의 거리가 될 것이다.

실제로 모든 변수들이 거리 계산을 할 때 비슷한 영향을 갖도록 하는 것이 바람직하다. 이것은 비교되는 n개의 개체들을 각 변수별로 각각의 표준편차로 스케일링함으로써 달성될 수 있다.

예제 5.1 개 그리고 관련된 종들 간의 거리

표 1.4에 주어진 태국 개, 그리고 관련된 종들을 포함하여 총 7그룹에 대한 하악골 측정값들의 평균 자료를 다시 고려하자. 1장을 상기해 보면 이 자료와 관련하여 주요 질문은 선사시대 태국 개가 다른 종들과 얼마나 관계가 있는가이다.

거리를 계산할 때 제일 먼저 측정 자료들을 표준화한다. 여기에서 이것은 평균으로부터 자료들의 거리를 표준편차 단위로 표현된다. 예를 들어, 7그룹 모두에서 첫 번째 측정치 X_1(폭)의 표본평균은 10.486 mm이고 표준편차는 1.697 mm이다. 표준화된 변수 값은 다음과 같다: 현대 개, (9.7−10.486)/1.697 = −0.46; 황금 자칼, (8.1−10.486)/1.697 = −1.41, ..., 선사시대 개, (10.3−10.486)/1.697 = −0.11. 모든 변수들의 표준화된 값은 표 5.1에 주어졌다.

표 5.1 표 1.4 자료로부터 계산된 변수들의 표준 값

종류	X_1	X_2	X_3	X_4	X_5	X_6
현대 개	−0.46	−0.46	−0.68	−0.69	−0.45	−0.57
황금 자칼	−1.41	−1.79	−1.04	−1.29	−0.80	−1.21
중국 늑대	1.78	1.48	1.70	1.80	1.55	1.50
인도 늑대	0.60	0.55	0.96	0.69	1.17	0.88
승냥이	0.13	0.31	−0.04	0.00	−1.10	−0.37
딩고	−0.52	0.03	−0.13	−0.17	0.03	0.61
선사시대 개	−0.11	−0.12	−0.78	−0.34	−0.41	−0.83

표 5.2 7종류 동물들 간의 유클리디안 거리

종류	현대 개	황금 자칼	중국 늑대	인도 늑대	승냥이	딩고	선사시대 개
현대 개	–						
황금 자칼	1.91	–					
중국 늑대	5.38	7.12	–				
인도 늑대	3.38	5.06	2.14	–			
승냥이	1.51	3.19	4.57	2.91	–		
딩고	1.56	3.18	4.21	2.20	1.67	–	
선사시대 개	0.66	2.39	5.12	3.24	1.26	1.71	–

수식 (5.1)을 이용하여 표준화된 변수들 간의 거리들이 계산되어 표 5.2에 주어졌다. 선사시대 개가 현대 개와 굉장히 유사하다. 이유는 이 두 그룹 간의 거리(0.66)가 표 전체 다른 값들보다 훨씬 작기 때문이다. Higham et al.(1980)은 더 복잡한 분석을 통해 현대 개와 선사시대 개를 구별할 수 없다는 결론을 내렸다.

5.3 모집단 그리고 표본들 간의 거리

다변량 모집단들의 평균, 분산, 그리고 공분산에 대한 정보가 있을 때 모집단들 간의 거리에 대한 다양한 측정 방법들이 제안되었다. 여기에서는 두 가지가 소개된다.

두 개 이상의 모집단이 있고, 이 모집단에서 p개의 변수들 X_1, X_2, ⋯, X_p에 대한 다변량 분포가 알려져 있다고 가정하자. 모집단 i에서 변수 X_k의 평균을 μ_{ki}, 모든 모집단에서 변수 X_k의 분산을 V_k라 하자. 이때 Penrose(1953)는 모집단 i와 모집단 j 사이의 거리 측정을 위한 상대적으로 간단한 측도를 제안했다.

$$P_{ij} = \left\{ \sum_{k=1}^{p} \left(\mu_{ki} - \mu_{kj} \right)^2 / \left(p \cdot V_k \right) \right\} \tag{5.2}$$

Penrose 측도의 단점은 p개의 변수들 사이의 상관관계를 고려하지 않는다는 것이다. 이것은 두 변수가 본질적으로 같은 것을 측정하고, 따라서 상관관계가 클 때 다른 변수들과 전혀 상관관계가 없는 세 번째 변수가 모집단 간 거리에 미치는 영향만큼 이 두 변수도 각각 똑같은 영향력을 행사함을 의미한다.

변수들 간의 상관관계를 고려한 측도는 Mahalanobis(1948) 거리

$$D_{ij}^2 = \left\{ \sum_{r=1}^{p} \sum_{s=1}^{p} \left(\mu_{ri} - \mu_{rj} \right) \cdot v^{rs} \cdot \left(\mu_{si} - \mu_{sj} \right) \right\} \tag{5.3}$$

인데, 여기에서 v^{rs}는 p개 변수들의 모집단 공분산 역행렬의 r행 s열 성분이다. 이것은 다음과 같이 이차식으로 표현될 수 있다.

$$D_{ij}^2 = \left(\boldsymbol{\mu}_i - \boldsymbol{\mu}_j \right)' \mathbf{V}^{-1} \left(\boldsymbol{\mu}_i - \boldsymbol{\mu}_j \right)$$

여기에서 μ_i는 모집단 i의 모평균 벡터이고, **V**는 모집단 공분산 행렬이다. 이 측도는 모든 모집단이 같은 공분산 행렬을 갖는다는 가정을 요구한다.

Mahalanobis 거리는 하나의 다변량 관측치에서 이 관측치의 모집단 중심까지의 거리를 측정하기 위해 종종 사용되기도 한다. 만일 x_1, …, x_p가 한 개체에 대한 변수 X_1, …, X_p의 관측치고, 대응되는 모평균 값들이 μ_1, …, μ_p이면, 이 거리는

$$\begin{aligned} D^2 &= \left\{ \sum_{r=1}^{p} \sum_{s=1}^{p} \left(x_r - \mu_r \right) \cdot v^{rs} \cdot \left(x_s - \mu_s \right) \right\} \\ &= \left(\mathbf{x} - \boldsymbol{\mu} \right)' \mathbf{V}^{-1} \left(\mathbf{x} - \boldsymbol{\mu} \right) \end{aligned} \tag{5.4}$$

이다. 여기에서 $\mathbf{x} = (x_1, \cdots, x_p)$, $\boldsymbol{\mu}$는 모집단 평균벡터, **V**는 모집단 공분산 행렬, 그리고 v^{rs}는 행렬 **V**의 역행렬의 r행 s열 원소이다.

D^2 값은 관측치 **x**의 다변량 잔차 즉, 모든 변수와 그들의 공분산을 고려하여 분포의 중심으로부터 관측치 **x**가 얼마나 떨어져 있는지를 나타내는 측도로 여겨질 수 있다. 한 가지 중요한 결과는 만일 고려 중인 모집단이 다변량 정규분포이고 **x**가 이 분포로부터 나왔다면 D^2은 자유도 p인 카이제곱분포를 따른다. 통계적으로 유의미하게 큰

D^2 값은 이 관측치가 다음 중 하나임을 의미한다. (a) 분포로부터 실제로 나왔지만 나올 가능성이 굉장히 작은 경우, (b) 다른 분포에서 나온 관측치, 혹은 (c) 잘못 기록된 관측치이다. 그러므로 Mahalanobis 잔차가 큰 관측치들은 잘못 기록된 관측치가 아닌지 확인을 위해 조사해야 한다.

수식 (5.2) ~ (5.4)는 만일 모집단 평균, 분산, 공분산들 참값 대신 추정치가 사용된다면 표본 자료를 가지고 계산될 수 있다. 이런 경우에, 수식 (5.3)과 (5.4)에 있는 공분산 행렬 **V**는 4.8절의 Box M-검정에서 정의된 모든 표본으로부터 계산된 통합 표본 공분산 행렬로 대체된다.

원칙적으로는 Mahalanobis 거리가 공분산 정보를 이용하기 때문에 Penrose 거리보다 더 우수하다. 하지만 이 장점은 공분산 행렬이 정확하게 알려졌을 때만 존재한다. 공분산 행렬이 적은 표본으로부터 정확하게 추정되지 않을 때는 더 단순한 Penrose 거리를 이용하는 것이 아마도 더 좋다. 이와 관련하여 적은 표본이 정확이 어느 정도인지를 말하기는 어렵다. 분명한 것은 표본이 100개 이상일 때 추정된 공분산 행렬을 이용해서 계산된 Mahalanobis 거리를 사용하는 것은 전혀 문제가 없다.

예제 5.2 이집트인 두개골 표본들 간의 거리

표 1.2에 주어진 이집트 남성 두개골의 5개 표본들에 대한 평균 벡터와 공분산 행렬, 그리고 통합 공분산 행렬이 표 5.3에 주어졌다. 비록 5개 표본 공분산 행렬이 다소 달라 보이지만, 차이가 통계적으로 유의하지 않다는 것이 예제 4.3에서 다뤄졌다.

수식 (5.2)의 Penrose 거리 측도가 각 쌍의 표본들에 대해 계산될 수 있다. $p = 4$ 변수들의 분산 추정치들이 $V_1 = 21.112$, $V_2 = 23.486$, $V_3 = 24.180$, 그리고 $V_4 = 10.154$인데 이들은 추정된 통합 공분산 행렬의 대각원소들이다(표 5.3). 5개 표본 평균값들이 모평균들의 추정치이다. 예를 들어, 표본 1과 표본 2의 거리는 다음과 같이 계산된다.

$$\begin{aligned}P_{12} &= (131.37 - 132.37)^2/(4\times 21.112) + (133.60 - 132.70)^2/(4\times 23.486)\\ &+ (99.17 - 99.07)^2/(4\times 24.180) + (50.53 - 50.23)^2/(4\times 10.154)\\ &= 0.023\end{aligned}$$

이것은 다른 쌍들의 표본 거리들과 비교할 때 의미가 있다. 다른 쌍들의 거리들이 표 5.4a에 주어졌다.

예제 4.3으로부터 평균값들이 표본마다 유의미하게 다르다는 것을 기억할 것이다. Penrose 거리는 시간에 따라 변화가 누적됨을 보여 주는데, 시기적으로 가까운 표본

표 5.3 이집트인 두개골 자료에 대한 표본들의 평균 벡터와 공분산 행렬들 그리고 통합 표본 공분산 행렬

표본		평균 벡터	표본 공분산 행렬			
			X_1	X_2	X_3	X_4
1	X_1	131.37	26.31	4.15	0.45	7.25
	X_2	133.60	4.15	19.97	−0.79	0.39
	X_3	99.17	0.45	−0.79	34.63	−1.92
	X_4	50.53	7.25	0.39	−1.92	7.64
2	X_1	132.37	23.14	1.01	4.77	1.84
	X_2	132.70	1.01	21.60	3.37	5.62
	X_3	99.07	4.77	3.37	18.89	0.19
	X_4	50.23	1.84	5.62	0.19	8.74
3	X_1	134.47	12.12	0.79	−0.78	0.90
	X_2	133.80	0.79	24.79	3.59	−0.09
	X_3	96.03	−0.78	3.59	20.72	1.67
	X_4	50.57	0.90	−0.09	1.67	12.60
4	X_1	135.50	15.36	−5.53	−2.17	2.05
	X_2	132.30	−5.53	26.36	8.11	6.15
	X_3	94.53	−2.17	8.11	21.09	5.33
	X_4	51.97	2.05	6.15	5.33	7.96
5	X_1	136.17	28.63	−0.23	−1.88	−1.99
	X_2	130.33	−0.23	24.71	11.72	2.15
	X_3	93.50	−1.88	11.72	25.57	0.40
	X_4	51.37	−1.99	2.15	0.40	13.83
			통합 공분산 행렬			
			21.112	0.038	0.078	2.010
			0.038	23.486	5.200	2.844
			0.078	5.200	24.180	1.134
			2.010	2.844	1.134	10.154

끼리는 상대적으로 유사한 반면, 시기적으로 멀리 떨어진 표본들은 상당히 다르다.

다음으로 Mahalanobis 거리들도 수식 (5.3)의 모집단 공분산 행렬 **V** 대신 통합 표본 공분산 행렬 **C**를 가지고 계산할 수 있다. 행렬 **C**는 표 5.3에 주어졌고, 역행렬은 다음과 같다.

$$\mathbf{C}^{-1} = \begin{bmatrix} 0.0483 & 0.0011 & 0.0001 & -0.0099 \\ 0.0011 & 0.0461 & -0.0094 & -0.0121 \\ 0.0001 & -0.0094 & 0.0435 & -0.0022 \\ -0.0099 & -0.0121 & -0.0022 & 0.1041 \end{bmatrix}$$

표 5.4 이집트인 두개골 표본 쌍들 간에 Penrose 그리고 Mahalanobis 거리들

	왕조 전 시대 초기	왕조 전 시대 후기	12대-13대 왕조	프톨레마이오스 왕조	로마
			(a) Penrose 거리들		
왕조 전 시대 초기	—				
왕조 전 시대 후기	0.023	—			
12대-13대 왕조	0.216	0.163	—		
프톨레마이오스 왕조	0.493	0.404	0.108	—	
로마	0.736	0.583	0.244	0.066	—
			(b) Mahalanobis 거리들		
왕조 전 시대 초기	—				
왕조 전 시대 후기	0.091	—			
12대-13대 왕조	0.903	0.729	—		
프톨레마이오스 왕조	1.881	1.594	0.443	—	
로마	2.697	2.176	0.911	0.219	—

이 역행렬과 표본 평균들을 이용한 표본 1과 표본 2의 Mahalanobis 거리는 다음과 같다.

$$
\begin{aligned}
D_{12}^2 &= (131.37-132.37)0.0483(131.37-132.37) \\
&+ (131.37-132.37)0.0011(133.60-132.70) \\
&+ \ldots - (50.53-50.23)0.0022(99.17-99.07) \\
&+ (50.53-50.23)0.1041(50.53-50.23) \\
&= 0.091
\end{aligned}
$$

같은 방식으로 다른 표본들 간의 거리를 계산한 결과가 표 5.4b에 주어졌다.

Mahalanobis 거리와 Penrose 거리 사이에 잘 일치된 결과를 보여 준다. Mahalanobis 거리가 Penrose 거리보다 3~4배 정도 크다. 그러나 표본들 간의 상대적 거리는 두 측도들 간에 거의 비슷하다. 예를 들어 Penrose 측도에서 왕조 전 시대 초기 표본에서 로마시대 표본까지 거리는 왕조 전 시대 초기 표본에서 왕조 전 시대 후기 표본까지 거리의 0.736/0.023 = 32배 정도이다. Mahalanobis 측도에 대한 비는 2.697/0.091 = 29.6이다.

5.4 비율에 대한 거리

모집단들 혹은 표본들 간의 거리를 측정하기 위해 사용된 변수들이 더하면 1이 되는 비율인 특별한 상황이 종종 발생한다. 예를 들어 어떤 특정 종의 동물들이 K개의 유전적 등급으로 분류될 수도 있다. 한 콜로니는 등급 1의 비율 p_1, 등급 2의 비율 p_2, ..., 등급 K의 비율 p_K를 갖는 반면, 다른 콜로니는 등급 1의 비율 q_1, 등급 2의 비율 q_2, ..., 등급 K의 비율 q_K로 구성된다. 이때, 두 콜로니 간에 유전적으로 어느 정도 차이가 나는지에 대한 궁금증이 생긴다.

이런 형태의 비율 자료에 대한 다양한 거리 지표들이 제안되었다. 예를 들어,

$$d_1 = \sum_{i=1}^{K} |p_i - q_i| / 2 \tag{5.5}$$

이는 비율 차들의 절대합의 절반으로, 한 가지 가능한 지표이다. 이 지표는 등급 간에 전혀 일치된 부분이 없을 때 1이고, 완전 일치할 때 0의 값을 갖는다. 가능한 다른 지표

$$d_2 = 1 - \sum_{i=1}^{K} p_i\, q_i \Big/ \left\{ \sum_{i=1}^{K} p_i^2 \sum q_i^2 \right\}^{1/2} \tag{5.6}$$

도 0(완전 일치)부터 1(완전 불일치) 사이의 값을 갖는다.

d_1과 d_2가 0과 1 사이에서 변하기 때문에 $1 - d_1$과 $1 - d_2$는 비교되는 두 경우에 대한 유사도의 측도가 된다. 사실, 두 지표가 유사도의 측면에서 종종 사용된다. 예를 들어,

$$s_1 = 1 - d_1 = 1 - \sum |p_i - q_i| / 2$$

는 종종 두 종들 간의 생태지위 중복(niche overlap) 측도로 사용되는데, 여기에서 p_i는 종 1에 의해 사용된 자원 타입 i 비율이고 q_i는 종 2에 의해 사용된 자원 타입 i 비율이다. 이때 $s_1 = 0$은 두 종이 전혀 다른 자원을 사용함을 의미하고, $s_1 = 1$은 두 종이 정확이 같은 자원을 사용함을 의미한다.

유사성 측도는 0부터 무한대까지 변하는 어느 거리 측도(D)를 이용해서도 만들 수 있다. $S = 1/D$은 거리가 0인 두 항목에는 무한대 값을, 거리가 무한대인 경우는 0을 주는 유사도가 된다. 다른 방법으로 $1/(1 + D)$은 $D = 0$일 때 1, D가 무한대일 때 0이다.

5.5 존재 여부 자료

다른 흔한 예로 두 항목의 유사성 혹은 거리가 그들의 존재 여부에 기초해야 하는 경우가 있다. 예를 들어, 10군데 장소에서 두 식물 종의 분포 측면에서 그들의 유사성에 관심이 있을 수 있다. 이때 자료는 표 5.5에 주어진 형태로 주어질 것이다. 이런 자료는 표 5.6에서처럼 두 종이 모두 존재(a), 한 종만 존재(b 혹은 c), 두 종 모두 존재하지 않음(d)의 경우로 종종 요약된다. 따라서 표 5.5 자료는 $a = 3$, $b = 3$, $c = 3$ 그리고 $d = 1$이다.

이런 상황에서 흔히 사용되는 유사도 측도 몇 가지는 다음과 같다.

$$\text{단순 매칭 지표} = (a + d)/n$$
$$\text{Ochiai 지표} = a/\{(a + b)(a + c)\}^{1/2}$$
$$\text{Dice-Sorensen 지표} = 2a/(2a + b + c)$$

그리고

$$\text{Jaccard 지표} = a/(a + b + c)$$

이 지표 모두 0(유사성 없음)부터 1(완벽 일치)까지 변하므로 대응되는 거리 측도들은 1에서 이 지표를 뺀 값으로 계산될 수 있다. 이 지표들과 더불어 다른 지표들이 함께 Gower and Legendre(1986)에 의해 평가된 반면, Jackson et al.(1989)은 52개 호수에서 25 어종의 존재 여부에 대한 다변량 자료를 가지고 다른 지표들을 이용한 결과들

표 5.5 10개의 장소에서 두 식물종의 존재 여부(1 = 있음, 0 = 없음)

장소	1	2	3	4	5	6	7	8	9	10
종 1	0	0	1	1	1	0	1	1	1	0
종 2	1	1	1	1	0	0	0	0	1	1

표 5.6 n개 장소에서 두 종의 존재 여부

종 1	종2		
	있음	없음	합
있음	a	b	a + b
없음	c	d	c + d
합	a + c	b + d	n

을 비교하였다.

많은 장소에서 단지 둘 다 없다는 공통점 때문에 두 종이 유사하다는 결론에 도달하는 위험 때문에 둘 다 없는 경우의 빈도(d)가 지표 계산에 사용되어야 하는지에 대한 논쟁이 있다. 이는 많은 상황에서 분명히 중요한 지적이어서 단순 매칭 지표는 주의 깊게 사용돼야 한다고 제안한다.

5.6 Mantel 임의화 검정

거리가 가까운 지역에서 발생한 질병이 시간상으로도 가까울 때 발생하는 경향이 있는지 즉, 질병의 공간적 그리고 시간적 군집에 대한 문제의 해결책으로 두 거리 혹은 유사도 행렬 비교를 위한 유용한 검정이 Mantel(1967)에 의해 소개되었다.

다음의 간단한 예제가 이 검정의 본질을 이해하는 데 도움이 된다. 연구 중인 4개의 대상에 대해 두 세트의 변수들이 측정되었다고 하자. 첫 번째 변수 세트가 4×4 행렬 즉, i행 j열 원소가 네 변수를 이용한 객체 i와 객체 j의 거리가 되는 행렬을 구성하기 위해 사용될 수 있다. 예를 들면 이 거리행렬은 다음과 같다.

$$\mathbf{M} = \begin{bmatrix} m_{11} & m_{12} & m_{13} & m_{14} \\ m_{21} & m_{22} & m_{23} & m_{24} \\ m_{31} & m_{32} & m_{33} & m_{34} \\ m_{41} & m_{42} & m_{43} & m_{44} \end{bmatrix} = \begin{bmatrix} 0.0 & 1.0 & 1.4 & 0.9 \\ 1.0 & 0.0 & 1.1 & 1.6 \\ 1.4 & 1.1 & 0.0 & 0.7 \\ 0.9 & 1.6 & 0.7 & 0.0 \end{bmatrix}$$

개체 2와 개체 3의 거리가 개체 3과 개체 2의 거리(1.1 단위로)와 같기 때문에 이것은 대칭행렬이다. 대각원소들은 자기 자신과의 거리이기 때문에 0이다.

두 번째 변수 세트 또한 객체들 간의 거리행렬 계산에 사용될 수 있다. 이것은 다음과 같을 것이다.

$$\mathbf{E} = \begin{bmatrix} e_{11} & e_{12} & e_{13} & e_{14} \\ e_{21} & e_{22} & e_{23} & e_{24} \\ e_{31} & e_{32} & e_{33} & e_{34} \\ e_{41} & e_{42} & e_{43} & e_{44} \end{bmatrix} = \begin{bmatrix} 0.0 & 0.5 & 0.8 & 0.6 \\ 0.5 & 0.0 & 0.5 & 0.9 \\ 0.8 & 0.5 & 0.0 & 0.4 \\ 0.6 & 0.9 & 0.4 & 0.0 \end{bmatrix}$$

행렬 **M**처럼 이 행렬도 대각원소가 0인 대칭행렬이다.

Mantel 검정은 두 행렬 **M**과 **E** 원소들 간에 상당한 상관관계가 있는지를 산정하는 데 관심이 있다. 사용되는 검정통계량이 두 행렬의 대응 원소(m_{11}과 e_{11} 대응, m_{12}와 e_{12} 대응 등)들의 상관관계, 혹은 대응원소들 곱의 단순 합이다. 일반적인 n×n 행렬에 대해, 후자의 검정통계량은

$$Z = \sum_{i=2}^{n} \left\{ \sum_{j=1}^{i-1} m_{ij} \cdot e_{ij} \right\} \tag{5.7}$$

이 통계량은 계산 후 어느 한 행렬의 객체들을 무작위로 배치하여 계산된 Z의 분포와 비교하는데, 이 때문에 임의화 검정이라 불린다.

임의화 검정에서 행렬 **M**은 그대로 둔다. 행렬 **E**의 객체들 순서를 무작위로 선택한다. 예를 들어, 객체들의 무작위 순서가 3,2,4,1이라 하자. 이것은 다음과 같이 임의화 행렬 **E**를 준다.

$$\mathbf{E}_R = \begin{bmatrix} 0.0 & 0.5 & 0.4 & 0.8 \\ 0.5 & 0.0 & 0.9 & 0.5 \\ 0.4 & 0.9 & 0.0 & 0.6 \\ 0.8 & 0.5 & 0.6 & 0.0 \end{bmatrix}$$

1행 2열 원소는 0.5, 객체 3과 2의 거리이고, 1행 3열 원소는 0.4, 객체 3과 4의 거리를 나타낸다. 하나의 Z 값이 **M**과 $\mathbf{E_R}$을 사용해 계산된다. $\mathbf{E_R}$ 개체들의 다른 무작위 순서를 이용하여 이 과정을 반복하면 Z의 임의의 분포를 생성한다. 관측된 Z 값이 이 분포에서 나오는 일반적인 값인지 확인하는 과정이 필요하다.

여기에서 기본 아이디어는 만일 두 거리 측도들이 전혀 관계가 없다면 행렬 **E**는 임의로 배치된 행렬 $\mathbf{E_R}$ 중의 하나와 같을 것이다. 따라서 관측치 Z는 전형적인 임의의 Z 값일 것이다. 한편 만일 두 거리 측도가 양의 상관관계가 있다면 관측된 Z는 임의로 주어진 값보다 큰 경향이 있을 것이다. 거리 측도 사이의 음의 상관관계는 발생할 수 없다. 하지만 만일 그렇다면 결과는 관측치 Z가 임의로 주어진 값보다 작은 경향이 있을 것이다.

n개의 객체를 가지고 서로 다른 n!가지 객체들의 배열이 가능하다. 그러므로 행렬 **E**의 성분들의 가능한 무작위 배치 방법이 n!가지 존재하고, 이들 중 같은 Z 값을 갖는

경우도 가능하다. 4개의 개체를 가진 우리 예제에서는 임의의 Z-분포는 $4! = 24$가지 동일하게 발생 가능한 값들을 갖는다. 이 모두를 계산하는 것은 어렵지 않다. 좀 더 현실적인 경우는 15개 개체를 포함하고, 이 경우 가능한 Z 값이 $15! \approx 1.3 \times 10^{12}$가지이다. 이 모두를 나열하는 것은 불가능하다. 그래서 Mantel 검정을 수행하는 두 가지 방법이 있다. 상당히 많은 임의의 $\mathbf{E_R}$ 행렬을 컴퓨터를 통해 생성하고 생성된 Z 값들의 분포를 실제 임의의 분포를 대신해서 사용한다. 대안으로 Z의 임의의 분포의 평균 E(Z)와 분산 Var(Z)를 계산한 다음,

$$g = \{Z - E(Z)\} / \text{Var}(Z)$$

와 같이 표준화를 한다. Mantel(1967)이 거리 측도 사이 관계가 없다는 귀무가설 하에서 Z의 평균과 분산에 대한 공식을 제공했다. 하지만 검정통계량 g에 대한 정규 근사의 타당성에 대한 의혹이 제기돼서(Mielke, 1978), 이러한 근사에 의존하기보다 임의화를 수행하는 것이 좋아 보인다.

수식 (5.7)의 검정통계량 Z는 행렬 **M**과 **E**의 하삼각 행렬 성분들 곱의 합이다. 이런 특별한 통계량을 이용한 유일한 이유는 평균과 분산에 대한 Mantel의 수식이 이용 가능하기 때문이다. 그러나 만일 임의화에 의해 통계적 유의성을 정하기로 했다면 검정통계량이 바뀌면 안 될 이유가 없다. 사실 Z 값들이 임의화 분포의 평균 및 분산과 비교할 때를 제외하면 특별히 유용하지 않다. 그래서 Z 대신 검정통계량으로 **M**과 **E**의 하삼각 행렬 성분들의 상관계수 r_{ME}를 사용하는 것이 더 유용하다. $n \times n$ 행렬에는 $n(n-1)/2$개의 하삼각 행렬 성분들이 있어서, 쌍으로 (m_{21}, e_{21}), (m_{31}, e_{31}), (m_{32}, e_{32}) 등이 있다. 그들의 상관계수는 2.7절에서 설명된 대로 보통의 방식으로 계산된다.

상관계수 r_{ME}는 두 거리 측도들 간의 관계에 의한 보편적인 해석이 가능하다. r의 범위는 −1부터 1까지, $r = -1$은 완벽한 음의 상관관계, $r = 0$은 전혀 무관, 그리고 $r = +1$은 완벽한 양의 상관관계를 나타낸다. 자료의 유의성 혹은 다른 것들도 검정통계량 Z와 r에 대해서 동일할 것이다. 왜냐하면 사실 둘 사이 단순한 선형 관계가 있기 때문이다.

예제 5.3 이집트인 두개골의 표본 간 거리

이집트인 두개골 자료로 돌아가서 우리는 4개 측정 자료를 이용하여 계산된 거리(표 5.4)들이 다섯 표본들 사이의 시간 차이와 상당한 관계가 있는지 궁금할 수 있다. 분명히 관계가 있어 보이지만 최종적인 답은 Mantel 검정에 의해 제공된다.

표본 연대들이 대략 기원전 4000년(early predynastic), 기원전 3300년(late predynastic), 기원전 1850년(12대 그리고 13대 왕조), 기원전 200년(Ptolemy 왕조), 서기 150년(로마). Penrose 거리 측도와 시간 차이(천 년 단위) 비교가 표 5.7에 주어진 하삼각 행렬에 나타난다. 이 두 행렬 성분들 간의 상관관계는 0.954이다. 그러므로 거리들이 매우 잘 일치한 것처럼 보인다.

두 행렬 중 하나에서 다섯 표본을 재배치하는 방법은 5! = 120가지가 가능하다. 그래서 결과적으로 상관관계에 대한 임의의 분포에 120개 성분이 존재한다. 이들 중 하나는 관측된 상관계수 0.954이고 이보다 큰 하나의 상관계수가 있다. 이는 관측된 상관계수가 (2/120)100% = 1.7% 수준에서 유의미하게 높다. 그래서 두 거리 측도들 사이의 관계에 대한 증거가 된다. 시간적으로 더 멀수록 두개골 표본이 더 유사할 수가 없기 때문에 단측 검정이 적합하다.

Mahalanobis 거리행렬과 시간의 거리행렬 간의 상관계수는 0.964이다. 이는 임의화 분포와 비교했을 때 유의수준 1.7%에서 유의할 정도로 큰 값이다.

5.7 컴퓨터 프로그램

거리와 유사도 계산은 군집분석과 배치 방법을 이용한 다변량 자료 분석에 있어 첫 단계이다. 이런 이유로 이를 위해 고안된 컴퓨터 프로그램을 사용하여 이런 측도들을 계산하는 것은 쉽다. 더 일반적인 통계 패키지의 군집 그리고 배치 옵션들이 사용될 수 있고, 또는 5장 부록에 있는 R 코드도 사용될 수 있다. 거리 그리고 유사도 행렬의 Mantel 검정에 대한 컴퓨터 프로그램은 웹사이트 http://www.west-inc.com/computer-programs/에서 이용 가능하고, 이 검정들은 5장 부록에 있는 R 코드를 이용해 수행 가능하다.

표 5.7 두개골 측정 자료 기반 Penrose 거리와 이집트인 두개골 5개 표본의 시간 차이(단위는 천 년)

Penrose 거리					시간 차이				
–					–				
0.023	–				0.70	–			
0.216	0.163	–			2.15	1.45	–		
0.493	0.404	0.108	–		3.80	3.10	1.65	–	
0.736	0.583	0.244	0.066	–	4.15	3.45	2.00	0.35	–

5.8 논의와 추가 자료

거리 그리고 유사도에 관한 다른 측도의 사용이 계속되는 논쟁의 주제인데, 이는 다른 상황에서 무엇이 최고인지에 대한 의견이 일치되지 않음을 나타낸다. 문제는 어떤 측도도 완벽하지 않다. 그래서 어떤 분석에서 나온 결론이 여러 합리적인 측도 중 어떤 것이 사용됐느냐에 따라 어느 정도 달라진다. 상황은 거리 혹은 유사도를 계산하는 목적과 이용 가능한 자료의 본질에 따라 매우 많이 달라진다.

두 거리 혹은 유사도 행렬 사이 관계 검정을 위한 Mantel 임의화 방법의 유용성이 세 개 혹은 그 이상의 행렬 사이 관계 분석을 위한 다양한 방법론 제안으로 이어졌다. 이것들이 Manly(2007)에 의해 리뷰되었다. 현재 이 영역에서 중대한 미해결 문제는 공간적 상관관계의 영향을 어떻게 적절하게 설명하는가와 관련되어 있다. 흔히 그렇듯이, 거리와 유사도가 측정된 항목들이 공간상에서 더 가까울 때 항목들 간 거리도 비슷한 경향이 있다.

Peres-Neto and Jackson(2001)은 Procrustes 분석이라 불리는 방법을 사용하여 두 거리행렬을 비교하는 것이 Mantel 검정을 사용하는 것보다 좋다고 제안했다. Procrustes 분석은 적절한 조작 후에 두 자료가 얼마나 잘 일치하는지를 알아보는 방법으로 Gower(1971)에 의해 개발되었다. Peres-Neto and Jackson은 두 거리행렬을 가지고 얻을 수 있는 일치가 우연히 얻는 가능성보다 유의미하게 큰지를 산정하는 임의화 검정법을 제안했다.

연습문제

표 1.3 자료를 이용하라.

1. 환경 변수들 고도, 연 강수량, 연 최고 기온, 연 최저 기온을 평균 0과 분산 1이 되도록 표준화하고 환경 거리행렬을 얻기 위해 수식 (5.1)을 이용하여 모든 쌍의 콜로니에 대하여 유클리디안 거리를 계산하라.
2. 비율로 전환된 Pgi 유전자 빈도를 이용하여 콜로니들 사이의 유전적 거리를 수식 (5.5)로 계산하라.
3. 환경 그리고 유전적 거리행렬 사이에 유의미한 양의 상관관계가 있는지를 결정하기 위해 Mantel의 행렬 임의화 검정을 수행하고 결론에 대해 논하라.

4. 이와 같이 임의화 검정의 유의미한 양의 상관관계가 콜로니들의 유전적 구성에 영향을 미친 환경적 요인의 결과라기보다 근접한 콜로니들의 공간적 상관관계의 결과일 수 있는 이유를 설명하라.

참고문헌

Gower, J.C. (1971). Statistical methods for comparing different multivariate analyses of the same data. In *Mathematics in the Archaeological and Historical Sciences* (eds F.R. Hodson, D.G. Kendall and P. Tautu), pp. 138–49. Edinburgh: Edinburgh University Press.

Gower, J.C. and Legendre, P. (1986). Metric and non-metric properties of dissimilarity coefficients. *Journal of Classification* 5: 5–48.

Higham, C.F.W., Kijngam, A. and Manly, B.F.J. (1980). Analysis of prehistoric canid remains from Thailand. *Journal of Archaeological Science* 7: 149–65.

Jackson, D.A., Somers, K.M. and Harvey, H.H. (1989). Similarity coefficients: Measures of co-occurrence and association or simply measures of co-occurrence. *American Naturalist* 133: 436–53.

Mahalanobis, P.C. (1948). Historic note on the D2-statistic. *Sankhya* 9: 237.

Manly, B.F.J. (2007). *Randomization, Bootstrap and Monte Carlo Methods in Biology*. 3rd Edn. London: Chapman and Hall.

Mantel, N. (1967). The detection of disease clustering and a generalized regression approach. *Cancer Research* 27: 209–20.

Mielke, P.W. (1978). Classification and appropriate inferences for Mantel and Varland's nonparametric multivariate analysis technique. *Biometrics* 34: 272–82.

Penrose, L.W. (1953). Distance, size and shape. *Annals of Eugenics* 18: 337–43.

Peres-Neto, P.R. and Jackson, D.A. (2001). How well do multivariate data sets match? The advantages of a Procrustean superimposition approach over a Mantel test. *Oecologia* 129: 169–78.

부록 R에서의 다변량 거리 척도

A.1 거리 척도의 계산

거리 계산을 위한 R의 주요 함수는 `dist()`이고, 사용자는 6개 거리 척도에서 선택할 수 있으며 기본값으로는 유클리디안 거리가 지정되어 있다. 함수 `dist()`에서 주로 사용되는 매개변수는 숫자행렬 혹은 데이터 프레임이고, 거리는 한 쌍의 행들 사이에서 계산된다. 만일 열을 기준으로 계산하고 싶으면 2장 부록에서 언급된 전치연산 `t()`를 적용하면 된다. 추가 옵션들은 계산된 거리행렬의 결과의 서식을 설정하기 위해, 예를 들어 상삼각 혹은 하삼각 행렬만 보여 주는 데 이용 가능하다.

개와 유사 종들 간의 유클리디안 거리(예제 5.1) 계산을 위해 필요한 R 코드는 이 책의 웹사이트 보조 자료에 제공된다. 예제에서 사용된 방법에 따르면 우선 `scale()` 혹은 `vegan` 패키지(Oksanen et al., 2016)에 있는 함수 `decostand()`를 이용해 변수들을 표준화한 다음 `dist()` 함수를 표준화된 자료에 적용한다. 사실 `vegan` 패키지는 추가 거리 척도를 갖춘 두 개의 다른 함수(`vegdist` 그리고 `designdist`)도 제공한다. 이 중 일부는 특별히 아래 묘사된 이진법 자료에 적합하다.

Penrose 거리 계산을 위해 직접 이용 가능한 어떤 특별한 R 함수나 패키지는 없다. 이와는 대조적으로 Mahalanobis 거리 계산을 위한 특정 R 함수 `D2.dsit()`가 있다. 표 5.4에 있는 이집트인 두개골 표본들 간의 Penrose와 Mahalanobis 거리 계산에 필요한 R 코드가 이 책의 웹사이트에 제공된다. 이 코드는 Penrose와 Mahalanobis 거리 계산의 사전 단계로 4장 부록에 제공된 `biotools` 패키지의 함수 `BoxM()`에 의해 생성된 추정된 통합 공분산 행렬을 이용한다.

R의 기본 패키지들은 비율에 기반한 거리는 제공하지 않는다. 수식 (5.5)에 주어진 거리지표 d_i의 계산을 R에서 구현하기 위해 사용자는 우선 두 종 간의 생태지위 중복(niche overlap)의 지표로 5.4절에서 언급된 연관성 지표 $s_1 = 1 - d_1$을 먼저 얻어야 한다. 생태학자들은 이 지표를 Czekanowski's proportional similarity index라 부르고, 이것은 패키지 `rInSp`의 함수 `PSicalc()`(Zaccarelli et al., 2013) 혹은 패키지 `EcoSimR`의 함수 `czeckanowski()`(Gotelli et al., 2015)를 통해 접근이 가능하다. 거리 d_2(수식 (5.6))는 생태학에서 Pianka's niche overlap index로 알려졌다; 이는 `spaa` 패키지(Zhang 2016)에 `niche.overalp()` 함수로 구현돼 있는데, 함수는 행렬 군락자료의 열에 적용되는 것을 가정한다. d_2는 또한 패키지 `pgirmess`(Giraudoux 2016)의 함수 `piankabio()`에 의해 계산될 수도 있지만, 이 지표의 유사성 버전

$s_2 = 1 - d_2$는 패키지 `EcosimR()`의 함수 `pianka()`로 존재한다.

R에서 다변량 이진 거리 경우에 사용자는 다른 패키지에서 사용 가능한 옵션들을 이용할 수 있다. 기본 `stats` 패키지에서부터 `ade4`(Dray and Dufour, 2007) 혹은 vegan(Oksanen et al., 2016) 같은 다른 패키지이다. 따라서 `dist()` 함수는 $d_J = 1 - s_J$ 형태의 Jaccard 거리 계산을 가능하게 하고, 여기에서 s_J는 5.5절에서 정의된 Jaccard 유사성 지표이다:

```
dist(data, method="binary")
```

여기에서 `data`는 이진 자료 혹은 음이 아닌 숫자를 포함하는 자료 객체(행렬 혹은 데이터 프레임)인데, 영이 아닌 성분은 1로 변환되고 영인 성분은 그대로 둔다. Jaccard 거리는 패키지 vegan(Oksanen et al., 2016)의 함수 `vegdist()`로 존재하고 `ade4` 패키지(Dray and Dufour, 2007)에도 존재한다. 두 번째 패키지에는 이진 자료에 대한 10개의 다른 거리가 이용 가능한데, 모두 유사도 계수 s를 포함한 $d=\sqrt{1-s}$ 형태로 구성되어 있다. 그러므로 5.5절에 주어진 것과 같은 유사성 지표를 `ade4` 패키지에서 계산하기 위해 사용자는 먼저 상응하는 거리 d를 호출한 다음 유사성 지표 $s = 1-d^2$을 계산한다.

A.2 Mantel 임의화 검정

패키지 vegan(Oksanen et al., 2016)은 Mantel 통계량 계산을 위해 함수 `mantel`과 유의성에 대한 상응하는 임의화 검정을 제공한다. mantel 함수를 호출하는 가장 간단한 표현식은 `mantel(xdis, ydis)`이다.

만일 상관관계에 대한 임의화 분포에서 성분의 수가 매우 크면 사용자는 매개변수 `permutations=`를 포함할 수 있다. 예제 5.3은 모든 가능한 순열의 수가 5!=120이어서 이런 경우는 아니다.

Mantel 검정은 패키지 `ade4`(Dray and Dufour, 2007)의 함수 `mantel.rtest`를 통해서도 가능하다. `mantel`과 `mantel.rtest` 함수를 포함한 R 코드를 생성해서 이집트인 두개골 자료 분석(예제 5.3)에 사용했는데, 이 코드는 책의 웹사이트에 제공된다.

참고문헌

Dray, S. and Dufour, A.B. (2007). The ade4 package: Implementing the duality diagram for ecologists. *Journal of Statistical Software* 22(4): 1–20.

Giraudoux, P. (2016). pgirmess: Data analysis in ecology. R package version 1.6.4. https://CRAN.R-project.org/package=pgirmess

Gotelli, N.J., Hart, E.M. and Ellison, A.M. (2015). EcoSimR: Null model analysis for ecological data. R package version 0.1.0. http://github.com/gotellilab/EcoSimR

Oksanen, J., Blanchet, F.G., Friendly, M., Kindt, R., Legendre, P., McGlinn, D., Minchin, P.R., et al. (2016). vegan: Community ecology package. R package version 2.4-0. http://CRAN.R-project.org/package=vegan

Zaccarelli, N., Mancinelli G. and Bolnick, D.I. (2013). RInSp: An R package for the analysis of individual specialisation in resource use. *Methods in Ecology and Evolution* 4(11): 1018–23.

Zhang, J. (2016). spaa: SPecies Association Analysis. R package version 0.2.2. https://CRAN.R-project.org/package=spaa

6장

주성분분석

6.1 주성분의 정의

주성분분석 기법은 Karl Pearson(1901)에 의해 처음으로 묘사되었다. 비록 그가 변수가 2개 혹은 3개보다 많은 경우 실질적인 계산법을 제안하지 못했지만, 그는 명백히 이 기법이 당시 생물 통계학자들이 관심 있었던 몇 가지 문제들에 대한 옳은 답이라 굳게 믿었다. 실질적인 계산 방법에 대한 묘사는 한참 후인 1933년 Hotelling에 의해 소개되었다. 심지어 그 당시에도 계산은 수작업으로 이뤄졌기 때문에 변수가 여러 개인 경우는 계산이 굉장히 힘들었다. 컴퓨터가 일반적으로 보급되고 나서야 이 기법은 폭넓게 사용되었다.

주성분분석은 가장 간단한 다변량 방법 중 하나이다. 분석의 목적은 p개의 변수들 X_1, ⋯, X_p를 가지고, 이것들의 조합을 통해 서로 상관관계가 없고 중요성을 분산의 크기 순으로 나타내는 새로운 지표들 Z_1, ⋯, Z_p를 생성하는 것이다. 상관관계의 부재는 지표들이 자료의 다른 차원을 측정하고, $Var(Z_i)$가 Z_i의 분산이라 할 때 $Var(Z_1) \geq Var(Z_2) \geq \cdots \geq Var(Z_p)$ 순서를 만족한다. 새로운 Z 지표들이 주성분들이다. 주성분분석을 할 때 새로운 지표 대부분의 분산이 무시할 수 있을 정도로 작기를 희망한다. 그런 경우에 전체 자료의 변동량이 작지 않은 분산을 가진 소수의 Z 변수들에 의해 적절하게 묘사될 수 있어서 어느 정도 이득이 있다.

많은 원 변수들이 작은 수의 변환된 변수들로 줄여질 수 있다는 측면에서 보면 주성분분석이 항상 효과가 있는 것은 아니다. 사실 원 변수들이 상관관계가 없으면 이 분석은 얻을 게 하나도 없다. 최상의 결과는 변수들의 양이든 음이든 상관관계가 상당히 클 때 얻을 수 있다. 만일 이런 경우에는 20개 혹은 그 이상의 원 변수들이 2개 혹은 3개 주성분에 의해 적절하게 표현될 수 있는 경우도 상상해 볼 수 있다. 만일 이런 바람직한 현상이 발생하면 중요한 주성분들이 자료에 내포된 차원의 측도로도 관심이 있을 것이다. 또한 원 변수는 대부분이 유사한 것을 측정해서 상당량의 중복이 있다는 것을 아는 것도 의미가 있다.

주성분분석에 관련된 계산을 설명하기 전에, 표 1.1에 주어진 49마리 암컷 참새들의 5가지 몸통 측정 자료에 주성분분석을 적용했을 때 분석 결과를 간략히 살펴보는 것이 의미가 있다. 분석에 대한 자세한 사항들은 예제 6.1에 주어졌다. 이 경우에 표 6.1에 나타난 대로 5가지 측정 자료들은 상당한 상관관계가 존재한다. 그러므로 이것은 우리가 논의 중인 분석에 적합한 자료이다. 제1 주성분 분산이 3.62로 알려진 반면, 다른 성분들은 이보다 훨씬 작은 값(0.53, 0.39, 0.30, 그리고 0.16)을 갖는 것으로 밝혀졌다.

표 6.1 암컷 참새들의 5가지 몸통 측정 자료들 간의 상관계수(표 1.1 자료)

	X_1	X_2	X_3	X_4	X_5
X_1, 총 길이	1.000				
X_2, 날개 길이	0.735	1.000			
X_3, 주둥이와 머리 길이	0.662	0.674	1.000		
X_4, 상완골 길이	0.645	0.769	0.763	1.000	
X_5, 흉골의 용골돌기 길이	0.605	0.529	0.526	0.607	1.000

노트: X_i와 X_j의 상관계수는 X_j와 X_i의 상관계수와 같기 때문에 표의 아랫부분만 주어졌다.

이는 제1 주성분이 49마리 새 측정 자료의 변동량을 표현하는 데 있어 5개 주성분 중 가장 중요하다는 것을 의미한다. 제1 주성분은 다음과 같이 계산된다.

$$Z_1 = 0.45\,X_1 + 0.46\,X_2 + 0.45\,X_3 + 0.47\,X_4 + 0.40\,X_5$$

여기에서 X_1, …, X_5는 표 1.1에 있는 순서대로 변수들을 평균 0과 분산 1을 갖도록 표준화한 변수들을 나타낸다.

명백히, Z_1은 본질적으로 표준화된 몸통 측정 자료들의 평균이어서 이는 크기에 대한 간단한 지표로 생각될 수 있다. 그러므로 예제 6.1에 주어진 분석을 통해 49마리 새들 간의 대부분 차이가 형태보다는 사이즈의 문제라는 결론에 도달한다.

6.2 주성분분석 절차

표 6.2에 나타난 대로 주성분분석은 n개의 개체에 대해 p개의 변수에서 측정된 자료를 가지고 시작한다. 제1 주성분

$$Z_1 = a_{11}X_1 + \cdots + a_{1p}X_p$$

은 다음 조건

$$a_{11}^2 + \cdots + a_{1p}^2 = 1$$

을 만족하면서 개체들 간의 변동이 가능한 크게 만드는 변수들 X_1, …, X_5의 선형결합이다. 그래서 상수 a_{1j}의 주어진 제약 조건 하에서 Z_1의 분산, $Var(Z_1)$는 가능한 크게 해야 한다. 조건식이 도입된 이유는 만일 이게 없으면 상수 a_{1j} 중 어떤 값을 계속 크게 할 때 $Var(Z_1)$는 계속 커지기 때문이다.

표 6.2 주성분분석을 위한 자료 형태, n 케이스에서 변수 X_1, …, X_p에 대해 관측

케이스	X_1	X_2	…	X_p
1	x_{11}	x_{12}	…	x_{1p}
2	x_{21}	x_{22}	…	x_{2p}
⋮	⋮	⋮	…	⋮
n	x_{n1}	x_{n2}	…	x_{np}

제2 주성분

$$Z_2 = a_{21}X_1 + \cdots + a_{2p}X_p$$

은 다음 조건

$$a_{21}^2 + \cdots + a_{2p}^2 = 1$$

을 만족하면서 가능한 $\text{Var}(Z_2)$를 크게 만들고, 또한 Z_1과 Z_2는 상관관계가 없다는 조건도 만족해야 한다.

제3 주성분

$$Z_3 = a_{31}X_1 + \cdots + a_{3p}X_p$$

은 다음 조건

$$a_{31}^2 + \cdots + a_{3p}^2 = 1$$

을 만족하면서 가능한 $\text{Var}(Z_3)$를 크게 만들고, 또한 Z_3이 Z_1과 Z_2 모두와 상관관계가 없다는 조건도 만족해야 한다. 추가 주성분들은 이와 같은 방식으로 계속 정의된다. 만일 변수가 p개이면 주성분도 p개이다.

주성분분석의 결과를 사용하는 데 주성분에 대한 수식이 어떻게 유도되었는지 알아야 할 필요는 없다. 하지만 수식 자체의 본질을 이해하는 것은 도움이 된다. 사실 주성분분석은 표본 공분산 행렬의 고유값을 찾는 과정과 관계가 있다.

표본 공분산 행렬 계산은 2.6절과 2.7절에 언급되었다. 공분산 행렬은 대칭이고 다음과 같은 형태를 갖는데,

$$\mathbf{C} = \begin{bmatrix} c_{11} & c_{12} & \cdots & c_{1p} \\ c_{21} & c_{22} & \cdots & c_{2p} \\ \cdot & \cdot & & \cdot \\ \cdot & \cdot & & \cdot \\ c_{p1} & c_{p2} & \cdots & c_{pp} \end{bmatrix}$$

여기에서 대각원소 c_{ii}는 X_i의 분산이고 비대각원소 $c_{ij} = c_{ji}$들은 변수 X_i와 X_j의 공분산이다.

주성분들의 분산들이 행렬 **C**의 고유값들이다. p개의 고유값들 중 일부는 0일 수 있지만, 공분산 행렬에서 음의 고유값은 불가능하다. 고유값들 순서가 $\lambda_1 \geq \lambda_2 \geq \cdots \geq \lambda_p \geq 0$이면 λ_i는 i번째 주성분

$$Z_i = a_{i1}X_1 + a_{i2}X_2 + \ldots + a_{ip}X_p$$

에 대응된다.

특별히 $Var(Z_i) = \lambda_i$, 그리고 상수들 a_{i1}, a_{i2}, $\cdots$, a_{ip}는 상응하는 고유벡터의 성분들이며, 다음을 만족하도록 조정되었다.

$$a_{i1}^2 + a_{i2}^2 + \cdots + a_{ip}^2 = 1$$

고유값의 한 가지 중요한 특징은 이들의 총합이 행렬 **C**의 대각성분들의 합(트레이스)과 같다. 즉,

$$\lambda_1 + \lambda_2 + \ldots + \lambda_p = c_{11} + c_{22} + \ldots + c_{pp}$$

이다. c_{ii}가 X_i의 분산이고 λ_i는 Z_i의 분산이므로 이는 주성분들의 분산 합이 원 변수들의 분산 합과 같다는 것을 의미한다. 그러므로 어떤 의미에서 주성분들이 원 자료의 모든 변동을 설명한다.

하나 혹은 두 변수가 주성분에 엄청난 영향을 미치는 것을 막기 위해, 분석을 시작할 때 변수들 X_1, X_2, $\cdots$, X_p가 평균 0과 분산 1을 갖도록 표준화하는 것이 유용하다. 행렬 **C**는 다음과 같은 형태를 취하는데,

$$\mathbf{C} = \begin{bmatrix} 1 & c_{12} & \cdots & c_{1p} \\ c_{21} & 1 & \cdots & c_{2p} \\ \cdot & \cdot & & \cdot \\ \cdot & \cdot & & \cdot \\ c_{p1} & c_{p2} & \cdots & 1 \end{bmatrix}$$

여기에서 $c_{ij} = c_{ji}$는 변수 X_i와 X_j의 상관계수이다. 다시 말해 주성분분석이 상관행렬에 적용되었다. 이런 경우에 대각성분들의 합, 즉 고유값들의 합은 X 변수의 개수 p와 같다.

주성분분석의 단계는 다음과 같다.

1. 변수들 $X_1, X_2, \cdots, X_p$가 평균 0과 분산 1을 갖도록 표준화한다. 이것은 보통이지만 변수의 중요도가 그들의 분산에 반영되어야 하는 경우에는 생략될 수 있다.
2. 공분산 행렬 **C**를 계산한다. 만일 1단계가 수행되었으면 이것은 상관계수 행렬이다.
3. 고유값 $\lambda_1, \lambda_2, \cdots, \lambda_p$와 고유벡터 $\mathbf{a}_1, \mathbf{a}_2, \cdots, \mathbf{a}_p$를 찾는다. i번째 주성분의 계수들이 $\mathbf{a}_i$의 요소들인 반면 λ_i는 이 주성분의 분산이다.
4. 자료 변동량의 작은 비율을 설명하는 성분들은 버린다. 예를 들어, 20개 변수로 시작해서 처음 세 개 성분들이 총변동량의 90%를 설명한다고 밝혀질 수 있다. 이 경우에 다른 17개 성분들은 합리적으로 무시될 수 있다.

예제 6.1 암컷 참새들의 몸통 측정 자료

주성분분석이 49마리 암컷 참새의 5가지 몸통 측정 자료(표 1.1)에 적용됐을 때 무엇이 발생하는가에 대한 언급이 이미 있었다. 이 예제에 대해 좀 더 자세히 언급해 보자.

위에서 언급된 분석 네 단계에서 1단계부터 시작하는 것이 적절하다. 측정 자료의 표준화는 분석에서 모든 자료가 같은 가중치를 갖도록 보장한다. 표준화를 생략하면 49마리 참새에서 가장 변동이 큰 변수 X_1과 X_2가 주성분들을 지배하는 경향이 강함을 의미한다.

표준화된 변수의 공분산 행렬은 상관행렬이다. 이는 이미 표 6.1에 하삼각 행렬로 주어졌다. 이 행렬의 고유값들이 3.616, 0.532, 0.386, 0.302, 그리고 0.164이다. 이들의 합은 5인데 상관행렬의 대각원소들의 합과 같다. 대응되는 고유벡터들이 표 6.3에 주어졌는데, 각 변수에 대해 벡터 계수 제곱합이 1이 되도록 표준화되었다. 이 고유벡터들이 주성분들의 계수가 된다.

한 주성분의 고유값은 총변동 5에서 이 주성분이 설명하는 분산을 나타낸다. 그래서 제1 주성분은 총 변동의 $(3.616/5)100\% = 72.3\%$를 설명한다. 같은 방식으로 다른 주성분들도 순서대로 총변동의 10.6%, 7.7%, 6%, 그리고 3.3%를 각각 설명한다. 분명한 것은 제1 주성분이 다른 주성분들에 비해 훨씬 중요하다.

주성분들의 상대적 중요성을 바라보는 다른 방법은 원 변수들의 분산 대비 주성분들의 분산을 생각해 보는 것이다. 표준화 후 모든 원 변수들은 분산이 1이다. 그러므로 제1 주성분은 원 변수 분산의 3.616배이다. 하지만 제2 주성분은 원 변수 분산의 0.532인 반면 다른 주성분들은 여기에도 훨씬 못 미친다. 이것이 다른 주성분들 대비

표 6.3 49마리 암컷 참새들의 5가지 측정 자료들에 대한 상관행렬의 고유값과 고유벡터들

성분	고유값	고유벡터 (주성분에 대한 상관계수)				
		X_1	X_2	X_3	X_4	X_5
1	3.616	0.452	0.462	0.451	0.471	0.398
2	0.532	−0.051	0.300	0.325	0.185	−0.877
3	0.386	0.691	0.341	−0.455	−0.411	−0.179
4	0.302	−0.420	0.548	−0.606	0.388	0.069
5	0.165	0.374	−0.530	−0.343	0.652	−0.192

노트: 고유값들은 주성분들의 분산이다. 고유벡터들은 주성분 계산을 위해 사용된 표준화된 X 변수들의 계수이다.

제1 주성분의 중요성을 확신한다.

제1 주성분은

$$Z_1 = 0.452X_1 + 0.462X_2 + 0.451X_3 + 0.471X_4 + 0.398X_5$$

이고, 여기에서 X_1, ⋯, X_5는 표준화된 변수들이다. X 변수들의 계수들이 거의 비슷하다. 그래서 이것은 명백히 참새들의 사이즈 지표가 된다. 그러므로 자료에서 변동의 72.3%가 참새들의 크기 차이와 관련된 것처럼 보인다.

제2 주성분은

$$Z_2 = -0.051\,X_1 + 0.300\,X_2 + 0.325\,X_3 + 0.185\,X_4 - 0.877\,X_5$$

이다. 이는 하나의 변수 그룹 X_2(날개 길이), X_3(주둥이와 머리 길이), 그리고 X_4(상완골 길이)와 다른 변수 X_5(흉골의 용골돌기 길이) 사이 대비이다. 다시 말해, 만일 X_2, X_3, X_4가 크고 X_5가 작으면 Z_2는 클 것이다. 반면에 만일 X_2, X_3, X_4가 작고 X_5가 크면 Z_2는 작을 것이다. 따라서 Z_2는 참새들의 모양 차이를 나타낸다. X_1의 작은 계수는 이 변수 값이 Z_2에 거의 영향을 미치지 않음을 의미한다. 다른 주성분들도 유사하게 해석될 수 있다. 주성분들이 다른 측면의 형태 차이를 나타낸다.

주성분들의 값들은 추가 분석에 유용하다. 그들이 표준화된 변수로부터 분명하게 계산된다. 따라서 첫 번째 새의 원 변수 값들은 $x_1 = 156$, $x_2 = 245$, $x_3 = 31.6$, $x_4 = 18.5$, 그리고 $x_5 = 20.5$이다. 이들의 표준화된 값들은 $x_1 = (156 - 157.980)/3.654 = -0.542$, $x_2 = (245 - 241.327)/5.068 = 0.725$, $x_3 = (31.6 - 31.459)/0.795 = 0.177$, $x_4 = (18.5 - 18.469)/0.564 = 0.055$, 그리고 $x_5 = (20.5 - 20.827)/0.991 = -0.330$으로, 각각의 경우에

표 6.4 주성분들의 평균과 표준편차에 의한 생존 그룹과 죽음 그룹의 비교

	평균		표준편차	
주성분	생존	죽음	생존	죽음
1	−0.100	0.075	1.506	2.176
2	0.004	−0.003	0.684	0.776
3	−0.140	0.105	0.522	0.677
4	0.073	−0.055	0.563	0.543
5	0.023	−0.017	0.411	0.408

49마리 새의 평균을 빼고 표준편차로 나눈 값이다. 그러므로 첫 번째 새의 제1 주성분은

$$
\begin{aligned}
Z_1 &= 0.452\times(-0.542)+0.462\times0.725+0.451\times0.177+0.471\times0.055\\
&\quad+\ 0.398\times(-0.330)\\
&=0.064
\end{aligned}
$$

같은 새의 제2 주성분은

$$
\begin{aligned}
Z_2 &= -\,0.051\times(-0.542)+0.300\times0.725+0.325\times0.177+0.185\times0.055\\
&\quad-\,0.877\times(-0.330)\\
&=0.602
\end{aligned}
$$

다른 주성분들도 같은 방식으로 계산될 수 있다.

고려 중인 새들은 심각한 태풍 후에 수집되었다. 처음 21마리는 회복했지만 나머지 28마리는 죽었다. 그러므로 흥미 있는 질문은 생존 그룹과 그렇지 못한 그룹이 어떤 차이를 보이는지이다. 예제 4.1에서 평균값에는 차이가 없다는 것을 보였다. 그러나 예제 4.2에서 생존 그룹이 그렇지 못한 그룹보다 변동성이 더 적은 것처럼 보였다. 이 상황이 이제 주성분들에 의해 고려될 것이다.

생존 그룹과 비생존 그룹에 대한 5개 주성분들의 평균과 표준편차들은 표 6.4에 주어졌다. 두 그룹 간 평균 차이에 있어 어떤 주성분도 t-검정에 의해 통계적으로 유의하지 않고, 표준편차도 F-검정에 의해 어떤 주성분도 통계적으로 유의하지 않다. 하지만 중위수에 대한 편차를 이용한 Levene 검정이 유의수준 5% 단측 검정에서 제1 주성분이 그룹 간에 유의한 차이를 보였다. 단측 검정에서 생존하지 못한 그룹이 생존 그룹보다 변동성이 다소 더 크다는 가정을 사용한다. 다른 주성분에 대해서는 Levene 검정에 의해 변동이 그룹 간에 차이가 없다. 제1 주성분이 전체적인 크기를 나타내기 때문에 자연선택설이 매우 크거나 매우 작은 새들에게 불리하게 작동한 것처럼 보인다.

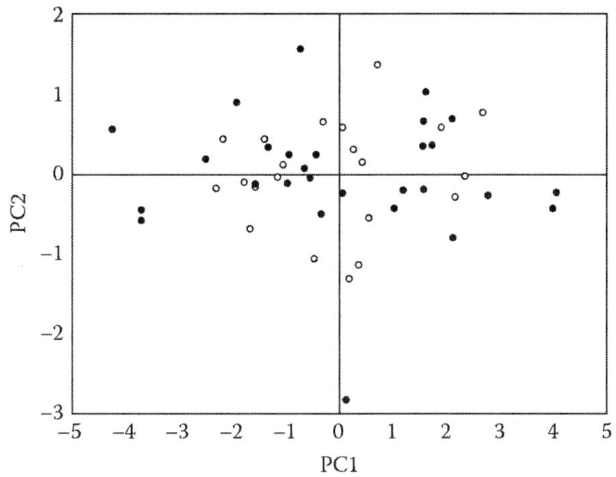

그림 6.1 처음 두 주성분 값을 이용한 49마리 암컷 참새들의 그림.
○ 생존한 새, ● 죽은 새

그림 6.1은 49마리 새들의 처음 두 주성분 값의 그림을 보여 주는데, 이는 자료의 변동량의 82.9%를 설명한다. 이 그림은 제1 주성분에서 극단 값을 갖는 새들이 어떻게 생존에 실패하는지를 명백하게 보여 준다. 사실 이는 제2 주성분에 대해서도 사실이라는 제안이 있다.

몇몇 컴퓨터 프로그램이 이 예제에서 주어진 주성분들 계수의 부호만 반대인 주성분들을 줄 수 있다는 것을 인식하는 것은 중요하다. 예를 들면, Z_2는 아마 다음처럼 주어질 수도 있다.

$$Z_2 = 0.051X_1 - 0.300X_2 - 0.325X_3 - 0.185X_4 + 0.877X_5$$

이것이 실수가 아니다. 이 주성분은 자료의 정확히 같은 측면을, 하지만 다른 방향에서 측정하고 있다.

예제 6.2 유럽 국가들의 고용

주성분분석의 두 번째 예로 표 1.5에 주어진 유럽에서 9개 산업 분야의 취업 비율 자료를 고려하자. 9개 변수들의 상관행렬이 표 6.5에 주어졌다. 전체적으로 이 행렬의 값들이 특별히 크지 않은데, 이는 자료의 변동을 설명하기 위해 여러 개의 주성분이 필요할 것을 의미한다.

상관행렬의 고유값들과 괄호 안에 전체 9에서의 비율은 3.112(34.6%), 1.809(20.1%), 1.496(16.6%), 1.063(11.8%), 0.710(7.9%), 0.311(3.5%), 0.293(3.3%),

표 6.5 유럽 30개국의 9가지 산업 종사 비율에 대한 상관행렬의 하삼각행렬(표 1.5 자료)

	AGR	MIN	MAN	PS	CON	SER	FIN	SPS	TC
AGR	1.000	—							
MIN	0.316	1.000	—						
MAN	−0.254	−0.672	1.000	—					
PS	−0.382	−0.387	0.388	1.000	—				
CON	−0.349	−0.129	−0.034	0.165	1.000	—			
SER	−0.605	−0.407	−0.033	0.155	0.473	1.000	—		
FIN	−0.176	−0.248	−0.274	0.094	−0.018	0.379	1.000	—	
SPS	−0.811	−0.316	0.050	0.238	0.072	0.388	0.166	1.000	—
TC	−0.487	0.045	0.243	0.105	−0.055	−0.085	−0.391	0.475	1.000

노트: 변수들은 다음 업종에서의 종사 비율이다: AGR = 농업, 어업, 임업, MIN = 광산업, MAN = 제조업, PS = 전기와 물 산업, CON = 건설, SER = 서비스업, FIN = 금융, SPS = 사회와 개인적인 서비스업, TC = 교통과 통신

0.204(2.3%), 그리고 0.000(0.0%)이다. 표준화 전에 9개 변수 합이 100%이기 때문에 마지막 고유값은 0이다. 이 고유값에 해당하는 주성분은 모든 나라에서 0이다. 그래서 변동이 0이다. 만일 주성분분석에서 원 변수들의 어떤 선형결합이 상수이면 고유값 중 하나가 0인 결과를 낳는다.

이 예제는 앞 예제만큼 그렇게 확실하진 않다. 제1 주성분이 자료 변동량의 약 35%만을 설명하고 변동량의 83%를 설명하기 위해 네 개의 주성분이 필요하다. 얼마나 많은 주성분이 중요한가는 판단의 문제이다. 고유값이 1보다 크기 때문에 처음 4개의 주성분만 고려해야 한다는 의견에는 논쟁의 여지가 있다. 중요한 주성분 개수의 선택 문제는 어느 정도 그들의 용도에 따라 달라진다. 이 예제에서는 나라별 차이의 주요 특징을 나타내기 위해 작은 수의 지표들이 요구된다고 가정될 수 있어서 편의상 처음 두 주성분만 추가로 조사될 것이다. 이들이 원 자료 변동의 55%를 설명한다.

제1 주성분은

$$Z_1 = 0.51(\mathrm{AGR}) + 0.37(\mathrm{MIN}) - 0.25(\mathrm{MAN}) - 0.31(\mathrm{PS}) - 0.22(\mathrm{CON}) \\ - 0.38(\mathrm{SER}) - 0.13(\mathrm{FIN}) - 0.42(\mathrm{SPS}) - 0.21(\mathrm{TC})$$

여기에서 변수들 약어는 표 6.5에 정리되어 있다. 상관행렬에서 분석이 이뤄졌기 때문에, 이 수식의 변수들은 평균 0, 분산 1이 되도록 표준화한 후의 비율들이다. Z_1의 계수를 통해 이는 농업, 임업 그리고 어업(AGR)과 광산업(MIN) 수치와 다른 직업 수치들과의 대비로 보일 수 있다.

제2 주성분은

$$Z_2 = -0.02(AGR) + 0.00(MIN) + 0.43(MAN) + 0.11(PS) - 0.24(CON) - 0.41(SER) - 0.55(FIN) + 0.05(SPS) + 0.52(TC)$$

이는 주로 제조업(MAN), 그리고 교통과 통신(TC) 수치와 건설(CON), 서비스업 (SER), 그리고 금융(FIN) 수치 대비를 나타낸다.

그림 6.2는 30개 국가의 Z_1과 Z_2에 대한 그림을 보여 준다. 이 그림이 국가들에 대해 알려진 것들 측면에서 더 의미가 있다. 전통적인 서양 민주국가들 대부분의 Z_1 값은 작은 음수, 그리고 Z_2 값은 −1부터 1 사이의 숫자로 그룹 지어진다. 지브롤터와 알바니아는 눈에 띄게 구별되는 고용패턴을 보여 주는 반면, 나머지 국가들은 구유고슬라비아($Z_1 = -1.2$, $Z_2 = 2.2$)부터 터키($Z_1 = 3.2$, $Z_2 = -0.3$)를 연결하는 사각형 내에 퍼져 있다.

앞의 예제처럼 어떤 컴퓨터 프로그램은 여기에 보여 준 주성분을 생성할 수도 있지만, 원 변수의 부호만 반대인 주성분들을 제공할 수도 있다. 이 성분들은 여전히 자료의 같은 면을 측정하지만 크고 작은 값들만 반대가 된다.

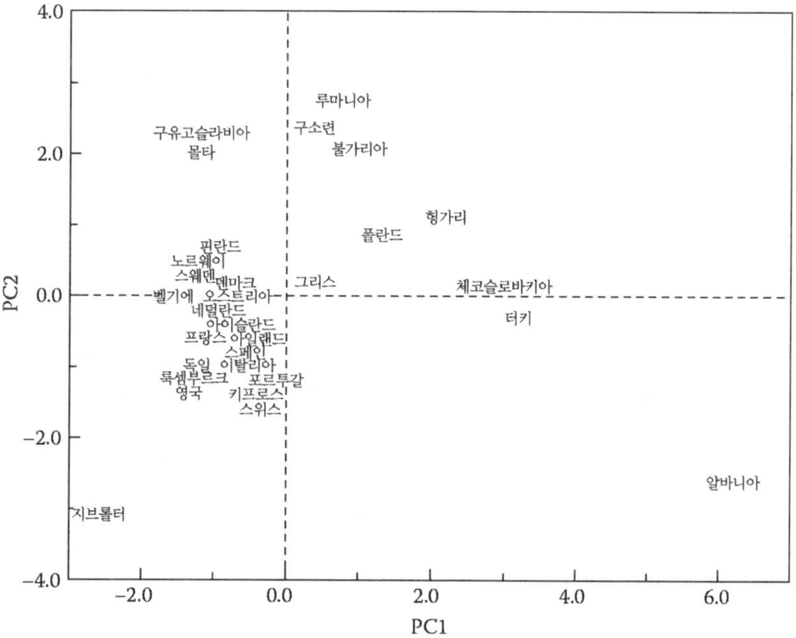

그림 6.2 고용 분야 변수들의 처음 두 주성분을 이용한 유럽 국가들의 그림

6.3 컴퓨터 프로그램

주성분분석을 수행하는 R 코드를 부록에 제공하고 많은 표준 통계 패키지들도 이 분석을 수행할 것이다. 왜냐하면 이것이 사용 중인 가장 흔한 다변량분석 중 하나이기 때문이다. 이 분석이 어떤 패키지에서 하나의 옵션으로 언급되지 않을 때도 여전히 7장에서 설명될 인자분석의 특별한 경우로 필요한 계산을 할 수 있다. 이런 경우에 주성분과 인자 사이에 혼돈이 없도록 주의가 필요한데, 인자는 주성분을 분산이 1이 되도록 조정한 것이다.

이러한 혼동은 주성분분석을 수행한다고 주장하는 몇몇 프로그램에서도 종종 발생한다. 주성분(분산이 고유값인) 값을 제공하는 대신에 프로그램들은 분산이 1이 되도록 조정된 주성분 값을 제공한다.

6.4 추가 자료

주성분분석은 거의 모든 다변량 서적에서 다뤄지고 더 자세한 사항은 Jolliffe(1986)와 Jackson(1991)에서 다뤄진다. 사회학자들은 아마도 Dunteman(1989)의 짧은 논문집이 유용할 수도 있다.

연습문제

1. 표 6.6은 태국의 선사시대 유적지에서 발굴된 25개 도자기 잔 각각에 대해 6가지 측정 자료들을 보여 주는데, 잔의 전형적인 형태와 측정 자료의 특성은 그림 6.3에 제시된다. 이 자료에서 가장 관심 있는 것은 잔들 사이에 유사성과 차이점에 관한 것인데, 명백한 질문은 잔들이 어떤 관련이 있는지를 보여 주기 위해 자료들을 시각적으로 보여 주는 것이 가능한지, 만일 가능하다면 비슷한 무리의 잔들끼리 그룹이 이루어지는지, 그리고 매우 특별한 잔이 있는지이다. 주성분분석을 수행하고 주성분 값들이 이러한 질문에 답하는 데 도움이 되는지 알아보라.

   이 문제에서 관심을 가질 포인트는 잔들 간의 차이가 크기 차이라기보다 형태의 차이에 얼마나 기인한가이다. 크기는 다르지만 형태가 거의 비슷한 두 잔들이 실제로 비슷하다고 여겨지는 것은 당연하다. 크기와 형태 차이를 구별하는 문제가 엄청

표 6.6 25개 태국 고대 도자기 잔의 측정 자료(단위는 센티미터)

도자기 잔	X_1	X_2	X_3	X_4	X_5	X_6
1	13	21	23	14	7	8
2	14	14	24	19	5	9
3	19	23	24	20	6	12
4	17	18	16	16	11	8
5	19	20	16	16	10	7
6	12	20	24	17	6	9
7	12	19	22	16	6	10
8	12	22	25	15	7	7
9	11	15	17	11	6	5
10	11	13	14	11	7	4
11	12	20	25	18	5	12
12	13	21	23	15	9	8
13	12	15	19	12	5	6
14	13	22	26	17	7	10
15	14	22	26	15	7	9
16	14	19	20	17	5	10
17	15	16	15	15	9	7
18	19	21	20	16	9	10
19	12	20	26	16	7	10
20	17	20	27	18	6	14
21	13	20	27	17	6	9
22	9	9	10	7	4	3
23	8	8	7	5	2	2
24	9	9	8	4	2	2
25	12	19	27	18	5	12

노트: 이 자료는 뉴질랜드 Otago 대학의 C.F.W. Higham 교수에 의해 제공되었다. 변수들은 그림 6.3에 정의되었다.

나게 많은 과학문헌을 생성했는데, 이들을 여기에서 고려하지는 않겠다. 그러나 크기의 효과를 제거하는 한 가지 방법은 잔의 측정 자료들을 잔의 전체 크기로 나누는 것을 포함함을 지적할 필요가 있다. 다른 방법으로, 잔의 측정 자료들이 모든 측정 자료들의 합에 대한 비율로 표현될 수 있다. 이런 종류의 변수 표준화가 크기는 다르지만 같은 형태의 두 잔이 같은 자료 값을 갖도록 보장한다.

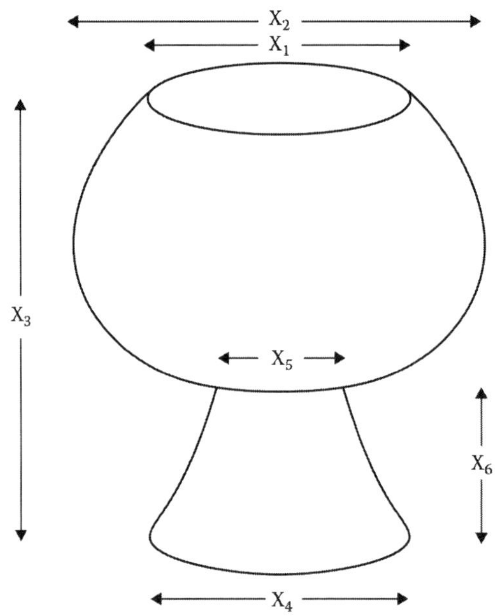

그림 6.3 태국 도자기 잔의 측정 자료

2. 표 6.7은 Weber(1973)에 의해 출판된 25개 유럽 국가들의 사람들에 대해 다른 음식 공급원으로부터 평균 단백질 소비량의 추정치들을 보여 준다. 이 변수들에 기반하여 국가들 간의 관계를 조사하기 위해 주성분분석을 사용하라.

표 6.7 25개 유럽 국가들의 단백질 소비량(그램 단위 1인 1일 소비량)

국가	붉은 고기	흰살 고기	알류	우유	생선	곡물	녹말 음식	두류, 견과류, 유지종자	과일과 채소	전체
알바니아	10	1	1	9	0.0	42	1	6	2	72
오스트리아	9	14	4	20	2.0	28	4	1	4	86
벨기에	14	9	4	18	5.0	27	6	2	4	89
불가리아	8	6	2	8	1.0	57	1	4	4	91
체코슬로바키아	10	11	3	13	2.0	34	5	1	4	83
덴마크	11	11	4	25	10.0	22	5	1	2	91
동독	8	12	4	11	5.0	25	7	1	4	77
핀란드	10	5	3	34	6.0	26	5	1	1	91
프랑스	18	10	3	20	6.0	28	5	2	7	99
그리스	10	3	3	18	6.0	42	2	8	7	99
헝가리	5	12	3	10	0.0	40	4	5	4	83
아일랜드	14	10	5	26	2.0	24	6	2	3	92
이탈리아	9	5	3	14	3.0	37	2	4	7	84
네델란드	10	14	4	23	3.0	22	4	2	4	86
노르웨이	9	5	3	23	10.0	23	5	2	3	83
폴란드	7	10	3	19	3.0	36	6	2	7	93
포르트갈	6	4	1	5	14.0	27	6	5	8	76
루마니아	6	6	2	11	1.0	50	3	5	3	87
스페인	7	3	3	9	7.0	29	6	6	7	77
스웨덴	10	8	4	25	8.0	20	4	1	2	82
스위스	13	10	3	24	2.0	26	3	2	5	88
영국	17	6	5	21	4.0	24	5	3	3	88
구소련	9	5	2	17	3.0	44	6	3	3	92
서독	11	13	4	19	3.0	19	5	2	4	80
유고슬라비아	4	5	1	10	1.0	56	3	6	3	89

참고문헌

Dunteman, G.H. (1989). *Principal Components Analysis,* Newbury Park, CA: Sage.

Hotelling, H. (1933). Analysis of a complex of statistical variables into principal components. *Journal of Educational Psychology* 24: 417–41; 498–520.

Jackson, J.E. (1991). *A User's Guide to Principal Components,* New York: Wiley.

Jolliffe, I.T. (2002). *Principal Component Analysis*. 2nd Edn. New York: Springer.

Pearson, K. (1901). On lines and planes of closest fit to a system of points in space. *Philosophical Magazine* 2: 557–72.

Weber, A. (1973). *Agrarpolitik im Spannungsfeld der Internationalen Ernahrungspolitik*. Kiel: Institut fur Agrapolitik und Marktlehre.

부록 R에서의 주성분분석(PCA)

R을 기본 설치하면 함수 princomp()와 prcomp()에 의해 수행되는, 주성분분석 계산을 위한 두 방법을 제공하는데, 이들은 R이 실행될 때마다 사용 가능하다. 전자는 6.2절에서 언급된 상관행렬의 고유값 계산에 기초한 방법론을 거의 따르는 알고리즘을 사용하되, 만일 공분산 행렬을 사용하는 것이 바람직할 때는 공분산 행렬을 사용한다. 행렬대수 용어로 이는 공분산 혹은 상관행렬의 스펙트럼 분해라 알려졌다. 한편 prcomp()는 특이행렬 혹은 이에 가까운 행렬을 분해하는 데 유용한 특이값 분해(SVD)(Anton, 2013)라 불리는 방법론을 적용한다. 주성분분석에 SVD의 적용은 두 가지 사실에 의해 뒷받침된다: 먼저 어떤 실수행렬 **M**의 0이 아닌 특이값들은 두 행렬 $\mathbf{MM}^T$ 그리고 $\mathbf{M}^T\mathbf{M}$의 0이 아닌 고유값들의 제곱근들이다. 두 번째 공분산 혹은 상관행렬이 이 두 행렬의 곱으로 표현될 수 있다. 일반적으로 princomp()와 prcomp()는 비슷한 결과를 내놓는다. 하지만 SVD 알고리즘 구현이 수치적 관점에서 조금 더 정확하다. 따라서 prcomp() 혹은 주성분분석을 위한 SVD 방법에 기반한 어떤 다른 R 함수가 선호된다.

예제 6.1의 Bumpus 참새 데이터 분석과 예제 6.2의 유럽 국가들의 고용 자료 분석 결과를 얻는 데 계산적 도움을 주기 위한 코멘트가 포함된 R 코드가 이 책의 웹사이트에 제공된다. 예제에서 사용된 기본 명령어는 다음과 같다.

```
pca.results <- prcomp(data, scale=TRUE, ...)
```

옵션 scale=TRUE는 주성분들이 상관행렬에 대해 계산됨을 의미한다. prcomp()에 의해 생성된 객체 pca.results가 상관 혹은 공분산 행렬의 특이값들을 포함하고 있음을 주목하는 것은 의미가 있다. Standard Deviation 레이블을 가진 이러한 값들은 함수 print(pca.results) 실행을 통해 확인할 수 있다. 고유값들은 단순히 이 표준편차들의 제곱이다. 특이값, 고유벡터, 그리고 각 주성분 값들 외에도 PCA의 이차원 그래프 요약이 그림 6.1과 6.2에서처럼 함수 plot()에 의해 가능하다. 명령어 biplot(pca.results)를 통해 처음 두 주성분 그림과 유사한 그림을 만드는 것도 가능하다. biplot는 PCA의 그래프 요약인데, 여기에서 점으로 표현된 처음 두 주성분들은 화살표로 표현된 변수들의 이차원 축소 공간으로의 투영으로 표현된다. 자세한 사항은 Gower and Hand(1996)를 참고하기 바란다.

여러 R 패키지들이 princomp()와 prcomp() 외에도 주성분분석을 위한 함수들을 제공하고 있다. 이런 패키지들과 함수의 리스트가 여기에 주어진다. 각 패키지의 매뉴얼이나 도움말 파일에서 제공된 내용을 바탕으로 하나를 선택해서 사용하면 된다.

패키지	PCA 함수	참고문헌
stats	princomp()	R documentation (R Core Team 2016)
stats	prcomp()	R documentation (R Core Team 2016)
FactoMineR	PCA()	Le et al. (2008)
ade4	dudi.pca()	Dray and Dufour (2007)
vegan	rda()	Oksanen et al. (2016)
amap	acp()	Lucas (2014)

참고문헌

Anton, H. (2013). *Elementary Linear Algebra*. 11th Edn. New York: Wiley.

Dray, S. and Dufour, A.B. (2007). The ade4 package: Implementing the duality diagram for ecologists. *Journal of Statistical Software* 22(4): 1–20.

Gower, J.C. and Hand, D.J. (1996). *Biplots. Monographs on Statistics and Applied Probability*. London: Chapman & Hall.

Le, S., Josse, J. and Husson, F. (2008). FactoMineR: An R package for multivariate analysis. *Journal of Statistical Software* 25(1): 1–18.

Lucas, A. (2014). amap: Another Multidimensional Analysis Package. R package version 0.8-14. https://CRAN.R-project.org/package=amap

Oksanen, J., Blanchet, F.G., Friendly, M., Kindt, R., Legendre, P., McGlinn, D., Minchin, P.R., et al. (2016). vegan: Community Ecology Package. R package version 2.4-0. http://CRAN.R-project.org/package=vegan

R Core Team (2016). *R: A Language and Environment for Statistical Computing*. Vienna: R Foundation for Statistical Computing. https://www.r-project.org/

7장

인자분석

7.1 인자분석 모형

인자분석은 주성분분석과 유사한 목적을 가진다. 기본 아이디어는 여전히 일련의 변수들 $X_1, \cdots, X_p$를 아마 작은 수의 인덱스 혹은 인자들로 표현이 가능하고 이 과정에서 변수들 사이의 관계를 더 잘 이해하는 것이 가능하다는 것이다. 그러나 한 가지 중요한 차이점이 있다. 주성분분석은 어떤 통계적 모형에 기반하지 않지만 인자분석은 모형에 기반한다.

인자분석 초기 개발에 Charles Spearman의 공로가 인정된다. 그는 학생들의 다양한 형태의 시험 성적들 간의 상관관계에 대해 연구하여 많은 관측된 상관관계가 단순한 모형에 의해 설명될 수 있음을 지적하였다(Spearman, 1904). 예를 들어, 한 가지 경우에서 그는 표 7.1에 주어진 사립학교 남학생들의 고전강의, 프랑스어, 영어, 수학, 음정구별, 그리고 음악 성적에 대한 상관행렬을 얻었다. 그는 만일 대각원소를 무시하면 이 행렬의 어떤 두 행도 거의 비례한다는 흥미로운 특징을 발견하였다. 따라서 고전강의와 영어 행에 대한 비율은 다음과 같다.

$$\frac{0.83}{0.67} \approx \frac{0.70}{0.64} \approx \frac{0.66}{0.54} \approx \frac{0.63}{0.51} \approx 1.2$$

이러한 관측을 통해 Spearman은 여섯 가지 시험 성적들이 다음과 같은 수식으로 표현될 수 있다고 제안했다.

$$X_i = a_i F + e_i$$

여기에서 X_i는 모든 소년들에 대해 평균 0과 분산 1을 갖도록 표준화한 후 i번째 성적이고, a_i는 상수, **F**는 모든 소년들에 대해 평균 0과 분산 1을 갖는 인자 값, 그리고 e_i는 i번째 시험에만 특정된 X_i의 일부이다.

Spearman은 상관행렬의 행들 간의 일정 비율이 이러한 가정들의 결과로 오는 것이고, 그래서 이것이 자료들에 대한 적합한 모형임을 보였다.

일정한 상관계수 비율과 별도로, X_i의 분산이 다음과 같다.

$$\begin{aligned} \mathrm{Var}(X_i) &= \mathrm{Var}(a_i F + e_i) \\ &= \mathrm{Var}(a_i F) + \mathrm{Var}(e_i) \\ &= a_i^2\, \mathrm{Var}(F) + \mathrm{Var}(e_i) \\ &= a_i^2 + \mathrm{Var}(e_i) \end{aligned}$$

표 7.1 사립학교 남학생들 시험 성적 간의 상관계수

	고전	프랑스어	영어	수학	음정 구별	음악
고전	1.00	0.83	0.78	0.70	0.66	0.63
프랑스어	0.83	1.00	0.67	0.67	0.65	0.57
영어	0.78	0.67	1.00	0.64	0.54	0.51
수학	0.70	0.67	0.64	1.00	0.45	0.51
음정 구별	0.66	0.65	0.54	0.45	1.00	0.40
음악	0.63	0.57	0.51	0.51	0.40	1.00

출처: Spearman, C., *Am. J. Pshchol.*, 15, 201-93, 1904.

왜냐하면 a_i는 상수이고, F와 e_i는 독립, 그리고 F의 분산이 1로 가정되었기 때문이다. 또한 $Var(X_i) = 1$이기 때문에

$$1 = a_i^2 + Var(e_i)$$

이다.

따라서 인자 로딩이라 불리는 상수 a_i는 이것의 제곱이 그 인자에 의해 설명되는 X_i의 분산의 비율이다.

그의 연구에 기초하여 Spearman은 정신 검사에 관한 그의 두 인자 모형 이론을 만들었다. 그 이론에 따르면 각 시험 결과는 두 부분으로 구성된다: 하나는 모든 검사에 공통인 부분(일반 지식), 그리고 다른 하나는 수행 중인 검사에 대한 특정 부분이다. 나중에 이 이론이 각 검사 결과가 몇 가지 공통 인자에 의한 부분과 검사에 특정된 부분으로 구성되도록 수정되었다. 이것이 다음과 같은 일반적인 인자분석 모형을 제공한다.

$$X_i = a_{i1}F_1 + a_{i2}F_2 + \ldots + a_{im}F_m + e_i$$

여기에서 X_i는 평균 0과 분산 1을 갖는 i번째 검사 점수, a_{i1}, ⋯, a_{im}은 i번째 검사에 대한 인자 로딩, F_1, ⋯, F_m은 각각 평균이 0이고 분산이 1인 상관관계가 없는 공통 인자들, e_i는 평균이 0이고 공통인자들과 상관관계가 없는 i번째 검사에만 특정된다.

이 모형에서

$$\begin{aligned} Var(X_i) = 1 &= a_{i1}^2\,Var(F_1) + a_{i2}^2\,Var(F_2) + \ldots + a_{im}^2\,Var(F_m) + Var(e_i) \\ &= a_{i1}^2 + a_{i2}^2 + \ldots + a_{im}^2 + Var(e_i) \end{aligned}$$

여기에서 $a_{i1}^2 + a_{i2}^2 + \cdots + a_{im}^2$은 X_i의 공통성(공통인자와 연관 있는 분산)이라 하고, $Var(e_i)$는 X_i의 특이성(공통인자와 무관한 분산)이라 한다.

X_i와 X_j의 상관계수가 다음과 같이 표현됨을 알 수 있다.

$$r_{ij} = a_{i1}a_{j1} + a_{i2}a_{j2} + \ldots + a_{im}a_{jm}$$

따라서 만일 두 검사 점수가 같은 인자에서 큰 인자 로딩을 가지면 상관관계가 크다. 게다가 공통성이 1보다 클 수 없기 때문에 $-1 \le a_{ij} \le 1$이다.

7.2 인자분석 방법

인자분석을 위한 자료는 주성분분석을 위한 자료와 같은 형태이다. 즉, 표 6.2에 주어진 것처럼 n개의 개체에 대해 p개의 변수 값들이 있다.

인자분석은 3단계로 구성되었다. 우선 예비인자로딩 a_{ij}를 결정한다. 한 가지 방법은 주성분분석으로 시작해서 처음 m개의 주성분을 인자로 여기고 나머지는 무시한다. 이렇게 발견된 인자들은 서로 관련이 없고 또한 특정 인자와도 관련이 없다. 그러나 특정 인자들은 서로 연관이 없는 건 아니다. 이는 인자분석 모형의 가정 중 하나가 성립하지 않음을 의미한다. 공통성이 매우 크다면 이것은 크게 문제되지 않는다.

예비인자로딩이 어떤 식으로 결정되든 그들이 유일하지 않다는 것을 보일 수 있다. 만일 F_1, …, F_m이 예비인자들이면, 다음과 같이 서로 상관이 없고 예비인자만큼 자료를 설명하는 이들의 선형결합

$$F^*_1 = d_{11}F_1 + d_{12}F_2 + \ldots + d_{1m}F_m$$

$$F^*_2 = d_{21}F_1 + d_{22}F_2 + \ldots + d_{2m}F_m$$

$$\vdots$$

$$F^*_m = d_{m1}F_1 + d_{m2}F_2 + \ldots + d_{mm}F_m$$

을 만들 수 있다. 사실 인자분석 모형에 대한 무수히 많은 다른 해가 존재한다. 이것이 분석의 2단계, 인자회전과 연결된다. 이 단계에서는 해석이 쉬운 새로운 인자를 찾기 위해 예비인자를 변형한다. 이런 맥락에서 회전 혹은 변형은 본질적으로 위 등식에서 d_{ij} 값들을 찾는 것이다.

분석의 마지막 단계에서는 인자점수를 계산한다. 인자점수는 가용한 n개 개체 각각에 대해 회전인자 값 F^*_1, …, F^*_m들이다.

인자의 수(m)가 종종 자료의 특성에 의해 제안되기도 하지만 일반적으로 인자의 수는 사용자가 정한다. 예비 해를 찾는 데 주성분분석이 사용될 때, 인자 수 결정에 대한 한 가지 방법은 시험점수 상관행렬의 고유값 중 1보다 큰 고유값의 개수로 정하는 것이다. 이에 대한 논리는 앞 장 주성분분석에서 설명된 것과 같다. 1보다 작은 고유값과 관련된 인자는 원 자료에서 시험점수 중 하나보다 더 작은 변동량을 설명한다. 일반적으로 m을 증가시키면 변수들의 공통성도 늘어난다. 그러나 공통성은 인자회전에 의해

변하지 않는다.

인자회전은 직교 혹은 사각회전일 수 있다. 직교회전에서 새로운 인자들은 예비인자들처럼 상관관계가 없다. 사각회전에서 새로운 인자들은 상관관계가 있다. 어떤 회전이 사용되든 새로운 인자의 인자로딩은 0에 가깝거나 혹은 0과는 아주 다른 값이 바람직하다. 0에 가까운 a_{ij}는 X_i가 인자 F_j와 강한 연관이 없음을 의미한다. 큰 양수 혹은 음수 a_{ij}는 X_i가 인자 F_j에 의해 상당부분 결정된다는 것을 의미한다. 만일 각 시험성적이 몇 개의 인자들과는 강한 상관관계가 있지만 다른 인자들과는 상관이 없으면 이는 그렇지 않은 경우보다 인자들을 식별하기가 더 쉽다.

종종 사용되는 직교인자회전의 한 방법은 베리맥스(varimax) 회전이다. 이것은 인자 j의 해석이 인자로딩의 제곱의 분산 즉, a_{1j}^2, a_{2j}^2, …, a_{pj}^2의 분산에 의해 가능하다는 가정에 기초한다. 만일 이 분산이 크면, a_{ij} 값들이 0에 가깝거나 1에 가까운 경향이 있다. 그러므로 베리맥스 회전은 모든 인자들의 분산의 합을 최대로 한다. Kaiser(1958)가 처음으로 이 방법을 제안했다. 나중에 그는 제곱의 분산을 최대로 하기 전에 인자로딩을 표준화하는 수정을 살짝 했는데, 이유는 이것이 더 좋은 결과를 제시하는 것처럼 보여서이다. 그러므로 베리맥스 회전은 Kaiser 표준화를 사용 혹은 사용하지 않고 수행될 수 있다. 직교회전을 위한 다양한 다른 방법들이 제안되었다. 하지만 베리맥스 회전이 좋은 표준 방법처럼 보인다.

인자분석 전문가들이 종종 인자로딩들을 가능한 간단하게 표현하기 위해 상관관계가 없는 인자들에 대한 생각을 포기할 준비가 되어 있다. 어떤 사각회전이 직교회전보다 더 좋은 해를 제공할 수도 있다. 다시 한번, 사각회전에 사용 가능한 많은 방법들이 존재한다.

주성분을 이용하여 각 개체들에 대한 인자점수를 계산하는 방법이 다음 장에서 소개된다. 이용 가능한 다른 방법들이 있기 때문에 어떤 방법을 사용할지는 분석에 사용되는 컴퓨터 패키지 혹은 R 코드에 따라 결정된다.

7.3 주성분 인자분석

인자분석을 하는 한 가지 방법이 주성분분석으로 시작해서 처음 몇 개 주성분을 회전하기 전의 인자로 사용하는 것이라고 위에서 언급했다. 이것이 비록 특정인자 e_1, e_2, …, e_p들이 상관관계가 있어서 인자분석 모형에 적합하지 않을지라도 편리한 측면은 있다. 종종 인자분석 전문가들이 주성분 인자분석을 먼저 실행하고 그 다음 다른 접근법을 시도한다.

회전하기 전의 인자를 찾는 방법은 다음과 같다. 변수가 p개이면 똑같은 숫자의 주성분이 존재한다. 이들이 원 변수들의 선형결합이다.

$$
\begin{aligned}
Z_1 &= b_{11}X_1 + b_{12}X_2 + \ldots + b_{1p}X_p \\
Z_2 &= b_{21}X_1 + b_{22}X_2 + \ldots + b_{2p}X_p \\
&\cdot \\
&\cdot \\
&\cdot \\
Z_p &= b_{p1}X_1 + b_{p2}X_2 + \ldots + b_{pp}X_p
\end{aligned}
\tag{7.1}
$$

여기에서 b_{ij} 값들은 상관행렬의 고유벡터로 주어진다. 값 X에서 Z로의 변환이 직교변환이어서 역변환은 다음과 같다.

$$
\begin{aligned}
X_1 &= b_{11}Z_1 + b_{21}Z_2 + \ldots + b_{p1}Z_p \\
X_2 &= b_{12}Z_1 + b_{22}Z_2 + \ldots + b_{p2}Z_p \\
&\cdot \\
&\cdot \\
&\cdot \\
X_p &= b_{1p}Z_1 + b_{2p}Z_2 + \ldots + b_{pp}Z_p
\end{aligned}
$$

m개의 주성분만 유지하는 인자분석에서는 다음과 같이 표현된다.

$$
\begin{aligned}
X_1 &= b_{11}Z_1 + b_{21}Z_2 + \ldots + b_{m1}Z_m + e_1 \\
X_2 &= b_{12}Z_1 + b_{22}Z_2 + \ldots + b_{m2}Z_m + e_2 \\
&\cdot \\
&\cdot \\
&\cdot \\
X_p &= b_{1p}Z_1 + b_{2p}Z_2 + \ldots + b_{mp}Z_m + e_p
\end{aligned}
$$

여기에서 e_i는 주성분 Z_{m+1}부터 Z_p의 선형결합이다. 이제 해야 할 일은 인자에게 요구되는 분산이 1이 되도록 주성분들 Z_1, Z_2, …, Z_m을 조정하는 것이다. 이를 위해 Z_i는 표준편차, 즉 상관행렬에서 이에 대응되는 고유값의 제곱근으로 나누어야 한다. 등식들은 다음과 같다.

$$X_1 = \sqrt{\lambda_1} b_{11} F_1 + \sqrt{\lambda_2} b_{21} F_2 + \ldots + \sqrt{\lambda_m} b_{m1} F_m + e_1$$

$$X_2 = \sqrt{\lambda_1} b_{12} F_1 + \sqrt{\lambda_2} b_{22} F_2 + \ldots + \sqrt{\lambda_m} b_{m2} F_m + e_2$$

$$\vdots$$

$$X_p = \sqrt{\lambda_1} b_{1p} F_1 + \sqrt{\lambda_2} b_{2p} F_2 + \ldots + \sqrt{\lambda_m} b_{mp} F_m + e_p$$

여기에서 $F_i = Z_i / \sqrt{\lambda_i}$ 이다. 이제 비회전 인자모형은 다음과 같다.

$$X_1 = a_{11} F_1 + a_{12} F_2 + \ldots + a_{1m} F_m + e_1$$

$$X_2 = a_{21} F_1 + a_{22} F_2 + \ldots + a_{2m} F_m + e_2$$

$$\vdots$$

$$X_p = a_{p1} F_1 + a_{p2} F_2 + \ldots + a_{pm} F_m + e_p \qquad (7.2)$$

여기에서 $a_{ij} = \sqrt{\lambda_j} b_{ji}$ 이다.

베리맥스 혹은 다른 형태의 회전 후에 새로운 해는 다음과 같다.

$$X_1 = g_{11} F^*_1 + g_{12} F^*_2 + \ldots + g_{1m} F^*_m + e_1$$

$$X_2 = g_{21} F^*_1 + g_{22} F^*_2 + \ldots + g_{2m} F^*_m + e_2$$

$$\vdots$$

$$X_p = g_{p1} F^*_1 + g_{p2} F^*_2 + \ldots + g_{pm} F^*_m + e_p \qquad (7.3)$$

여기에서 F^*_i는 새로운 i번째 인자를 나타낸다.

i번째 비회전 인자 값들이 분산이 1이 되도록 조정된 i번째 주성분의 값들이다. 회전 인자 값들 얻기가 조금 복잡하지만, 다음과 같은 행렬 등식에 의해 주어진다는 것을

보일 수 있다.

$$\mathbf{F}^* = \mathbf{X}\mathbf{G}(\mathbf{G}'\mathbf{G})^{-1} \tag{7.4}$$

여기에서 **F***는 n×m 행렬인데 행은 n개의 원 자료 각각에 해당되고 열은 m개의 회전인자들의 값을 포함하며, **X**는 변수들 $X_1, \cdots, X_p$가 평균 0과 분산 1을 갖도록 조정 후 n개 객체와 p개 변수를 가진 원 자료를 나타내는 n×p 행렬, **G**는 수식 (7.3)에 주어진 회전인자 로딩의 p×m 행렬이다.

7.4 인자분석 프로그램을 이용한 주성분분석

인자분석을 위한 많은 컴퓨터 프로그램들이 주성분을 초기 인자로 사용하는 옵션을 허용하기 때문에, 주성분분석을 위해 이러한 프로그램을 사용하는 것이 가능하다. 그래서 변수의 수만큼 인자를 추출하고 회전을 하지 않으면 된다. 인자로딩은 수식 (7.2)에서 $m = p$ 그리고 $e_i = e_2 = \cdots = e_p = 0$인 경우처럼 주어진다. λ_i가 i번째 고유값일 때 주성분들은 수식 (7.1)에서 $b_{ij} = a_{ji}/\sqrt{\lambda_i}$로 주어진다.

예제 7.1 유럽 국가들의 고용

예제 6.2에서 1989년부터 1995년까지 유럽 30개국에서 9개 산업 종사 비율을 가지고 주성분분석을 하였다(표 1.5). 인자분석 모형을 이용해 이 자료들을 조금 더 조사하는 것이 흥미롭다.

9개 비율 변수들에 대한 상관행렬이 표 6.5에 주어졌고, 이 상관행렬의 고유값과 고유벡터는 표 7.2에 주어졌다. 1보다 큰 네 개의 고유값들이 있는데, 이는 네 개의 인자들이 여기에서 고려되어야 함을 제안하고, 여기에서 고려될 것이다.

표 7.2의 고유벡터들이 수식 (7.1)의 변수 X들의 계수이다. 이들은 수식 (7.2)를 이용하여 네 인자의 인자로딩으로 변환되어 다음과 같은 모형이 된다.

표 7.2 유럽 고용 자료에 대한 고유값과 고유벡터들(표 1.5 자료)

	고유벡터								
고유값	X_1 AGR	X_2 MIN	X_3 MAN	X_4 PS	X_5 CON	X_6 SER	X_7 FIN	X_8 SPS	X_9 TC
3.111	0.512	0.375	−0.246	−0.315	−0.222	−0.382	−0.131	−0.428	−0.205
1.809	−0.024	−0.000	0.432	0.109	−0.242	−0.408	−0.553	0.055	0.516
1.495	−0.278	0.516	−0.503	−0.292	0.071	0.064	−0.096	0.360	0.413
1.063	0.016	0.113	0.058	0.023	0.783	0.169	−0.489	−0.317	−0.042
0.705	0.025	−0.345	0.231	−0.854	−0.064	0.269	−0.133	0.046	0.023
0.311	−0.045	0.203	−0.028	0.208	−0.503	0.674	−0.399	−0.167	−0.136
0.293	0.166	−0.212	−0.238	0.065	0.014	−0.165	−0.463	0.619	−0.492
0.203	0.539	−0.447	−0.431	0.157	0.030	0.203	−0.026	−0.045	0.504
0.000	−0.582	−0.419	−0.447	−0.030	−0.129	−0.245	−0.191	−0.410	−0.061

노트: 변수들은 다음 업종에서의 종사 비율이다. AGR = 농업, 어업, 임업, MIN = 광산업, MAN = 제조업, PS = 전기와 물 산업, CON = 건설, SER = 서비스업, FIN = 금융, SPS = 사회와 개인적인 서비스업, TC = 교통과 통신

$$X_1 = +\mathbf{0.90}\cdot F_1 - 0.03\cdot F_2 - 0.34\cdot F_3 + 0.02\cdot F_4 + e_1\,(0.93)$$

$$X_2 = +\mathbf{0.66}\cdot F_1 - 0.00\cdot F_2 + \mathbf{0.63}\cdot F_3 + 0.12\cdot F_4 + e_2\,(0.85)$$

$$X_3 = -0.43\cdot F_1 + \mathbf{0.58}\cdot F_2 - \mathbf{0.61}\cdot F_3 + 0.06\cdot F_4 + e_3\,(0.91)$$

$$X_4 = -\mathbf{0.56}\cdot F_1 + 0.15\cdot F_2 - 0.36\cdot F_3 + 0.02\cdot F_4 + e_4\,(0.46)$$

$$X_5 = -0.39\cdot F_1 - 0.33\cdot F_2 + 0.09\cdot F_3 + \mathbf{0.81}\cdot F_4 + e_5\,(0.92)$$

$$X_6 = -\mathbf{0.67}\cdot F_1 - \mathbf{0.55}\cdot F_2 + 0.08\cdot F_3 + 0.17\cdot F_4 + e_6\,(0.79)$$

$$X_7 = -0.23\cdot F_1 - \mathbf{0.74}\cdot F_2 - 0.12\cdot F_3 - \mathbf{0.50}\cdot F_4 + e_7\,(0.87)$$

$$X_8 = -\mathbf{0.76}\cdot F_1 + 0.07\cdot F_2 + 0.44\cdot F_3 - 0.03\cdot F_4 + e_8\,(0.88)$$

$$X_9 = +0.36\cdot F_1 + \mathbf{0.69}\cdot F_2 + \mathbf{0.50}\cdot F_3 - 0.04\cdot F_4 + e_9\,(0.87)$$

여기에서 괄호 안의 값들은 공통성이다. 예를 들어 변수 X_1의 공통성은 $0.90^2 + (-0.03)^2 + (-0.34)^2 + 0.02^2 = 0.93$이다. 변수 X_4(전기공급)를 제외하면 모든 변수들의 공통성이 매우 크다. 그러므로 다른 8개 변수들의 분산 대부분이 이 네 공통인자에 의해 설명이 된다.

부호와 상관없이 0.5 이상인 인자로딩은 위 수식에서 진하게 표시했다. 이러한 크거나 중간 정도의 로딩이 변수와 인자들이 어떤 관련이 있는지를 보여 준다. X_1은 인자 1 하나에 의해 거의 설명되고, X_2는 인자 1과 인자 3에 의해, X_3은 인자 2와 인자 3에 의해 설명된다. 이러한 인자 선택에서 있어서 바람직하지 않은 특징 하나는 9개 X 변수들 중에서 5개가 두 개의 인자들과 강한 연관이 있다. 이는 인자회전이 자료에 대한 더 단순한 모형을 제공할 수 있다는 것을 제안한다.

Kaiser 정규화와 함께 베리맥스 회전을 수행하여 다음과 같은 모형을 얻었다.

$$X_1 = +\mathbf{0.85}\cdot F_1 + 0.10\cdot F_2 + 0.27\cdot F_3 - 0.36\cdot F_4 + e_1$$

$$X_2 = +0.11\cdot F_1 + 0.30\cdot F_2 + \mathbf{0.86}\cdot F_3 - 0.10\cdot F_4 + e_2$$

$$X_3 = -0.03\cdot F_1 + 0.32\cdot F_2 - \mathbf{0.89}\cdot F_3 - 0.09\cdot F_4 + e_3$$

$$X_4 = -0.19\cdot F_1 - 0.04\cdot F_2 - \mathbf{0.64}\cdot F_3 + 0.14\cdot F_4 + e_4$$

$$X_5 = -0.02\cdot F_1 + 0.08\cdot F_2 - 0.04\cdot F_3 + \mathbf{0.95}\cdot F_4 + e_5$$

$$X_6 = -0.35\cdot F_1 - 0.48\cdot F_2 - 0.15\cdot F_3 + \mathbf{0.65}\cdot F_4 + e_6$$

$$X_7 = -0.08\cdot F_1 - \mathbf{0.93}\cdot F_2 + 0.00\cdot F_3 - 0.01\cdot F_4 + e_7$$

$$X_8 = -\mathbf{0.91}\cdot F_1 - 0.17\cdot F_2 - 0.12\cdot F_3 - 0.04\cdot F_4 + e_8$$

$$X_9 = -\mathbf{0.73}\cdot F_1 + \mathbf{0.57}\cdot F_2 - 0.03\cdot F_3 - 0.14\cdot F_4 + e_9$$

공통성은 변하지 않고 인자들은 여전히 상관관계가 없다. 하지만 앞의 것보다 조금 더 좋은 해인데 이유는 X_9만 인자 두 개에 의해 설명되기 때문이다.

이 단계에서 인자에 레이블을 붙이는 것이 보통이다. 현재 상황에서 가장 큰 로딩에 기초하여 작성하면 크게 어렵지 않다.

인자 1은 변수 X_1(농업, 임업, 어업)에 대해 큰 양의 로딩을 갖고 변수 X_8(사회와 개인 서비스업)과 X_9(교통과 통신)에 대해 큰 음의 로딩을 갖는다. 그러므로 이 인자는 사람들이 서비스와 교통보다 농업에 얼마나 종사하는지를 측정한다. 따라서 "사회망 서비스와 교통보다 1차 산업"이라는 라벨을 붙일 수 있다.

인자 2는 변수 X_7(금융)에 대해서는 큰 음의 로딩, 그리고 X_9(교통과 통신)에 대해서는 적당히 큰 계수를 갖는다. 그러므로 이 인자는 "금융산업 부재"라는 라벨을 붙일 수 있다.

인자 3은 변수 X_2(광산업)에 대해서는 큰 양의 로딩, X_3(제조업)에 대해서는 큰 음의 로딩, 그리고 X_4(전기산업)에 대해서는 적당히 큰 음의 로딩을 갖는다. 그러므로 "제조업보다는 광업" 라벨을 붙일 수 있다.

마지막으로 인자 4는 변수 X_5(건설)에 대해서는 큰 양의 로딩, X_6(서비스 산업)에 대해서는 적당히 큰 양의 로딩을 갖는다. 그러므로 "건설과 서비스 산업"이 적절한 라벨처럼 보인다.

수식 (7.3)과 (7.4)의 행렬 **G**는 이 예제에서 두 번째 모형의 인자로딩으로 주어진다. 예를 들어 소수점 둘째자리까지 표현하면 $g_{11} = 0.85$ 그리고 $g_{12} = 0.10$이다. 이러한 로딩들을 이용하여 수식 (7.4) 행렬연산을 수행하면 원 자료에 있는 30개국 각각에 대한 인자점수가 나온다. 인자점수들이 표 7.3에 나와 있다.

인자점수들을 분석하면, 인자 1의 값들이 알바니아와 터키에서 서비스와 통신 산업보다 1차 산업의 중요성을 강조하고 있다. 인자 2의 값들은 불가리아, 헝가리, 루마니아 그리고 구소련에서는 금융 종사자가 매우 적지만, 네덜란드와 알바니아에서는 이 업종에 종사하는 사람이 상당히 많다는 것을 나타낸다. 인자 3은 제조업보다는 광업에 큰 비중이 있는 알바니아와 체코슬로바키아와 이와 정반대인 루마니아와 유고슬라비아가 대조적이다. 마지막으로 인자 4는 서비스 산업보다 제조업에서 높은 비중을 보이는 지브롤터와 이와 다른 모습을 보이는 네덜란드와 알바니아가 대조를 이룬다.

더 작은 수의 인자 그리고 다른 방법의 인자추출을 통해 이 자료를 더 분석하는 것이 가능하고 합리적일 것이다. 그러나 일반적인 접근법을 보여 주기에는 충분히 논의가 됐으니 이쯤에서 이 예제 분석은 그만두겠다.

이 분석을 재현하고자 하는 사람들은 다른 통계 패키지가 표 7.2에 있는 고유벡터와

표 7.3 30개 유럽 국가들에 대한 회전된 인자 점수

국가	인자 1	인자 2	인자 3	인자 4
벨기에	−0.97	−0.56	−0.10	−0.48
덴마크	−0.89	−0.47	−0.03	−0.67
프랑스	−0.56	−0.78	−0.15	−0.25
독일	0.05	−0.57	−0.47	0.58
그리스	0.48	0.19	−0.23	0.02
아일랜드	0.28	−0.60	−0.36	0.03
이탈리아	0.25	−0.13	0.17	1.00
룩셈부르크	−0.46	−0.36	0.02	0.92
네덜란드	−1.36	−1.56	−0.03	−2.09
포르투갈	0.66	−0.45	−0.37	0.64
스페인	0.23	−0.11	−0.09	0.93
영국	−0.50	−1.14	−0.35	−0.04
오스트리아	0.18	0.05	−0.71	0.56
핀란드	−0.78	−0.20	−0.21	−0.52
아이슬란드	−0.18	−0.04	−0.06	0.46
노르웨이	−1.36	−0.17	0.20	−0.42
스웨덴	−1.20	−0.52	0.04	−0.74
스위스	0.12	−0.67	0.01	0.65
알바니아	3.16	−1.82	1.76	−1.78
불가리아	0.47	1.56	−0.57	−0.65
체코슬로바키아	−0.26	1.45	3.12	0.44
헝가리	−1.05	1.70	2.82	−0.15
폴란드	0.97	0.71	−0.37	−0.42
루마니아	1.11	1.73	−1.69	−0.81
구소련	0.08	2.09	−0.11	0.14
구유고슬라비아	0.13	1.48	−1.70	0.17
키프로스	0.46	−0.32	0.03	1.08
지브롤터	−0.05	−1.05	0.08	3.26
몰타	−1.17	0.49	−0.79	−1.31
터키	2.15	0.07	0.15	−0.56

노트: 인자1은 "사회서비스 산업 그리고 통신보다 농촌산업", 인자2는 "금융업의 부재", 인자3은 "광산업과 제조업", 인자4는 "건설업"

부호가 정반대인 결과를 줄 수 있음을 명심해야 한다. 부호 반대 현상은 인자회전을 통해서 종종 발생할 수 있어서 회전된 인자의 로딩이 위에서 보여진 것들과 부호가 반대일 것이다. 이와 같은 부호 반대 현상은 관련된 인자들을 반대로 해석하면 된다. 예를 들어, 만일 회전 인자 1의 로딩이 위에서 주어진 로딩과 부호가 반대면 그것은 1차 산업보다 사회망 서비스와 교통과 통신으로 해석될 것이다.

7.5 분석의 옵션들

다른 R 코드를 포함한 인자분석을 위한 컴퓨터 프로그램이 이 분야에 낯선 사람들을 오히려 더 혼란스럽게 할 수 있는 다양한 옵션들을 허용한다. 대체로 초기 인자추출 방법이 4~5가지가 있고 인자회전 방법도 (회전 안함을 포함하여) 이와 비슷하게 있다. 이것이 대략 서로 다른 20가지 인자분석을 가능하게 하고 결과도 어느 정도 다르게 나올 것이다.

또한 추출할 인자의 수에 대한 질문도 있다. 어떤 패키지들은 자동적으로 인자를 추출하는데, 이는 괜찮기도 하지만 가끔은 받아들이기 어려울 때도 있다. 그러므로 여러 가지 다른 수의 인자 시도 가능성이 분석 방법 선택의 수를 심지어 더 증가시킨다.

처음 인자분석을 할 때 너무 많은 옵션 사용을 피하는 것이 대체로 좋다. 7장 예제에서 사용했듯이, 베리맥스 회전과 함께 초기 인자로 주성분을 사용하여 시작하는 것이 어떤 자료에서도 합리적인 것처럼 보인다. 인자추출에 최대우도방법이 원칙적으로 좋다. 그래서 만일 사용 가능하다면 시도해 보는 것이 좋다.

7.6 인자분석의 가치

인자분석은 일종의 예술이다. 그래서 많은 다른 방법들만큼 객관적이지는 않다. 이런 이유로 어떤 통계학자들은 그것의 가치에 대해 회의적이다. 예를 들어 Chatfield and Collins(1986)는 인자분석의 6가지 문제점을 나열하고 "인자분석은 대부분의 현실 문제에서 사용되지 않아야 된다."고 결론지었다. 비슷하게 Seber(2004)도 시뮬레이션의 결과를 바탕으로 비록 가정한 인자 모형이 맞을지라도 이용 가능한 방법을 통해 복구할 가능성은 높지 않음을 지적했다.

한편 인자분석이 자료 분석에 광범위하게 사용되고 있고, 앞으로도 계속 사용될 것이라는 데 의심의 여지가 없다. 이렇게 생각한 이유는 분석 결과가 사용자들이 다변량 자료의 구조를 이해하는 데 유용하기 때문이다. 그러므로 만일 이것이 이해하는 데 한계를 가진, 순전히 자료 모사 도구로 여겨진다면, 이것이 중요한 다변량 방법의 하나로 자리매김할 것이다. 반복이 불가능한 작은 표본에서 인자분석을 수행하고 인자들이 현실세계에 존재하는 기저의 변수들을 표현해야 한다는 가정은 피해야 한다.

7.7 논의와 추가 자료

비록 인자분석이 앞 장에서 언급됐듯이 열광적으로 나타나진 않지만(Chatfield and Collins, 1986; Seber, 2004), 많은 다변량분석 교재에서 논의된다. 최근 교재들은 좀 더 긍정적이다. 예를 들어 Rencher(2002)는 상세하게 인자분석의 타당성과 그것이 종종 제대로 작동하지 않은 이유에 대해 얘기한다. 그는 인자분석이 사용되지 않아야 하는 많은 자료들이 있지만, 반면에 이 방법이 유용한 자료들도 있다고 얘기한다.

이 장에서 언급된 인자분석은 종종 탐색적 요인분석이라 언급되는데, 이는 존재하는 인자의 개수 혹은 인자의 특성에 대한 어떤 가정도 없이 분석을 시작하기 때문이다. 이런 관점에서 그것은 확인적 요인분석과는 다른데, 확인적 요인분석은 미리 인자의 수와 인자구조를 특정할 것을 요구한다. 이런 방식으로 확인적 요인분석은 자료의 구조에 대한 이론을 검정하는 데 사용될 수 있다.

확인적 요인분석은 탐색적 요인분석보다 수행이 훨씬 더 복잡하다. Bernstein(1988, 7장), 그리고 Tabachnick and Fidell(2013)에서 자세하게 묘사된다. 확인적 요인분석은 두 번째 책의 14장에서 언급되는 구조방정식 모형의 특별한 경우이다.

연습문제

수식 (7.1)을 모형으로 이용하여 표 6.7의 유럽 25개국 사람들의 10가지 다른 음식으로부터 단백질 소비량 자료를 인자분석하라. 관측된 변수들의 기저에 있는 중요한 인자를 찾고, 이 인자들에 대한 나라들 간의 관계를 조사하라.

참고문헌

Bernstein, I.H. (1988). *Applied Multivariate Analysis*. Berlin: Springer.

Chatfield, C. and Collins, A.J. (1986). *Introduction to Multivariate Analysis*. London: Chapman and Hall.

Kaiser, H.F. (1958). The varimax criterion for analytic rotation in factor analysis. *Psychometrika* 23: 187–200.

Rencher, A.C. (2002). *Methods of Multivariate Statistics*. 2nd Edn. New York: Wiley.

Seber, G.A.F. (2004). *Multivariate Observations*. New York: Wiley.

Spearman, C. (1904). "General intelligence", objectively determined and measured. *American Journal of Psychology* 15: 201–93.

Tabachnick, B.G. and Fidell, L.S. (2013). *Using Multivariate Statistics*. 6th Edn. Boston, MA: Pearson.

부록 R에서의 인자분석

기본적으로 제공되는 stats 패키지에서 R은 7.5절에서 간단히 언급된 최대우도(ML) 방법으로 인자를 추출하는 factanal() 함수를 제공한다. 따라서 ML 인자분석은 R에서 기본인자분석으로 여겨진다. 그러나 7.5절에서 인자분석을 위한 다양한 방법이 있고 각 방법은 특별한 알고리즘과 관련이 있음 또한 강조되었다. 정신심리학자들이 인자분석을 위해 존재하는 다양한 알고리즘을 적용하는 데 가장 관심이 있다. 이것이 Revelle(2016a)에 의해 개발되어 유지되고 있는 R 패키지 psych가 인자분석을 포함한 다양한 다변량 방법의 정신심리 응용을 위한 주요 도구로 여겨지는 이유이다.

패키지 psych는 사용자가 5가지 인자분석 방법(minimum residual, principal axis, weighted least squares, generalized least squares, and maximum likelihood factor analysis) 중 하나를 고를 수 있는 함수 fa를 제공한다. 그럼에도 불구하고 이들 중 어떤 것도 7.3절에서 언급된 알고리즘(초기 인자 생성을 위해 주성분분석이 사용되고, 그 다음 베리맥스 회전과 Bartelett 점수로 알려진 수식 (7.4)를 이용한 인자점수 계산이 뒤따른다)을 정확히 따르지는 않는다. 앞 장에서 언급된 일련의 R 함수를 가지고 PCA 인자분석의 대부분의 단계를 계산하는 것은 어렵지 않다(e.g., prcomp, 행렬곱, 역행렬). 이 알고리즘을 완성하는 특별한 단계, Kaiser 정규화와 베리맥스 회전은 stats 패키지에 구현된 varimax() 함수를 가지고 수행될 수 있다. 하지만 이런 방식의 PCA 인자분석은 패키지 psych에 있는 principal() 함수를 사용해서 할 수도 있다. 비록 이 함수가 단지 PCA를 하는 것처럼 생각되지만 결과를 보면 성분로딩이 인자분석에 더 적합한, 최적의 m개 인자를 보여 주는 방식으로 구성되어 있다. 패키지 psych 개발자는 fa() 함수에 의해 수행되는 알고리즘 외에도 인자분석을 위한 선택으로 그의 패키지에 principal()을 포함한 이유는 "심리학자들이 인자분석과 유사한 방식으로 PCA를 이용해서 성분함수가 패키지 stats에 있는 princomp()의 결과보다 더 이해가 쉬운 결과를 생산하기 때문이다(Revelle, 2016b)."라고 주장한다. 7장에서 언급된 인자분석을 수행하는 데 필요한 명령어는 다음과 같다.

```
principal(data, nfactors=4, rotate="varimax")
```

이 책의 웹사이트에서 독자들은 예제 7.1을 인자분석하기 위한 두 개의 R 코드를 보게 된다. 하나는 `principal()` 함수를 통해 빠르게 계산을 한다. 두 번째 코드는 `prcomp()`과 `varimax()` 함수들을 이용한다. 이는 교육목적으로 작성돼서 독자들이 이 장에 있는 수식 (7.1)부터 (7.4)의 적용을 자세하게 따라가 볼 수 있다.

참고문헌

Revelle, W. (2016a). *PSYCH: Procedures for Personality and Psychological Research.* Evanston, IL: Northwestern University. http://CRAN.R-project.org/package=psych. Version = 1.6.6.

Revelle, W. (2016b). *An Overview of the psych Package: Vignette of psych Procedures for Psychological, Psychometric, and Personality Research.* https://cran.fhcrc.org/web/packages/psych/

8장

판별함수분석

8.1 그룹 구별 문제

판별함수분석으로 접근 가능한 문제는 개개인들에 대해 여러 변수 측정값들이 주어졌을 때, 두 개 이상의 그룹으로 구성된 개개인들을 얼마나 구별이 가능한가이다. 예를 들어 표 1.1에 주어진 21마리 생존 참새와 그렇지 못한 28마리 참새의 5가지 몸통 측정 자료를 가지고, 생존 그룹과 그렇지 못한 그룹을 구별하는 것이 가능한지 생각해 보는 것은 흥미롭다. 또한 표 1.2에 주어진 서로 다른 5가지 시대로부터 얻어진 이집트인들의 두개골 표본들에 대한 사차원 자료들이 두개골을 시대에 맞게 분류하는 데 사용될 수 있는지 고려하는 것도 그럴 듯하다.

일반적인 경우에 다른 그룹들로부터 크기가 n_1, n_2, ⋯, n_m인 m개의 임의의 표본들이 있고, 각 표본멤버에 대해 p개의 변수 X_1, X_2, ⋯, X_p 값들이 존재할 것이다. 그래서 판별함수분석을 위한 자료는 표 8.1에 주어진 형태일 것이다. 판별함수분석을 위한 자료는 분석 전에 주성분분석이나 인자분석에 흔히 있는 평균 0과 분산 1을 갖도록 표준화를 할 필요가 없다. 그 이유는 판별함수분석의 결과가 변수 각각의 규모에 크게 영향을 받지 않기 때문이다.

8.2 Mahalanobis 거리를 이용한 판별

판별에 대한 한 가지 접근 방법은 5.3절에서 정의된 Mahalanobis 거리를 이용하는 것이다. m개 표본들의 평균 벡터들이 그룹들의 모평균 벡터의 추정치로 여겨질 수 있다. 개별 케이스에서 그룹 평균들까지 Mahalanobis 거리들을 계산한 다음 각 케이스는 가장 가까운 그룹에 할당된다. 각 케이스가 실제로 그 그룹에 속할 수도 있고 그렇지 않을 수도 있다. 그래서 옳게 할당된 비율은 주어진 변수들을 이용하여 그룹들이 얼마나 잘 구별될 수 있는지를 나타내는 지표가 된다.

이 방법은 다음과 같이 더 자세히 정의된다. 그룹 i에서 나온 표본들의 평균값 벡터를

$$\bar{\mathbf{x}}_i' = (\bar{x}_{1i}, \bar{x}_{2i}, \ldots, \bar{x}_{pi})'$$

라 하고, 같은 표본들의 공분산 행렬을 $\mathbf{C}_i$, 통합 표본 공분산 행렬을 $\mathbf{C}$라 하자. 여기에서 이 벡터와 행렬들은 2.7절에서 설명된 것처럼 계산된다. 따라서 하나의 관측치 $\mathbf{x}'$ = (x_1, x_2, ⋯, x_p)에서 그룹 i의 중심까지 Mahalanobis 거리는

표 8.1 판별분석을 위한 자료 형태, 각 케이스에서 측정된 p 변수들 그리고 표본 크기가 다른 m개 그룹을 가진 자료

케이스	X_1	X_2	…	X_p	그룹
1	x_{111}	x_{112}	…	x_{11p}	1
2	x_{211}	x_{212}	…	x_{21p}	1
⋮	⋮	⋮	⋮	⋮	⋮
n_1	$x_{n_1 11}$	$x_{n_1 12}$	…	$x_{n_1 1p}$	1
1	x_{121}	x_{122}	…	x_{12p}	2
2	x_{221}	x_{222}	…	x_{22p}	2
⋮	⋮	⋮	⋮	⋮	⋮
n_2	$x_{n_2 21}$	$x_{n_2 22}$	…	$x_{n_2 2p}$	2
⋮	⋮	⋮	⋮	⋮	⋮
1	x_{1m1}	x_{1m2}	…	x_{1mp}	m
2	x_{2m1}	x_{2m2}	…	x_{2mp}	m
⋮	⋮	⋮	⋮	⋮	⋮
n_m	$x_{n_m m1}$	$x_{n_m m2}$	…	$x_{n_m mp}$	m

$$\mathbf{D}_i^2 = (\mathbf{x} - \bar{\mathbf{x}}_i)'\mathbf{C}^{-1}(\mathbf{x} - \bar{\mathbf{x}}_i)$$

$$= \sum_{r=1}^{p} \sum_{s=1}^{p} (x_r - \bar{x}_{ri}) c^{rs} (x_s - \bar{x}_{si}) \qquad (8.1)$$

로 추정되고, 여기에서 c^{rs}는 C^{-1}의 r행 s열 원소이다. 관측치 $\mathbf{x}$는 D_i^2 값이 가장 작은 그룹에 할당된다.

8.3 정준판별함수

어떤 의미에서 m개의 그룹들을 가능한 많이 구별할 수 있는 변수들 $X_1, X_2, \cdots, X_p$의 함수를 결정할 수 있으면 종종 유용하다. 이런 목적으로 가장 간단한 방법은 X 변수들의 선형결합

$$Z = a_1X_1 + a_2X_2 + \ldots + a_pX_p$$

형태를 취하는 것과 관련이 있다. 만일 그룹 내에서 변수 Z의 값들이 어느 정도 일정하면서 Z의 평균값이 그룹 간에 많이 달라지면, 그룹들은 Z 값을 이용해 잘 구별될 수 있다.

지표의 계수 $a_1, a_2, \cdots, a_p$들을 결정하는 한 가지 방법은 일원배치 분산분석에서 F-

표 8.2 Z 지표의 분산분석

변수 자료	자유도	평균제곱	F-비율
그룹 간	$m - 1$	M_B	M_B/M_W
그룹 내	$N - m$	M_W	
	$N - 1$		

비율이 최대가 되도록 값들을 선택한다. 만일 모든 그룹을 다해서 총 N개 개체가 있으면, Z 값의 분산분석이 표 8.2의 형태를 취한다. 따라서 그룹을 나누는 적절한 함수는 Fisher(1936)에 의해 처음 제안된 F 비율인 M_B/M_W을 가능한 한 크게 만드는 선형결합의 형태로 정의될 수 있다.

이 방법이 사용될 때, 그룹들을 구별하는 여러 개의 선형결합을 찾는 것이 가능한 것으로 밝혀졌다. 일반적으로 가능한 수 s는 p와 $m - 1$ 중 더 작은 수이다. 선형결합들이 정준판별함수라 불린다.

첫 번째 함수

$$Z_1 = a_{11}X_1 + a_{12}X_2 + \ldots + a_{1p}X_p$$

는 그룹 내 그리고 그룹 간 변동에 대한 일원배치 분산분석에서 F-비율을 가능한 한 최대로 한다. 만일 함수가 한 개 이상이면, 두 번째 함수

$$Z_2 = a_{21}X_1 + a_{22}X_2 + \ldots + a_{2p}X_p$$

는 그룹들 내에서 Z_1과 Z_2가 상관관계가 없다는 조건 하에서 일원배치 분산분석 F-비율을 가능한 한 최대가 되도록 한다. 추가 함수들도 같은 방식으로 정의된다. 따라서 i번째 정준판별함수

$$Z_i = a_{i1}X_1 + a_{i2}X_2 + \ldots + a_{ip}X_p$$

는 그룹들 내에서 Z_i가 Z_1, Z_2, ⋯, Z_{i-1}과 상관관계가 없는 조건 하에서 분산분석의 F-비율이 최대가 되는 선형결합이다.

정준판별함수들의 계수를 찾는 것이 고유값 문제로 밝혀졌다. 표본 내에서 제곱합, 교차곱의 행렬 **W**, 총 표본의 제곱합, 그리고 교차곱의 행렬 **T**는 4.7절에서 설명된 대로 계산된다. 이들로부터 그룹 간 행렬

$$\mathbf{B} = \mathbf{T} - \mathbf{W}$$

이 계산된다. 다음에 행렬 $\mathbf{W}^{-1}\mathbf{B}$의 고유값들과 고유벡터들이 계산된다. 만일 고유값들이 $\lambda_1 > \lambda_2 > \cdots > \lambda_s$이면 λ_i는 i번째 선형결합 Z_i에 대한 그룹 내 제곱합 대비 그룹 간 제곱합의 비인 반면, 대응되는 고유벡터 $a_i' = (a_{i1}, a_{i2}, \cdots, a_{ip})$의 성분들이 이 지표에 대한 X 변수의 계수들이다.

정준판별함수들 $Z_1, Z_2, \cdots, Z_s$는 원 변수들의 선형결합인데 다음과 같은 방식으로 구성된다: Z_1은 그룹 차이를 가능한 한 많이 반영하고, Z_2는 Z_1에 의해 표현되지 않은 그룹 차이를 가능한 한 많이 담아내고, Z_3는 Z_1과 Z_2에 의해 표현되지 않은 그룹 차이를 가능한 많이 담아내는 등. 희망적인 것은 처음 몇 개의 함수를 가지고 중요한 그룹 차이의 대부분을 설명하는 데 충분하다. 특별히, 만일 처음 하나 혹은 두 함수만으로 이 목적을 달성할 수 있으면 다양한 그룹들의 관계를 표본 개체들에 대한 이 함수들 값을 이용하여 간단한 그래프로 표현이 가능하다.

8.4 유의성 검정

판별함수분석과 관련하여 몇 가지 유의성 검정이 유용하다. 특별히 4.3절의 T^2-검정이 어떤 두 그룹의 평균값 차이에 대한 유의성 검정에 사용될 수 있는 반면, 4.7절에서 언급된 검정 중 하나는 m 그룹의 평균 차이에 대한 검정에 사용될 수 있다.

게다가 어떤 검정은 판별함수 Z_i 평균이 그룹마다 유의하게 다른지를 검정하는 데 사용된다. 이것이 행렬 $\mathbf{W}^{-1}\mathbf{B}$의 개별적인 고유값들에 기초한다. 예를 들어 종종 통계량

$$\varphi_j^2 = \{N - 1 - (p + m)/2\}\log_e(1 + \lambda_j)$$

이 사용되는데, N은 모든 그룹에서 총 관측치의 수이다. 이 통계량은 자유도 $p + m - 2j$인 카이제곱분포를 이용해 검정하고, 유의하게 큰 값은 Z_j의 모평균 값들이 그룹마다 다르다는 증거가 된다. 다른 방법으로 판별함수 Z_j부터 Z_s와 관련된 그룹 차이를 검정하기 위해 합 $\varphi_j^2 + \varphi_{j+1}^2 + \cdots + \varphi_s^2$이 종종 사용된다. 이는 각 항들에 해당하는 자유도들의 합을 자유도로 갖는 카이제곱분포를 이용해 검정한다. 본질적으로 비슷한 다른 검정들도 또한 사용된다.

불행하게도 이 검정들이 약간은 의심스럽다. 왜냐하면 모집단에서 j번째 판별함수가 표본오차로 인해 표본의 j번째 판별함수로 나타나지 않을 수 있기 때문이다. 예를 들어, 추정된 첫 번째 판별함수(표본행렬 $\mathbf{W}^{-1}\mathbf{B}$의 가장 큰 고유값에 해당되는)가 실제로 표본화된 모집단에 대한 두 번째 판별함수에 대응될 수도 있다. 모의실험을 통해 이것이 앞에서 언급된 카이제곱 검정을 심각하게 망칠 수 있음을 보였다. 그러므로 얻어진 판별함수에서 얼마나 많은 판별함수가 실제 그룹 차이를 보여 주는지를 결정하는 데 있어 이 검정들에 기대지 않아야 하는 것처럼 보인다. 이러한 검정과 관련된 어려움에 대한 심도 있는 논의와 그룹 차이의 특성을 조사하는 다른 방법들을 위해서 Harris (2001)를 참고하기 바란다.

적어도 대표본에서 타당한 유용한 검정의 하나는 5.3절에서 언급된 각 관측치에서 관측치가 속한 그룹의 평균 벡터까지 Mahalanobis 거리 계산을 포함하고 있다. 이 거리들은 자유도 p인 카이제곱분포를 근사적으로 따른다. 그래서 만일 하나의 관측치가 카이제곱과 비교해서 그룹의 중심으로부터 통계적으로 유의하게 멀리 떨어져 있으면, 이 관측치가 진짜로 그 그룹으로부터 나왔는지가 논의의 대상이 된다.

8.5 가정

이 장에서 지금까지 언급된 방법들이 두 가지 가정에 기초한다. 첫째, 모든 방법들에서 그룹 내 모공분산은 모든 그룹에서 같다. 두 번째, 유의성 검정에서 자료들이 그룹 내에서 다변량 정규분포이다.

일반적으로 정규성을 가정하는 다변량분석이 만일 가정이 성립하지 않으면 심하게 망가질 것처럼 보인다. 이는 이런 가정에 일반적으로 꽤 강건한 회귀분석이나 분산분석 같은 일변량분석과는 대비되는 상황이다. 그러나 하나 혹은 두 개의 가정이 성립하지 않는 것이 반드시 판별분석이 시간낭비라는 것을 의미하는 것은 아니다. 예를 들어 비록 비정규분포에서 나온 자료에 대해 그룹 차이의 통계적 유의성을 확립하는 것이 쉽지는 않지만, 이 자료에서 뛰어난 판별이 가능한 것이 무리가 아니다. 게다가 등 공분산성 같은 조건을 요구하지 않은 판별 방법들도 있는데 8.12절에서 언급된다.

예제 8.1 이집트인 두개골 표본 비교

이 예제는 왕조 전 시대 초기(기원전 400년경)부터 로마시대(서기 150년경)에 거쳐 5

가지 시대적 배경이 다른 이집트인 남성 두개골들에 대해 4가지 측정값들의 비교에 대한 것이다. 자료는 표 1.2에 주어졌고, 시대별 평균값들이 통계적으로 유의하게 다름이 밝혀졌는데(예제 4.3), 즉 표본들 간에 시간 차이가 클수록 평균값들의 차이가 커지는 경향이 있다(예제 5.3).

표본 내 그리고 총 표본의 제곱과 교차곱 행렬들이 4.7절에서 언급된 대로 계산되었다. 이들은 다음과 같다.

$$\mathbf{W}=\begin{bmatrix}3061.67 & 5.33 & 11.47 & 291.30\\ 5.33 & 3405.27 & 754.00 & 412.53\\ 11.47 & 754.00 & 3505.97 & 164.33\\ 291.30 & 412.53 & 164.33 & 1472.13\end{bmatrix}$$

$$\mathbf{T}=\begin{bmatrix}3563.89 & -222.81 & -615.16 & 426.73\\ -222.81 & 3635.17 & 1046.28 & 346.47\\ -615.16 & 1046.28 & 4309.27 & -16.40\\ 426.73 & 346.47 & -16.40 & 1533.33\end{bmatrix}$$

그러므로 표본 간의 행렬은 다음과 같다.

$$\mathbf{B}=\mathrm{T}-\mathbf{W}=\begin{bmatrix}502.83 & -228.15 & -626.63 & 135.43\\ -228.15 & 229.91 & 292.28 & -66.07\\ -626.63 & 292.28 & 803.30 & -180.73\\ 135.43 & -66.07 & -180.73 & 61.30\end{bmatrix}$$

행렬 $\mathbf{W}^{-1}\mathbf{B}$의 고유값들이 $\lambda_1 = 0.437$, $\lambda_2 = 0.035$, $\lambda_3 = 0.015$, $\lambda_4 = 0.002$이고, 이에 대응되는 정준판별함수들은

$$\begin{aligned}Z_1 &= -0.0107X_1 + 0.0040X_2 + 0.0119X_3 - 0.0068X_4\\ Z_2 &= 0.0031X_1 + 0.0168X_2 - 0.0046X_3 - 0.0022X_4\\ Z_3 &= -0.0068X_1 + 0.0010X_2 + 0.0000X_3 + 0.0247X_4\\ Z_4 &= 0.0126X_1 - 0.0001X_2 + 0.0112X_3 + 0.0054X_4\end{aligned} \quad (8.2)$$

λ_1이 다른 고유값들보다 훨씬 크기 때문에, 표본 간의 차이 대부분이 Z_1 하나에 의해 설명됨이 분명해 보인다.

수식 (8.2)에서 X 변수들은 표 1.2에 주어진 표준화하지 않은 값들이다. 변수들의 특성이 그림 1.1에 도식화되어 있고, 이로부터 큰 값의 Z_1은 긴 턱과 낮은 코를 가진 길고 좁은 두개골에 대응됨을 알 수 있다.

표 8.3 이집트인 두개골 5개 표본에서 판별함수 Z_1에 대한 평균과 표준편차

표본	평균	표준편차
왕조 전 시대 초기	–0.029	0.097
왕조 전 시대 후기	–0.043	0.071
12대와 13대 왕조	–0.099	0.075
프톨레마이오스 왕조	–0.143	0.080
로마	–0.167	0.095

각각의 두개골에 대한 Z_1은 분명하게 계산된다. 예를 들어, 왕조 전 시대 초기 첫 번째 두개골은 $X_1 = 131$ mm, $X_2 = 138$ mm, $X_3 = 89$ mm, 그리고 $X_4 = 49$ mm이다. 그러므로 이 두개골에서

$$Z_1 = -0.0107 \times 131 + 0.0040 \times 138 + 0.0119 \times 89 - 0.0068 \times 49 = -0.124$$

이다.

시대가 다른 다섯 표본들에 대한 Z_1의 평균과 표준편차는 표 8.3에 주어진다. Z_1의 평균이 시간에 따라 점점 작아지는데, 이는 작고 넓은 두개골, 짧은 턱 하지만 상대적으로 큰 코를 갖는 경향을 보여 준다. 그러나 이것은 완전히 평균적인 변화에 대한 얘기이다. 만일 150개의 두개골이 수식 (8.1)의 Mahalanobis 거리 함수에 의해 가장 가까운 표본에 할당된다면 이들 중 51(34%)개만 실제 자신이 속한 표본에 할당된다(표 8.4). 그래서 비록 판별함수분석이 시대의 흐름에 따른 두개골의 변화를 정확히 설명하는 데 성공적일지라도, 오래된 두개골 각각에 대한 만족스러운 방법은 아니다.

표 8.4 이집트인 두개골 150개가 가장 작은 Mahalanobis 거리를 가진 그룹에 할당됐을 때의 결과

표본	그룹에 할당된 수					
그룹	1	2	3	4	5	전체
1	12	8	4	4	2	30
2	10	8	5	4	3	30
3	4	4	15	2	5	30
4	3	3	7	5	12	30
5	2	4	4	9	11	30

예제 8.2 유럽 국가들의 그룹 간 판별

표 1.5에 주어진 유럽 30개국에서 9가지 산업의 종사 비율에 대한 자료는 이미 주성분 분석과 인자분석에 의해 조사되었다(예제 6.2와 7.1). 여기에서는 고용패턴에 기초해서 국가 그룹들 간에 구별이 어느 정도 가능한지에 대한 관점에서 고려한다. 특별히 자료가 수집되는 기간에 4개의 그룹이 존재했다. 이들은 (1) 유럽연합(EU) 국가들: 벨기에, 덴마크, 프랑스, 독일, 그리스, 아일랜드, 이탈리아, 룩셈부르크, 네덜란드, 포르투갈, 스페인 그리고 영국; (2) 유럽 자유무역 지대(EFTA) 국가: 오스트리아, 핀란드, 아이슬란드, 노르웨이, 스웨덴, 그리고 스위스; (3) 동유럽 국가들: 알바니아, 불가리아, 체코/슬로바키아, 헝가리, 폴란드, 루마니아, 구소련 그리고 구유고슬라비아; (4) 그 외 다른 국가들: 키프로스, 지브롤터, 몰타, 그리고 터키. 이 네 그룹들이 판별함수분석의 기초로 사용된다. Wilks' lambda 검정(4.7절)이 통계적으로 매우 유의미한 결과를 제공한다($p < 0.001$). 그래서 이 그룹들이 전체적으로 의미가 있다는 명확한 증거가 된다.

라운딩 에러와는 별도로, 30개 나라 각각에서 9가지 산업군의 비율 합은 100%가 된다. 이는 9개 비율 변수들 중 어느 하나는 100에서 나머지 변수들의 차로 표현될 수 있음을 의미한다. 그러므로 분석을 수행할 때 변수들 중 하나를 생략하는 것이 필요하다. 따라서 마지막 변수, 교통과 통신 종사 비율을 지금부터 언급될 분석에서 생략하겠다.

이 예제에서 정준변수의 개수는 3인데, 이는 변수의 수($p = 8$)와 그룹의 수에서 하나 뺀 값($m - 1 = 3$) 중에서 작은 값이다. 정준변수들은 다음과 같다.

$$Z_1 = 0.427\ \mathrm{AGR} + 0.295\ \mathrm{MIN} + 0.359\ \mathrm{MAN} + 0.339\ \mathrm{PS} + 0.222\ \mathrm{CON} + 0.688\ \mathrm{SER} + 0.464\ \mathrm{FIN} + 0.514\ \mathrm{SPS}$$

$$Z_2 = 0.674\ \mathrm{AGR} + 0.579\ \mathrm{MIN} + 0.550\ \mathrm{MAN} + 1.576\ \mathrm{PS} + 0.682\ \mathrm{CON} + 0.658\ \mathrm{SER} + 0.349\ \mathrm{FIN} + 0.682\ \mathrm{SPS}$$

$$Z_3 = 0.732\ \mathrm{AGR} + 0.889\ \mathrm{MIN} + 0.873\ \mathrm{MAN} + 0.410\ \mathrm{PS} + 0.524\ \mathrm{CON} + 0.895\ \mathrm{SER} + 0.714\ \mathrm{FIN} + 0.764\ \mathrm{SPS}$$

다른 컴퓨터 프로그램들이 정준변수들 중 하나 혹은 그 이상에서 계수의 부호만 반대인 정준변수들을 출력할 가능성이 있다. 또한, 결과의 부호를 바꾸는 것이 바람직할지도 모른다. 사실 이 예제에서 컴퓨터 프로그램이 Z_1과 Z_2의 모든 계수들이 음수인 결과를 생산하였다. 그래서 계수들이 양수가 되도록 부호만 바꾸었다. 사용된 변수들이 평균 0과 분산 1이 되는 표준화 과정을 거친 것이 아니라 원래 종사 비율임을 인식

표 8.5 유럽 고용 자료에서 원 변수와 세 정준변수와의 상관계수

그룹	Z_1	Z_2	Z_3
AGR	−0.50	0.37	0.09
MIN	−0.62	0.03	0.20
MAN	−0.02	−0.20	0.12
PS	0.17	0.18	−0.23
CON	0.14	0.26	−0.34
SER	0.82	−0.01	0.08
FIN	0.61	−0.36	−0.09
SPS	0.56	−0.19	−0.28
TC	−0.22	−0.47	−0.41

하는 것이 중요하다.

세 정준변수에 해당하는 행렬 $\mathbf{W}^{-1}\mathbf{B}$의 고유값들이 $\lambda_1 = 5.349$, $\lambda_2 = 0.570$, 그리고 $\lambda_3 = 0.202$이다. 그러므로 첫 번째 정준변수가 명백하게 가장 중요하다.

세 정준변수 모두 계수들이 전부 양수이기 때문에 원 변수에 의해 세 변수들이 정확히 무엇을 의미하는지 이해하기는 어렵다. 대신에 표 8.5에서 제공된 원 변수와 세 정준변수들 간에 상관관계를 고려하는 것이 이런 면에서 도움이 된다. 일단 Z_1부터 Z_3 변수들이 모든 유럽 국가들에 대해 알려져 있으면 원 변수 TC(transport and communications)에 대한 상관계수가 쉽게 계산되기 때문에 이 표는 원 변수 TC를 포함한다.

첫 정준변수는 변수들 SER(서비스), FIN(금융), 그리고 SPS(사회 그리고 개인 서비스)와 상관관계가 0.5 이상이고, 변수들 AGR(농업, 임업, 어업), 그리고 MIN(광업)과는 −0.5 이하이다. 그러므로 이 정준변수는 전통적인 산업보다는 서비스 업종의 산업을 나타낸다. 두 번째 정준변수는 원 변수들과는 양 혹은 음으로 큰 상관관계를 보이는 계수가 없다. 그러나 이 중에서 큰 상관관계를 고려하면 이 정준변수는 교통, 통신, 그리고 금융 서비스는 결여되고 농업과 건설을 나타내는 것처럼 보인다. 마지막으로 세 번째 정준변수 또한 큰 상관관계를 보이지 않는다. 하지만 만일 있다면 교통, 통신 그리고 건설의 결여를 나타낸다.

정준변수들에 대한 그들의 값을 이용해 나라들을 표현한 것이 그림 8.1에 보여진다. 첫 번째와 두 번째 정준변수의 그림에서 왼쪽에 동유럽 국가들, 그리고 오른쪽에 다른 국가들의 구별을 명확히 보여 준다. 몰타와 키프로스가 같은 클러스터에 존재해서 EU와 EFTA의 구별은 명확치 않다. "그 외 다른 국가"에서 터키와 지브롤터는 오른쪽 상

단에 나타난다. 수평 값에 해당하는 첫 정준변수 값에 의해 대부분 구별이 어떻게 발생하는지가 명백하게 보인다. 앞 단락에서 주어진 정준변수들의 해석에 기초하면, 동유럽 국가에서는 서비스 산업보다 전통 산업이 중점인 것처럼 보인 반면에 다른 국가들에서는 반대인 것처럼 보인다. 비슷하게 터키와 지브롤터는 교통, 통신, 그리고 금융 서비스보다는 농업과 건설이 중점적이어서 눈에 띈다. 지브롤터는 농업 종사 비율이 0이지만 건설업에서 매우 높은 비율을 보인다.

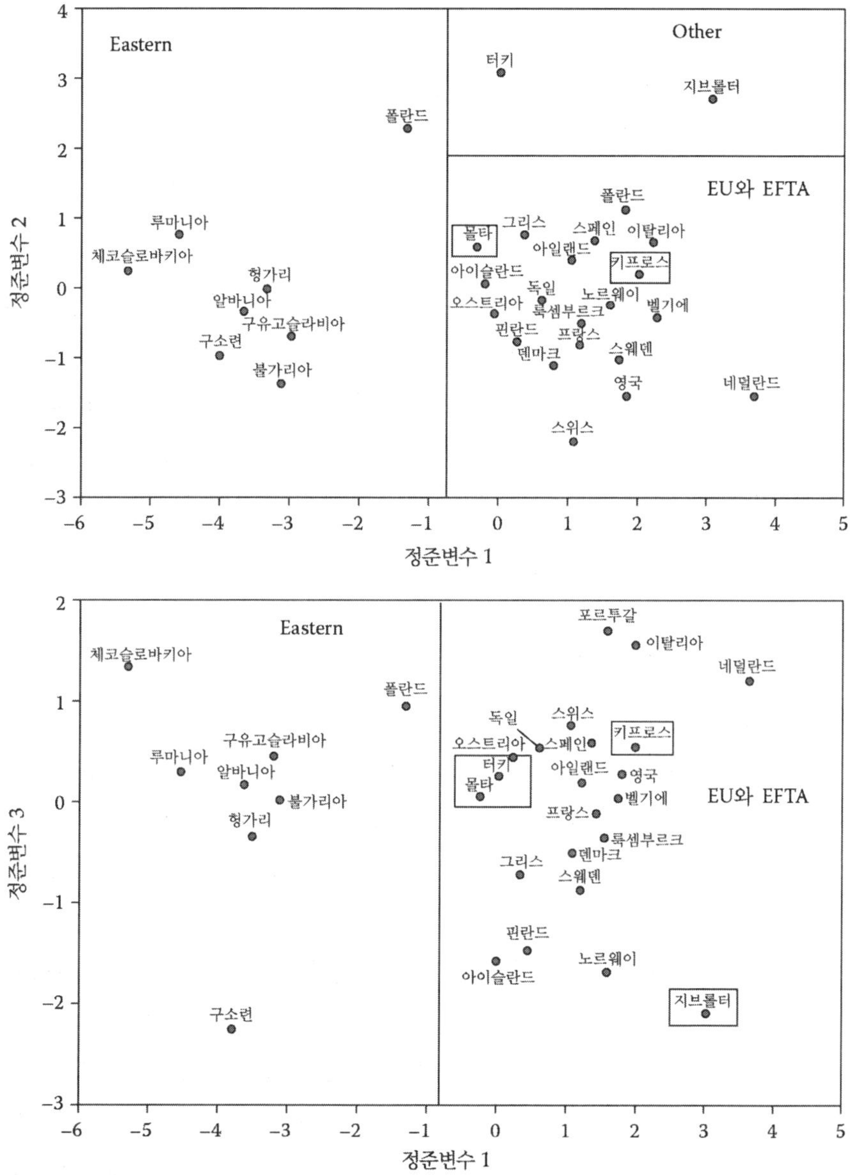

그림 8.1 처음 세 정준판별함수 값들에 대한 유럽 30개국들의 그림(작은 상자들은 EU와 EFTA 그룹으로부터 분리되지 못한 다른 범주에 속한 나라들을 의미한다.)

첫 번째와 세 번째 정준변수의 그림에서는 비록 스칸디나비아 국가들이 가깝게 모인 이러한 패턴이 약간 있지만, EU, EFTA, 그리고 그 외 다른 국가들에 대한 구분이 없다.

판별함수분석이 이 예제에서 동부유럽 국가들을 그 외 다른 나라들과 구분하는 데 성공적이고, 다른 그룹들을 구분하는 것은 성공적이지 못하다. 이러한 구별이 주성분 분석에서 얻어진 그림 6.2보다는 아마 더 명확하다.

8.6 그룹 멤버십의 사전확률 할당

컴퓨터 프로그램들이 판별함수분석을 위한 다양한 옵션을 허용한다. 한 가지 상황은 다른 그룹들의 멤버십 확률이 내부적으로 다르다. 예를 들어 만일 두 그룹이 존재하는데, 대부분이 그룹 1에 속하고 반면에 매우 작은 수가 그룹 2에 속한다고 알려졌다고 하자. 이런 경우에 만일 한 개체를 하나의 그룹에 할당한다면, 그룹 1을 선호하는 할당 방법으로 편향되는 것이 상식적이다. 그래서 각 개체를 가장 작은 Mahalanobis 거리를 가진 그룹에 할당하는 방법은 수정되어야 한다. 이것이 가능하도록 몇몇 컴퓨터 프로그램은 그룹 멤버십의 사전확률이 분석에 고려되도록 허용한다.

8.7 단계적 판별함수분석

기본적인 분석의 또 다른 가능한 수정은 단계적으로 그것을 수행하는 것이다. 이 경우에 변수들이 판별함수에 하나씩 더해지는데, 추가되는 변수가 판별에 통계적으로 유의미하게 도움이 되지 않을 때까지 추가한다. 어떤 변수를 추가하고 어떤 변수를 제거할지를 결정할 때 사용하기 위한 다양한 기준이 존재한다.

단계적 판별함수분석에서 문제점은 유의성 검정에서 발생하는 편향이다. 충분한 변수들이 주어지면 임의로 이들을 조합하여 우연히 유의미한 판별함수를 생성하는 것이 명백히 가능하다. 만일 단계별 분석이 수행되면, 얻어진 결과가 얼마나 유의한지를 알아보기 위해 각 개체들을 그룹에 임의할당을 여러 번 반복 실행하여 타당성을 체크할 것을 권고한다. 예를 들어 이집트인 두개골 자료에서 150개 두개골을 완전 임의화에 의해 5개 그룹에 30개씩 할당을 여러 차례 반복하고, 각각의 임의 표본에서 판별함수분석을 실행한다. 우연히 유의미한 결과를 얻을 확률에 대한 아이디어를 얻을 수 있다.

만일 판별분석의 가정에 대한 의심의 여지가 없다면, 판별함수분석을 검증하기 위한 이런 종류의 임의의 분석이 표준 비단계적 분석에서는 불필요하다. 그러나 자료들이 그룹 내에서 명백히 정규분포를 따르지 않거나, 그룹 내 공분산 행렬이 각 그룹마다 같지 않은 경우에는 이것이 의미가 있다. 예를 들어 Manly(2007, 예제 12.4)는 임의의 분석 결과와 비교하여 표준 판별함수분석의 결과가 의심스러운 상황의 예를 보여 줬다.

8.8 개체들의 잭나이프 분류

표 8.4에 있는 것과 같은 할당 행렬을 사용하는 것이 각 개체들이 속한 실제 그룹에 각 개체들을 할당하는 편향을 가져야 한다. 결국 그룹의 평균은 그 그룹 내 관측치들에 의해 결정된다. 그러므로 그룹의 중심을 결정하는 데 역할을 했던 관측치가 그 그룹의 중심에 가까운 것은 놀라운 일이 아니다.

이런 편향을 극복하기 위해, 몇몇 컴퓨터 프로그램은 관측치 분류를 위해 잭나이프 분류를 수행한다. 이 방법은 그룹의 중심을 결정하는 데 한 개체를 사용하지 않고 그 개체를 가장 가까운 그룹에 할당하는 것과 관련이 있다. 이런 방식으로 할당에서 발생하는 어떤 편향을 피할 수 있다. 실제로 일반적 분류와 잭나이프 분류는 잭나이프 분류가 정확한 분류의 수가 조금 낮다는 것을 제외하면 종종 큰 차이는 없다.

8.9 비분류된 개체들을 그룹에 할당

어떤 컴퓨터 프로그램들은 실제 그룹이 알려지지 않은 많은 개체들에 대한 자료도 입력이 가능하다. 이때 개체들이 m개의 그룹 중 하나에서 나왔다는 가정 하에 Mahalanobis 거리 측면에서 가장 가까운 그룹에 개체들을 할당하는 것이 가능하다. 이런 경우에 분명히 할당이 옳은지는 알 수 없다. 그러나 그룹의 정보가 알려진 개체들의 할당에서 발생한 오차가 이 할당 방식이 얼마나 정확한지에 대한 지표가 될 수 있다. 예를 들어 표 8.4에 보인 결과들이 두개골 자료들을 이용하여 이집트인 두개골들을 다른 시대 그룹에 할당하는 것은 많은 오차를 야기할 것 같음을 의미한다.

8.10 로지스틱 회귀

두 그룹 판별을 위한 다소 다른 접근법은 로지스틱 회귀를 이용하는 것이다. 이것이 어떻게 수행되는지를 설명하기 위해 우선 로지스틱 회귀의 일반적인 사용에 대해 알아보자.

로지스틱 회귀의 일반적인 틀은 m개의 비교 그룹이 있고, 그룹 i는 n_i개 항목으로 구성되며, 이 중에서 Y_i는 긍정적인 반응(성공), 그리고 $n_i - Y_i$는 부정적인 반응(실패)을 나타낸다. 이때 그룹 i의 한 항목이 성공일 확률은

$$\pi_i = \frac{\exp(\beta_0 + \beta_1 x_{i1} + \beta_2 x_{i2} + \ldots + \beta_p x_{ip})}{1 + \exp(\beta_0 + \beta_1 x_{i1} + \beta_2 x_{i2} + \ldots + \beta_p x_{ip})} \qquad (8.3)$$

로 주어진다고 가정하고, 여기에서 x_{ij}는 그 그룹 내에 있는 모든 항목들에 대해 동일한 변수 X_j의 값이다. 이런 방식으로 변수들 X_1부터 X_p가 성공 확률에 영향을 주도록 허용되는데, 이 성공 확률은 같은 그룹 내에 있는 모든 개체들에 대해서는 동일하고, 다른 그룹에 있는 다른 개체들의 성공 혹은 실패 여부와는 상관없다. 유사하게 그룹 i의 모든 개체들의 실패 확률은 $1 - \pi_i$이다. 그룹들 중 일부 혹은 모두가 하나의 개체만 포함하는 것도 허용된다. 사실 몇몇 컴퓨터 프로그램들만 이를 허용하고 있다.

무엇을 성공으로 무엇을 실패로 부를지 임의로 정하는 것에 대해서는 염려할 필요가 없다. 반대로 지정하면 단지 모든 β 값들의 추정치의 부호가 바뀌고 결과적으로 π_i가 $1 - \pi_i$로 바뀐 결과를 얻게 된다는 것을 쉽게 보일 수 있다.

성공 확률을 X 변수들과 연결하는 데 사용된 함수는 로지스틱 함수라 불린다. 표준 다중회귀함수와 달리 로지스틱 함수는 추정된 확률이 0과 1 사이에 존재하도록 한다. 확률을 모델링하는 방법으로 로지스틱 회귀가 선형회귀보다 더 어울리는 이유가 이 때문이다.

8장 부록에 논의된 대로, R 코드를 포함하여 수식 (8.3)을 자료에 적합하기 위해 즉, β_0부터 β_p의 값을 추정하기 위해 이용 가능한 많은 컴퓨터 프로그램이 있다.

두 표본 판별의 맥락에서 세 가지 다른 타입의 상황을 고려해야 한다:

1. 그 자체로 두 부분으로 나뉠 수 있는 개체들로 구성된 하나의 모집단에서 뽑힌 임의의 확률 표본으로 자료가 이루어졌다. 따라서 로지스틱 회귀의 적용이 수월하다.

그래서 한 개체의 변수 X_1부터 X_p의 값의 함수로 그 개체가 모집단의 한 부류(즉, 성공)에 속하게 될 확률의 추정치를 제공하기 위해 적합된 수식 (8.3)이 사용될 수 있다. 게다가 표본 항목들의 성공 확률 분포가 전체 모집단의 성공 확률 분포의 추정치이다.

2. 표본추출을 따로 할 때 즉, 크기 n_1의 확률 표본이 한 부류(성공) 항목들의 모집단에서 추출되고, 독립적으로 크기 n_2의 확률 표본이 다른 부류(실패)에서 추출된다. 로지스틱 회귀가 여전히 사용될 수 있다. 그러나 추정된 함수로부터 얻어진 성공 확률의 추정치는 표본추출 방식과 사용된 표본 크기에 의해 해석되어야 한다.
3. 변수 X_1부터 X_p 값들이 그룹에 따라 달라지도록 여러 그룹의 항목들이 변수들에 대해 특별한 값을 갖도록 선택된다. 각 그룹에서 성공의 회수는 관측된다. 이 경우에 추정된 로지스틱 회귀 식은 한 항목의 변수 값들이 주어졌을 때 그 항목이 성공할 조건부 확률을 제시한다. 그러므로 추정된 함수는 상황 (1)과 같지만, 성공 확률의 표본 분포가 성공 혹은 실패할 모든 개체들의 통합 모집단에서의 성공 확률 분포 추정치는 전혀 아니다.

다음 예제가 상황 (1)과 (2)의 차이를 조명하는데, 여기에서 가장 흔하게 발생한다. 상황 (3)은 표준 로지스틱 회귀 상황이어서 추가로 더 언급하지는 않겠다.

예제 8.3 암컷 참새들의 폭풍에서 생존

표 1.1에 주어진 자료는 1898년 심각한 폭풍 후에 죽어가는 상태로 브라운 대학 Hermon Bumpus 실험실로 옮겨진 49마리 암컷 참새들에 대한 다섯 가지 형태론적 변수 값들로 구성되어 있다. 처음 21마리는 회복했고 나머지 28마리는 죽었다. 그래서 다섯 가지 측정치들에 기반하여 이 두 그룹이 구별 가능한지가 궁금하다. 비록 생존하지 못한 그룹이 더 변동성이 크지만(예제 4.2), 생존 그룹과 그렇지 못한 그룹의 변수들의 평균값에는 차이가 없음이 밝혀졌다(예제 4.1). 주성분분석도 이 검정 결과를 재확인했다(예제 6.1).

만일 수집된 새들이 Bumpus 실험실 가까운 곳에 있는 암컷 참새들의 모집단에서 추출됐다는 가정이 성립한다면 이는 타입 (1)의 상황이다. 사실 새들이 정확히 어떻게 샘플링됐는지 명확하지 않아서 임의의 확률 표본 가정에 대한 의문의 여지가 있다. 그럼에도 불구하고 이 예제에서 가정이 성립한다고 할 것이다.

많은 표준 컴퓨터 패키지에서 로지스틱 회귀 옵션이 다음 모형을 적합하는 데 사용

표 8.6 49마리 암컷 참새 자료에 적합된 로지스틱 회귀모형 회귀계수들의 추정치

변수	β 추정치	표준 오차	카이제곱	p-값
상수	13.582	15.865	—	—
총 길이	–0.163	0.140	1.36	0.244
날개 길이	–0.028	0.106	0.07	0.794
주둥이와 머리 길이	–0.084	0.629	0.02	0.894
상완골 길이	1.062	1.023	1.08	0.299
흉골의 용골돌기 길이	0.072	0.417	0.03	0.864

노트: 카이제곱 값은(β 추정치/표준오차)^2. p-값은 자유도 1인 카이제곱분포에서 이 정도 큰 값을 얻을 확률이다. 작은 p-값은 관련된 모수 β의 참값이 0이 아니라는 증거를 제공한다.

될 수 있다.

$$\pi_i = \frac{\exp(\beta_0 + \beta_1 x_{i1} + \beta_2 x_{i2} + \ldots + \beta_5 x_{i5})}{1 + \exp(\beta_0 + \beta_1 x_{i1} + \beta_2 x_{i2} + \ldots + \beta_5 x_{i5})}$$

여기에서 x_1 = 총 길이(mm), x_2 = 날개 길이(mm), x_3 = 주둥이와 머리 길이(mm), x_4 = 상완골 길이(mm), x_5 = 흉골의 용골돌기 길이(mm)이고, π_i은 폭풍으로부터 i번째 새의 회복 확률을 나타낸다.

변수들이 두 그룹 간의 차이를 유의하게 설명하는지에 대한 카이제곱 검정에서 검정통계량 값이 2.85인데, 이는 자유도 5를 가진 카이제곱 확률표와 비교했을 때 전혀 유의미하게 큰 값이 아니다. 그러므로 분석으로부터 생존 상태가 형태론적 변수들과 관련이 있다는 증거가 없다. 변수 β_0부터 β_5의 추정치들이 표 8.6에 주어졌는데, 이와 함께 추정된 표준오차, 그리고 각 추정치들이 0인지에 대한 검정통계량 값들이 주어졌다.

예제 8.4 이집트인 두개골의 두 표본 비교

비교하는 두 그룹의 표본 크기가 각각의 모집단의 크기와 무관하게 그룹별로 따로 샘플링하는 예제로, 표 1.2에 주어진 이집트인 두개골 자료에서 처음과 마지막 시기에 대한 비교를 고려하자. 첫 표본은 이집트 왕조 전 시대 초기(기원전 4000년경) Thebes 지역에서 출토된 30개 남성 두개골로 구성되어 있고, 마지막 표본은 같은 지역에서 로마시대(기원후 150년경) 30개 남성 두개골로 구성되어 있다. 각 두개골에 대한 mm 단위 측정치는 X_1 = 최대 넓이, X_2 = 대천문까지의 높이, X_3 = 치조 길이, X_4 = 코 높이(그림 1.1)이다. 이 예제의 목적에 맞게, 사실 얼마나 그럴듯한지는 모르지만 두 표본

은 각각의 모집단으로부터 효과적으로 임의 추출됐다고 가정하자.

분명히, 표본 크기가 같다고 해서 대응되는 모집단의 크기가 같다는 것을 의미하는 것은 아니다. 사실 모집단 크기는 완전히 임의적이다. 왜냐하면 두 시대의 더 많은 두개골이 측정됐고, 그리고 훼손됐거나 아직 발견되지 않은 두개골들의 수를 모르기 때문이다. 그러므로 만일 두 표본을 하나로 합쳐 크기 60의 표본을 로지스틱 회귀분석의 추정을 위해 사용한다면, 특정한 치수를 가진 어떤 두개골이 왕조 전 시대 초기의 표본일 확률의 추정치가 실제로 진짜 확률을 전혀 추정하고 있지 않을 것이다.

사실 이 예제에서 진짜 확률이 무엇을 의미하는지 정의하기는 어렵다. 왜냐하면 모집단 자체가 명확하지 않기 때문이다. 효과적인 정의는 특정한 치수를 가진 두개골이 왕조 전 시대 두개골일 확률은 Thebes 지역에서 고고학자들에 의해 복구될 수 있는 왕조 전 시대 혹은 로마시대의 모든 남성 두개골의 가설상의 모집단에서 주어진 치수를 가진 두개골이 왕조 전 시대에서 나올 비율과 같다.

만일 수식 (8.3)을 추정하기 위해 로지스틱 회귀가 통합 표본에서 수행된다면, 수정된 수식

$$\pi_i = \frac{\exp\left(\beta_0 - \log_e\left\{(n_1P_2)/(n_2P_1)\right\} + \beta_1 x_{i1} + \beta_2 x_{i2} + \ldots + \beta_p x_{ip}\right)}{1 + \exp\left(\beta_0 - \log_e\left\{(n_1P_2)/(n_2P_1)\right\} + \beta_1 x_{i1} + \beta_2 x_{i2} + \ldots + \beta_p x_{ip}\right)} \quad (8.4)$$

이 특정한 X 값을 가진 항목이 성공일 실제 확률을 제공한다. 여기에서 수식 (8.4)와 (8.3)은 분자와 분모에 있는 $\log_e\{(n_1P_2)/(n_2P_1)\}$가 다른데, 여기에서 P_1은 성공과 실패를 모두 포함한 총 모집단에서 성공의 비율, 그리고 $P_2 = 1 - P_1$은 실패 비율이다. 그래서 이것은 특정한 X 값을 가진 항목이 성공일 확률을 추정하는 것이 표본 크기 n_1과 n_2가 실패와 성공의 모집단 빈도에 비례하지 않는 사실에 대해 추정된 로지스틱 회귀식을 조정하기 위해 P_1과 P_2가 알려졌거나 혹은 표본자료로부터 독립적으로 추정될 수 있기를 요구한다. 고려 중인 예제에서, 이 조건은 Thebes 지역에서 왕조 전 시대와 로마시대 두개골의 상대도수의 추정치가 어떤 두개골의 변수 값들 X_1부터 X_4가 주어졌을 때 이것이 왕조 전 시대 두개골일 확률을 추정할 수 있도록 알려져야 한다는 것을 의미한다.

60개 왕조 전 시대와 로마시대 두개골 통합 자료에서 왕조 전 시대 두개골을 성공으로 간주하여 로지스틱 회귀를 적용하였다. 성공이 X 변수들과 어느 정도 관련이 있는지에 대한 자유도 4인 카이제곱 검정통계량이 27.13이다. 이 수치는 유의수준 0.1% 수준에서 통계적으로 유의하며, 관련성에 대한 강한 증거가 된다. 상수항과 X 변수들

표 8.7 30개 왕조 전 시대 그리고 30개 로마시대 이집트 남성 두개골 자료에 적합된 로지스틱 회귀모형의 회귀계수들 추정치

변수	β 추정치	표준 오차	카이제곱	p-값
상수	–6.732	13.081	—	—
최대 넓이	–0.202	0.075	7.13	0.008
대천문까지의 높이	0.129	0.079	2.66	0.103
치조 길이	0.177	0.073	5.84	0.016
코 높이	–0.008	0.104	0.01	0.939

노트: 각 열들에 대한 설명은 표 8.6 참조

의 계수 추정치들이 표 8.7에 주어졌다. β_1의 추정치는 유의수준 1%에서 통계적으로 유의하게 0이 아니고, β_3는 유의수준 2% 수준에서 0이 아니다. 따라서 X_1과 X_3는 두 종류의 두개골을 구별하는 데 중요한 변수인 것처럼 보인다.

수식 (8.4)에서 P_1과 $P_2 = 1 - P_1$에 대한 값들을 할당함으로써 적합 함수는 두 그룹의 두개골을 구별하는 데 사용될 수 있다. 이미 언급된 대로 이들이 왕조 전 시대와 로마시대 두개골의 모비율에 일치하는 것이 바람직하나. 그러나 이 비율들을 모르기 때문에 이는 불가능하다. 그러므로 실제로는 임의의 값들이 할당되어야 한다. 예를 들어 P_1과 P_2 모두 0.5로 가정하자. 이때 $n_1 = n_2$이므로 $\log_e\{(n_1P_2)/(n_2P_1)\} = \log_e(1) = 0$이고, 수식 (8.3)과 (8.4)가 같아진다. 그러므로 로지스틱 함수는 왕조 전 시대와 로마시대 두개골이 같은 빈도인 모집단에서 어떤 두개골이 왕조 전 시대 두개골일 확률을 추

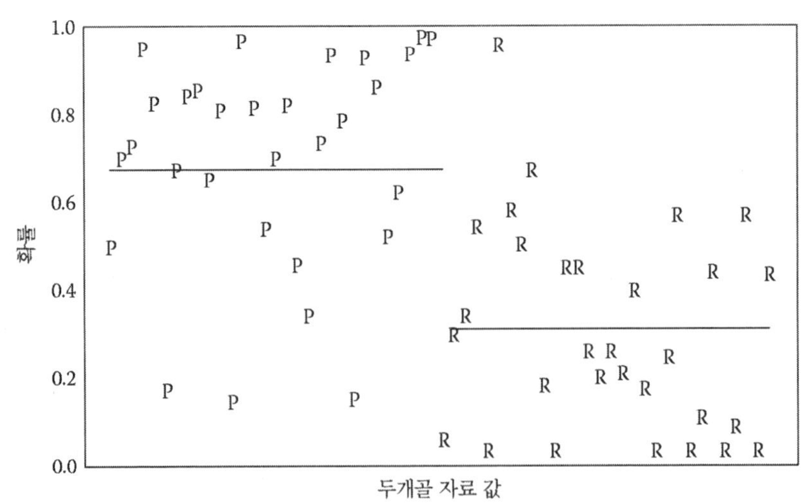

그림 8.2 30개 왕조 전 시대(P) 그리고 30개 로마시대(R) 두개골에 적합된 로지스틱 회귀함수 값(수평선들은 그룹 평균 확률이다.)

정한다.

로지스틱 수식이 판별에 얼마나 효과적인지는 그림 8.2에 나타나는데, 60개 표본 두개골에 대한 π_i의 추정 값들을 보여 준다. 두 표본 값들의 분포에서 눈에 띄는 차이가 존재하는데, 왕조 전 시대 두개골 평균은 약 0.7, 그리고 로마시대 두개골의 평균은 약 0.3이다. 그러나 분포들 사이에 상당한 겹침 또한 보인다. 결과적으로 만일 로지스틱 수식이 0.5보다 큰 값을 줄 때는 왕조 전 시대 두개골로, 0.5보다 작은 값을 줄 때는 로마시대 두개골로 분류한다면, 6개 왕조 전 시대 두개골이 로마시대로 잘못 분류되고 7개 로마시대 두개골이 왕조 전 시대로 잘못 분류된다.

8.11 컴퓨터 프로그램

R을 포함한 주요 통계 패키지들은 일반적으로 8.2절부터 8.5절에서 언급된 정규성 가정에 기초한 방법론을 적용하는 판별함수를 가지고 있다(8장 부록 참고). 계산 순서에 대한 자세한 사항들, 결과가 주어지는 방식, 그리고 용어들이 상당히 다르기 때문에, 각 프로그램에 의해 정확히 어떤 것들이 행해지는지를 알아내기 위해 매뉴얼들을 주의 깊게 공부해야 한다. 로지스틱 회귀는 상당히 폭넓게 이용 가능하다. 어떤 프로그램에는 X 변수들이 서로 다른 값을 가져야 한다는 제한이 있다. 그러나 공통 X 값을 갖는 항목 그룹이 허용되는 것이 더 일반적이다.

8.12 논의와 추가 자료

8.2절부터 8.5절에서 언급된 방법론들의 사용을 위해 요구되었던 표본들이 공통 공분산을 가진 다변량 분포로부터 추출된다는 가정이 완화될 수 있다. 만일 비교되는 표본들이 다른 공분산 행렬을 가진 다변량 정규분포로부터 추출된다면 이차판별함수분석이라는 방법이 적용될 수 있다. 이 옵션은 많은 컴퓨터 패키지에서 사용이 가능하다. 이 방법에 대한 추가 정보와 표준 선형판별함수분석 대비 이 방법의 성능에 대한 논의는 Seber(2004, 297쪽)를 참고하기 바란다.

두 그룹 비교에 의한 로지스틱 회귀를 사용한 판별이 8.10절에 언급되었다. 이 방법의 사용에 대한 더 자세한 사항은 Hosmer et al.(2013)과 Collett(2002)에 의해 제공된다. 이 방법은 필요하다면, 다분반응회귀를 포함한 다양한 이름 하에, 그룹이 두 개 이상인 경우의 판별을 위해 확장될 수 있다. 자세한 사항은 Hosmer et al.(2013, 8장)을 참고하기 바란다. 이런 종류의 분석은 많은 컴퓨터 패키지에서 표준 옵션이다.

연습문제

1. 표 4.5에 주어진 서로 다른 개과 그룹의 5개 표본의 9가지 하악골 측정 자료를 고려하자. 측정 자료들을 이용하여 그룹들을 얼마나 잘 구별할 수 있는지 알아보기 위해 판별함수분석을 수행하라.
2. 같은 자료에서, 각 그룹별로 로지스틱 회귀가 암컷과 수컷의 측정 자료에서 유의한 차이를 보여 주는지 확인하기 위해 각각 조사하라. 각 그룹의 작은 표본 크기를 고려하면, 9개의 모든 변수를 포함한 로지스틱 함수를 적합하여 좋은 모수 추정치를 기대하는 것은 무리가 있어 보인다. 그러므로 변수의 일부만 사용한 함수 적합을 고려하는 것이 좋다.

참고문헌

Collett, D. (2002). *Modelling Binary Data.* 2nd Edn. Boca Raton, FL: Chapman and Hall/CRC.

Fisher, R.A. (1936). The utilization of multiple measurements in taxonomic problems. *Annals of Eugenics* 7: 179–88.

Harris, R.J. (2001). *A Primer on Multivariate Statistics*. 2nd Edn. New York: Psychology.

Hosmer, D.W., Lemeshow, S., and Sturdivant, R.X. (2013). *Applied Logistic Regression*. 3rd Edn. New York: Wiley.

Manly, B.F.J. (2007). *Randomization, Bootstrap and Monte Carlo Methods in Biology*. 3rd Edn. Boca Raton, FL: Chapman and Hall/CRC.

Seber, G.A.F. (2004). *Multivariate Observations*. New York: Wiley-Interscience.

부록 R에서의 판별함수분석

A.1 R에서 정준판별분석

컴퓨팅 관점에서 정준판별함수 방법이 R 함수들 eigen()(2장 부록에 설명)과 manova(4장 부록에 설명)를 가지고 수행될 수 있는 임무, 즉, $\mathbf{W}^{-1}\mathbf{B}$의 고유값 분석을 포함한다($\mathbf{W}$와 $\mathbf{B}$는 8.3절에서 정의). 이 방법은 이 책의 웹사이트에서 다운로드가 가능한 R 코드를 가지고 예제 8.1(이집트인 두개골 표본 비교)로 예를 들었다.

R 프로그램에서 다른 대안이 MASS 패키지에 포함된 함수 lda()(선형판별함수)(Venables and Ripley, 2002)에 의해 제공된다. 이는 두 가지 다른 변수 설정 방법을 이용한다:

```
discan.object <- lda(group.f ~ X1+X2+ ..., ...)
```

혹은

```
discan.ojbect <- lda(Xmat, group.f, ...)
```

첫 번째 방법에서 group.f는 그룹 인자이고 변수들 X1, X2, ...들은 판별변수들인데, 판별분석이 연속형 독립변수들 및 범주형 종속변수와 관련된 것을 상기시켜 준다. 두 번째 옵션은 Xmat은 행렬 혹은 데이터 프레임인데, 이것의 열이 판별자임을 가정한다. prior 옵션을 가지고 lda()에서 그룹 소속 확률을 지정하는 것도 가능하다.

R은 여러 방식으로 고유벡터를 스케일링하기 때문에, eigen()과 lda()에 의해 생성된 정준 계수가 수식 (8.2)에 나와 있는 계수들과 다르다는 것을 주목하는 것은 중요하다. 예를 들어 eigen()은 각 고유벡터들이 크기가 1이 되도록 한다. 이런 변화가 염려할 바는 아니다. 왜냐하면 일련의 계수 집합이 다른 계수 집합의 적절한 선형변환을 통해 계산될 수 있기 때문이다. lda 경우에, 그룹 내 공분산 행렬 $\mathbf{W}$가 구형상(즉, $\mathbf{W}$가 단위행렬 $\mathbf{I}$의 상수 배)이 되도록 정준 계수들이 표준화된다. 사실 lda()의 print 방법은 고유값들을 생성하지 않는다. 대신 특이값들을 생성하는데, 이들은 선형판별변수들의 그룹 간 표준편차와 그룹 내 표준편차의 비율이다. 게다가 lda()의 결과는 트레이스의 비율을 포함하는데, 이는 $\mathbf{W}^{-1}\mathbf{B}$의 모든 고유값들의 합 대비 각 고유값에 의해 설명되는 비율이다. 이 비율이 각 판별 축에 존재하는 그룹 내 분산의 비

율로 동등하게 해석될 수 있다.

lda가 수행될 때, 사용자가 predict 함수를 통해 예제 8.1의 표 8.4와 유사한 분류표 생성을 선택할 수도 있다.

```
table(group.f, predict(discan.object)$class)
```

함수 predict()는 정준판별함수에 기초하여 특별한 그룹에 할당될 새로운 자료를 포함한 데이터 프레임의 이름을 가진 추가 모수를 수용한다. 개체들의 잭나이프 분류를 고려할 때 predict()는 필요하지 않다는 것은 주목할 가치가 있는데, 함수 lda()의 옵션 CV=TRUE에 의해 분류표가 생성될 수 있는 방법이다. 여기에서 CV는 cross validation을 의미하는데, 잭나이프 분류 방법을 위해 다변량분석에서 사용하는 다른 이름이다. 이 명령어의 예는

```
discan.object.cv <-lda(group.f~X1+X2+..., CV=TRUE,...)
```

이고, 여기에서 객체 discan.object.cv(리스트)의 내용은 lda()의 CV=FALSE(기본값)에 의해 생성된 내용과는 다르다. 현재 discan.object.cv는 벡터 class를 포함하고 있다. 그래서 판별분석에 기초하여 개체들의 원 소속과 그들의 잭나이프 분류를 가지고 분류표를 작성하는 것은 어렵지 않다. 이 책의 웹사이트에서 이 방법의 예제 관련 R 코드를 참고하기 바란다.

lda() 함수도 하나, 둘, 혹은 그 이상의 판별함수를 보여 주는 데 유용한 plot 방법을 포함하고 있다.

```
plot(discan.object, dimen, ...)
```

결과 그림은 차원 선택, dimen 모수에 종속된다. 더 자세한 사항은 R 문서를 참고하기 바란다.

정준판별분석에서 그림 시각화를 위해 다른 도움이 되는 R 함수는 candisc 패키지(Friendly and Fox, 2016)의 candisc() 함수에 의해 제공된다. 함수 candisc는 lm() 함수에 의해 생성된 것들처럼 다변량 선형모형을 이용한다. 그것은 자체의 스케일링된 고유벡터를 생성한다. 그래서 이에 대응되는 그림 방법이 각 그룹의 판별점수 평균 혹은 중심의 표현을 허용한다. 예제 8.1과 8.2에서 설명된 판별분석에 대한 계산

상 도움을 주기 위해, `lda`와 `candisc` 함수들을 포함한 R 코드가 이 책의 웹사이트에 제공된다.

A.2 R에서 로지스틱 회귀 기반 판별분석

로지스틱 회귀는 R에서 일반화 선형모형 적합을 위한 `glm()` 함수의 하나의 옵션으로 제공된다(Hilbe, 2009). 전형적인 로지스틱 회귀분석은 다음과 같다.

```
model.logistic <- glm
        (Y~X1+X2+..., family=binomial(link="logit"), ...)
```

여기에서 Y는 이분형 반응변수이고, X_1, X_2, …는 설명변수들이다.
두 표본의 판별분석 목적으로 로지스틱 회귀를 사용하기 위해서, 한 표본은 1로 코딩하고 나머지는 0으로 코딩한 다음 이 값들을 새로운 변수 Y에 할당한다. 로지스틱 회귀의 모수 추정치들은 `summary()` 함수를 이용해 얻을 수 있다.

```
summary(model.logistic)
```

게다가 모형 비교를 위한 카이제곱 검정은 명령어 `anova()`를 통해 접근이 가능하다. 따라서

```
anova(model.1, model.2, test="Chisq")
```

는 `model.1` 변수들이 `model.2` 변수들의 부분집합이어서 `model.2`의 적합도가 `model.1`의 적합도보다 향상됐는지를 평가한다. 8.10절 예제에서 보인 카이제곱 검정이 R을 이용해서 이렇게 수행될 수 있다: `model.1`은 절편만 포함한 모형(즉, 설명변수 없이), 그리고 `model.2`는 관심 있는 모든 판별변수들을 포함한다. 예제 8.3과 8.4에서 `glm`과 `anova` 사용 예를 보여 주는 R 코드는 이 책의 웹사이트에 제공된다.

8.7절과 8.12절에서 묘사된 선형판별분석의 확장이 R 사용자를 위해 제공된다. 패키지 `klaR`(Weihs et al., 2005)에서 제공된 `stepclass` 함수는 단계적 판별함수분석에 관심 있는 사람들을 위해 R에서 제공한 반면, 패키지 `MASS`(Venables and Ripley, 2002)의 함수 `qda()`는 이차판별함수를 이용하여 그룹을 판별하도록 한다. 마지막으로

두 그룹 로지스틱 회귀의 세 그룹 이상으로의 확장인 다항 로지스틱 회귀는 패키지 `nnet`(Venables and Ripley, 2002)의 `multinom()` 함수를 통해 접근이 가능하다.

참고문헌

Friendly, M. and Fox, J. (2016). candisc: Visualizing Generalized Canonical Discriminant and Canonical Correlation Analysis. R package version 0.7-0. http://CRAN.R-project.org/package=candisc

Hilbe, J.M. (2009). *Logistic Regression Models*. Boca Raton, FL: Chapman and Hall/CRC.

Venables, W.N. and Ripley, B.D. (2002). *Modern Applied Statistics*. 4th Edn. New York: Springer.

Weihs, C., Ligges, U., Luebke, K., and Raabe, N. (2005). klaR analyzing German business cycles. In Baier, D., Decker, R., and Schmidt-Thieme, L. (eds). *Data Analysis and Decision Support*, pp. 335–43. Berlin: Springer.

9장

군집분석

9.1 군집분석의 사용

크기 n의 표본이 있고 각 객체들이 p개 변수들의 점수를 갖고 있다고 하자. 이때 군집분석의 아이디어는 유사한 객체들이 같은 그룹에 포함되도록 분류하는 방법을 고안하기 위해 변수들의 값을 이용하는 것이다. 사용된 방법은 완전히 수치형이고 그룹의 수는 보통 모른다. 이 문제가 앞 장에서 고려된 판별함수분석보다 분명히 더 어려운데, 왜냐하면 판별함수분석에서는 처음부터 그룹들이 알려졌기 때문이다.

군집분석이 가치 있는 이유는 여러 가지이다. 실제로 존재하리라 가정되는 진짜 그룹을 찾는 문제일 것이다. 예를 들어 정신의학에서 우울증 환자의 분류에 대해 이견이 있어 왔다. 그래서 객관적인 그룹을 정의하기 위해 군집분석이 사용되었다. 또한 군집분석은 자료 차원 감소에도 유용하다. 예를 들어 많은 도시들이 신제품의 시험판매 지역으로 사용될 수 있지만, 몇 개 도시만 사용하는 것이 적당하다. 만일 도시들이 작은 수의 유사한 도시들의 그룹으로 묶일 수 있다면, 각 그룹으로부터 하나의 도시만 시험판매 지역으로 사용될 수 있을 것이다. 다른 방법으로 만일 군집분석이 예기치 않은 군집들을 생성한다면, 이것은 본질적으로 관계들이 조사돼야 함을 암시한다.

9.2 군집분석의 타입

군집분석을 위한 많은 알고리즘이 제안되었다. 여기에서는 주로 다음 두 가지 특별한 방법에 대해서만 관심을 집중한다. 먼저 그림 9.1의 덴드로그램을 생성하는 계층적 방법들이 있다. 이 방법들은 각 객체들 간의 거리 계산으로 시작한다. 그 다음 통합 혹은 분할 과정을 거쳐 그룹들이 형성된다. 통합에서는 모든 객체들이 각각 하나의 그룹으로 시작한다. 그 다음 가까운 그룹들이 점차적으로 통합되는데, 마지막에서 모든 객체들이 하나의 그룹으로 통합될 때까지 진행된다. 분할에서는 모든 객체들이 하나의 그룹에서 시작한다. 그리고 두 그룹으로 분리되고 이 두 그룹이 다시 분리되는 등의 과정을 거쳐 모든 객체들이 각자 하나의 그룹이 될 때까지 진행된다.

군집분석의 두 번째 방법은 분석의 단계마다 객체들이 그룹에 포함될 수도 배제될 수도 있도록 허용하는 분할을 포함한다. 사용되는 방법에 다양한 변형이 존재하지만, 기본적인 방법은 우선 몇 개의 다소 임의적으로 그룹 중심을 선택하고, 그 다음 객체들은 가까운 중심에 해당하는 그룹에 할당한다. 그리고 새로운 중심이 다시 계산되는

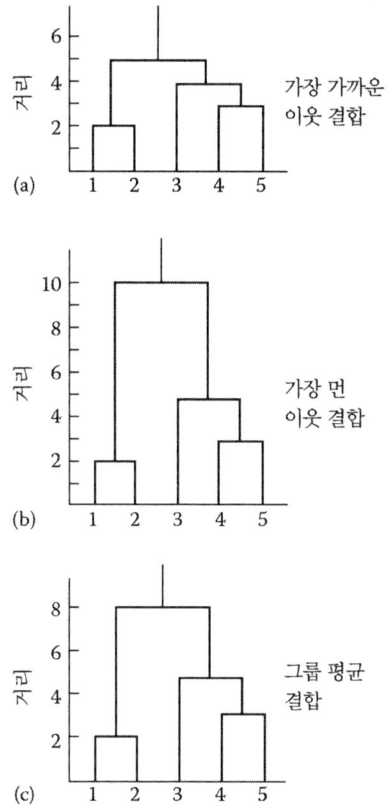

그림 9.1 다섯 객체들의 군집분석 덴드로그램의 예들

데, 이는 그룹 내의 객체들의 평균을 나타낸다. 하나의 객체가 현재 그룹의 중심보다 다른 그룹의 중심에 더 가까우면 새로운 그룹으로 이동한다. 어떤 정해진 규칙에 따라 거리가 가까운 그룹은 통합되고 넓게 퍼진 그룹은 분할된다. 이런 과정이 미리 정한 그룹 수를 가지고 안정성이 달성될 때까지 반복된다. 보통, 최종 그룹 수에 대한 여러 값들이 시도된다.

9.3 계층 방법

응집위계군집분석법은 객체들 간의 거리행렬을 가지고 시작한다. 모든 객체들은 각자 크기 1인 그룹에서 시작해서 가까운 그룹끼리 병합한다. 가까움을 정의하는 방법은 다양하다. 가장 간단한 것이 가장 가까운 이웃(nearest neighbor)에 의한 것이다. 예를 들어 다섯 객체들 간의 거리가 표 9.1에 주어졌다고 하자. 병합 결과는 표 9.2에 주어

표 9.1 다섯 객체들 간의 거리행렬

	객체				
객체	1	2	3	4	5
1	—				
2	2	—			
3	6	5	—		
4	10	9	4	—	
5	9	8	5	3	—

노트: 자기 자신과의 거리는 항상 0이다. 객체 i와 객체 j 사이의 거리는 객체 j와 객체 i 사이의 거리와 같다.

표 9.2 가장 가까운 이웃 거리를 이용한 그룹 병합

거리	그룹
0	1, 2, 3, 4, 5
2	(1,2), 3, 4, 5
3	(1,2), 3, (4,5)
4	(1,2), (3,4,5)
5	(1,2,3,4,5)

졌다.

만일 하나의 그룹에 있는 객체들 중 하나가 다른 그룹에 있는 적어도 하나의 객체와 어떤 특정한 거리에 있거나 혹은 이보다 더 가까울 때, 그 거리 수준에서 두 그룹이 병합된다. 거리 수준 0에서 다섯 객체들이 모두 각자의 그룹을 형성한다. 객체들 간의 가장 가까운 거리가 첫 번째와 두 번째 객체 사이의 거리인 2이다. 따라서 거리 수준 2에서 4개 그룹이 존재한다: (1,2), (3), (4), 그리고 (5). 그 다음 가까운 거리는, 객체 4와 5 사이의 거리인 3이다. 그래서 거리 수준 3에서 세 그룹이 존재한다: (1,2), (3), 그리고 (4,5). 다음 가까운 거리는 객체 3과 4 사이의 거리인 4이다. 그래서 이 수준에서 두 그룹이 존재한다: (1,2) 그리고 (3,4,5). 마지막으로 다음 가까운 거리는 객체 2와 3, 그리고 객체 3과 5 사이의 거리인 5이다. 이 수준에서 두 그룹이 하나의 그룹 (1,2,3,4,5)으로 합병되고 분석은 마무리된다. 그림 9.1a의 덴드로그램은 응집이 어떻게 발생하는지를 보여 준다.

가장 먼 이웃 결합 방법에서는, 두 그룹의 가장 먼 멤버들이 충분히 가까울 때만 두 그룹이 병합된다. 위의 자료에서 이 방법은 표 9.3처럼 작동한다. 객체 3이 객체 4 그리고 5와 거리 수준 5에서 합병되는데, 왜냐하면 객체 3이 객체 4 그리고 5로부터 가

표 9.3 가장 먼 이웃 거리를 이용한 그룹 병합

거리	그룹
0	1, 2, 3, 4, 5
2	(1,2), 3, 4, 5
3	(1,2), 3, (4,5)
5	(1,2), (3,4,5)
10	(1,2,3,4,5)

표 9.4 그룹 평균 거리를 이용한 그룹 병합

거리	그룹
0	1, 2, 3, 4, 5
2	(1,2), 3, 4, 5
3	(1,2), 3, (4,5)
4.5	(1,2), (3,4,5)
7.8	(1,2,3,4,5)

장 먼 거리가 이것이기 때문이다. 가장 먼 이웃 덴드로그램은 그림 9.1b에 주어졌다.

그룹 평균 연결 방법에서는, 만일 두 그룹 사이의 거리 평균이 충분히 작으면 합병한다. 위 예제에서 이 방법의 결과는 표 9.4에 주어졌다. 예를 들어, 그룹 (1,2)와 그룹 (3,4,5)의 객체들 간의 거리 평균이 7.8이어서 거리 수준 7.8에서 통합된다. 실제 객체들 간의 거리들은 1−3, 6; 1−4, 10; 1−5, 9; 2−3, 5; 2−4, 9; 2−5, 8, 평균은 $(6 + 10 + 9 + 5 + 9 + 8)/6 = 7.8$이다. 이 경우 덴드로그램은 그림 9.1c에 주어졌다.

구분위계군집법이 응집위계군집법보다 덜 사용되어 왔다. 초반에 모든 객체들을 하나의 그룹으로 시작한 다음, 다른 객체들로부터 평균적으로 가장 먼 객체를 분리시켜 두 그룹으로 분리한다. 새로운 그룹에 더 가까운 메인그룹의 객체들은 새로운 그룹으로 이동한다. 같은 그룹 내에 있는 객체들 사이의 거리가 줄어들 때 추가 분할이 발생한다. 궁극적으로 모든 객체들 각각이 크기 1인 그룹이 된다.

9.4 군집분석에서의 문제점

군집분석을 위한 다양한 알고리즘이 존재한다는 것은 이미 언급이 되었다. 그러나 일반적으로 받아들여지는 최고의 방법은 없다. 불행히도, 주어진 자료에 대해 다른 알고

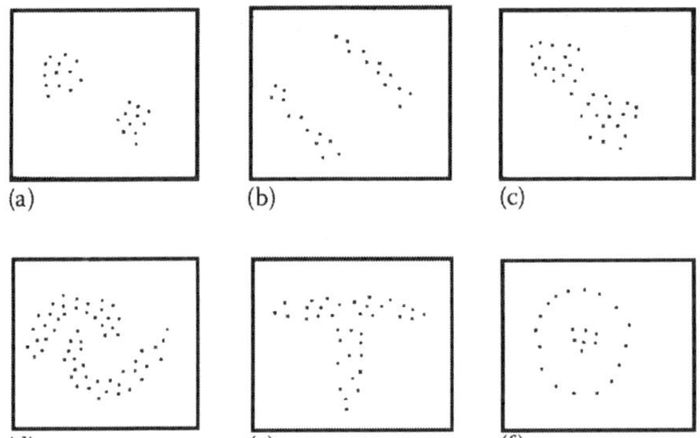

그림 9.2 두 군집이 있을 때 몇 가지 가능한 점들의 패턴

리즘들이 똑같은 결과를 반드시 제공하는 것은 아니다. 그래서 어떤 특정한 방법의 결과를 평가할 때 보통 훨씬 더 주관적인 요소가 존재한다.

어떤 알고리즘의 공평한 검정은 그룹 구조가 알려진 일련의 자료를 가지고 알고리즘이 이 구조를 재현할 수 있는지를 보는 것이다. 이 검정은 그룹들이 잘 구별된 경우에만 작동하는 것처럼 보인다. 초기 그룹들 사이에 상당한 겹침이 있을 때 군집분석은 실제 상황과는 꽤 다른 결과를 생성한다.

어떤 경우에는 군집의 형태 때문에 문제가 발생한다. 예를 들어 두 변수 X_1과 X_2가 존재하고 객체들을 두 변수 값에 따라 그린다고 하자. 몇 가지 가능한 점들의 패턴들이 그림 9.2에 제공된다. (a) 경우는 합리적인 어떤 알고리즘에 의해서도 발견될 것이다. (b) 경우 또한 그렇다. (c)의 경우에, 어떤 알고리즘들은 중간지점 점들 때문에 두 그룹 검출에 실패하는 것도 당연하다. 대부분의 알고리즘들이 (d), (e), 그리고 (f)의 경우들을 처리하는 데 어려움을 겪을 것이다.

물론 군집들이 자료에 주어진 변수들에만 기초할 수 있다. 그러므로 군집은 원하는 분류와 분명히 관련이 있다. 우울증 환자들을 분류하기 위해 키, 몸무게, 혹은 팔 길이를 측정하는 것이 그렇게 중요해 보이지 않는다. 여기에서 문제는 얻어진 군집들이 특정한 변수들의 선택에 더 민감할지도 모른다. 명백히 동등하게 합리적인 다른 변수들의 선택이 다른 군집결과를 제공할 것이다.

9.5 거리 측도들

군집분석 자료들은 보통 n개 객체들에 대한 p개 변수 값으로 구성된다. 계층 알고리즘에서 이러한 값들이 객체들 간의 거리 배열을 생성하기 위해 사용된다. 거리 측도들은 5장에서 이미 논의됐다. 여기에서는 유클리디안 거리 함수가 종종 사용된다는 정도만 얘기하면 충분하다.

$$d_{ij} = \left\{ \sum_{k=1}^{p} \left(x_{ik} - x_{jk} \right)^2 \right\}^{1/2} \tag{9.1}$$

여기에서 x_{ik}는 객체 i의 변수 X_k 값이고, x_{jk}는 객체 j의 같은 변수 값이다.

변수가 2개인 경우와 3개인 경우 거리 d_{ij}의 기하학적 해석은 그림 5.1과 5.2에 나타난다.

보통 변수들은 거리 계산 전에 어떤 식으로 표준화되기 때문에, 모든 p 변수들이 거리를 결정하는 데 동일하게 중요하다. 표준화는 변수들 평균이 모두 0이고 분산이 모두 1이 되도록 행해진다. 다른 방법으로, 각 변수들을 최소 0부터 최대 1을 갖도록 코딩할 수도 있다. 불행히도, 표준화는 그룹 차이를 최소화하는 효과를 갖는다. 왜냐하면 만일 그룹들이 변수 X_i에 의해 잘 구별되면 이 변수의 분산이 클 것이기 때문이다. 사실 이 변수의 분산은 커야 한다. 그룹 내에서 분산을 1로 만들 수 있다면 가장 좋다. 하지만 이것은 명백히 불가능하다. 왜냐하면 분석의 목적이 그룹을 찾는 것이기 때문이다.

9.6 군집분석으로 주성분분석

몇몇 군집분석 알고리즘은 많은 원 변수들을 작은 수의 주성분으로 줄이기 위해 주성분분석으로 시작한다. 이는 군집분석을 위한 계산 시간을 현저히 줄여 준다. 그러나 초반 주성분분석을 실시했을 때와 그렇지 않을 때 군집분석 결과가 상당히 다를 수 있다고 알려졌다. 그 결과 요즘에는 계산 시간이 전혀 문제가 안 되기 때문에 초반 주성분분석은 피하는 것이 좋다.

한편 두 개의 주성분이 자료 변동의 상당 부분을 설명할 때, 이 두 주성분을 이용한 개별 자료의 그림이 군집을 발견하는 데 유용한 방법임에 틀림없다. 예를 들어 그림 6.2는 이런 방식으로 고용 비율의 주성분들을 이용하여 유럽 국가들을 표현한다. 국가들이 의미 있는 그룹으로 표현돼 보인다.

예제 9.1 유럽 국가들의 군집

방금 언급된 유럽 국가들에서 9개 산업 분야 종사인원 비율 자료(표 1.5)가 군집분석의 첫 번째 예제로 사용될 수 있다. 분석은 어떤 나라들의 고용 패턴이 유사하고 어떤 나라들의 고용 패턴이 다른지를 보여 줘야 한다. 표 1.5에서 보여진 것처럼, 자료가 수집됐을 때 그룹이 존재했다. (1) 유럽연합(EU) 국가들, (2) 유럽자유무역지대(EFTA) 국가들, (3) 동유럽 국가들, 그리고 (4) 4개의 다른 국가들: 키프로스 공화국, 지브롤터, 몰타, 터키. 그러므로 군집분석을 이용하여 이 그룹이 잘 찾아지는지 확인하는 것이 흥미롭다.

분석의 첫 단계는 각 변수의 평균이 0이고 표준편차가 1이 되도록 9개의 변수들을 표준화하는 것이다. 예를 들어 변수 1은 농업, 임업 그리고 어업에서의 종사 비율, AGR이다. 고려 중인 30개 국가에서 이 변수의 평균은 12.19이고 표준편차는 12.31인데, 표준편차는 수식 (4.1)을 이용하여 계산했다. 벨기에의 AGR 변수 값은 2.6인데 표준화하면 $(2.6 - 12.19)/12.31 = -0.78$이다. 같은 방식으로 덴마크의 AGR 값은 5.6이고 표준화하면 -0.54 등이 된다. 표준화된 자료는 표 9.5에 주어졌다.

분석에서 다음 단계는 모든 쌍의 국가들 간의 유클리디안 거리를 계산하는 것이다. 이것은 수식 (9.1)을 표준화된 자료에 적용하여 계산된다. 마지막으로 덴드로그램은 9.3절에서 언급된 응집, 최근 이웃 위계 과정을 이용하여 만들 수 있다. 실질적으로 이 모든 단계들은 적절한 통계 패키지를 사용하여 수행될 수 있다.

패키지 NCSS(Hintze, 2012)를 사용하여 얻은 덴드로그램이 그림 9.3에 주어졌다. 스웨덴과 덴마크가 가장 가까운 두 나라로 보인다. 두 나라 거리는 0.2 정도이다. 거리를 조금 더 늘리면, 벨기에가 두 나라와 하나가 되어 크기 3인 그룹이 된다. 거리가 증가함에 따라 점점 더 많은 국가들이 결합되고, 대략 거리 1.7 정도에 알바니아가 마지막으로 모든 다른 나라들과 하나가 되어 결합이 마무리된다.

덴드로그램의 한 가지 해석은 최근 거리 1.0 기준에 의해 네 개의 그룹이 있다. 네 그룹은 (1) 알바니아, (2) 헝가리 그리고 체코/슬로바키아 공화국, (3) 지브롤터 그리고 (4) 다른 국가들이다. 이것이 동유럽 3개국과 지브롤터를 다른 나라들로부터 분리한다. 그래서 네 그룹의 분류(EU, EFTA, 동유럽, 그리고 다른 국가들)가 고용패턴의 좋은

표 9.5 유럽에서 9개 산업 고용 비율에 대한 표준 값(표 1.5 자료)

국가	AGR	MIN	MAN	PS	CON	SER	FIN	SPS	TC
벨기에	−0.78	−0.37	0.05	0.00	−0.45	0.24	0.51	1.13	0.28
덴마크	−0.54	−0.38	0.01	−0.16	−0.41	−0.22	0.61	1.07	0.44
프랑스	−0.58	−0.35	−0.01	0.16	−0.16	0.21	0.89	0.70	−0.04
독일	−0.73	−0.31	0.48	0.32	0.68	0.30	0.74	0.16	−0.69
그리스	0.81	−0.33	−0.11	0.32	−0.27	0.50	−0.34	−0.82	0.36
아일랜드	0.13	−0.32	−0.05	0.64	−0.16	0.42	0.44	−0.17	−0.53
이탈리아	−0.31	−0.26	0.17	−1.29	0.57	1.16	−0.51	0.12	−0.94
룩셈부르크	−0.72	−0.38	−0.07	−0.16	0.87	1.08	0.51	0.30	0.28
네덜란드	−0.65	−0.38	−0.11	−0.16	−2.54	0.55	1.22	1.29	0.28
포르투갈	−0.06	−0.33	0.35	−0.16	0.25	0.81	−0.09	−0.27	−1.34
스페인	−0.19	−0.33	0.09	−0.32	0.72	0.86	−0.19	−0.03	−0.53
영국	−0.81	−0.31	0.11	0.64	−0.19	0.88	1.44	0.16	0.04
오스트리아	−0.39	−0.35	0.70	0.64	0.35	0.67	0.01	−0.42	−0.04
핀란드	−0.30	−0.37	−0.10	0.64	−0.27	−0.20	0.49	0.71	0.85
아이슬란드	−0.14	−0.39	−0.17	0.16	0.90	−0.22	0.34	0.42	0.20
노르웨이	−0.52	−0.26	−0.60	0.48	−0.38	0.38	0.24	1.20	1.34
스웨덴	−0.73	−0.35	−0.14	0.00	−0.41	−0.28	0.69	1.43	0.61
스위스	−0.54	−0.39	0.47	−1.29	0.61	0.94	1.02	−0.45	−0.21
알바니아	3.52	1.80	−2.15	−1.29	−1.51	−2.39	2.17	−3.09	−2.80
불가리아	0.55	−0.39	1.56	−1.29	−0.30	−1.21	−1.29	−0.70	0.85
체코슬로바키아	0.05	3.82	−2.15	−1.29	0.32	−1.05	−1.27	−0.47	0.36
헝가리	0.25	2.87	−2.15	−1.29	−0.41	−0.45	−1.67	0.04	1.90
폴란드	0.93	0.05	0.40	0.16	−0.45	−1.03	−1.34	−0.29	−1.02
루마니아	0.80	−0.10	1.86	1.93	−0.63	−1.69	−1.52	−1.34	0.28
구소련	0.51	−0.39	0.90	−1.29	0.98	−1.50	−1.52	−0.16	1.58
구유고슬라비아	−0.58	−0.14	1.95	2.25	0.21	−0.36	−0.89	−0.90	1.09
키프로스	0.11	−0.35	−0.14	−0.48	0.57	1.56	0.01	−0.66	−0.37
지브롤터	−0.99	−0.39	−1.43	1.93	3.43	1.72	1.04	0.80	−1.18
몰타	−0.78	−0.32	0.81	1.13	−1.07	−1.05	−0.69	1.67	0.61
터키	2.65	−0.29	−0.53	−0.97	−0.85	−0.63	−1.07	−1.43	−1.66

지표가 아니라는 것을 암시한다. 이는 판별함수분석에 의해 동유럽 국가와 EU/EFTA 국가들의 적당히 성공적인 구별과는 배치된다(그림 8.1). 그러나 두 개의 주성분에 의해 표현된 국가들의 그림(그림 6.2)과는 약간 일치된 부분도 있는데, 알바니아와 지브롤터가 매우 극단 값을 갖는 것으로 나타난다.

패키지 NCSS(Hintze, 2012)의 K-means 군집 옵션을 이용하여 다른 분석이 수행될 수 있다. 이는 본질적으로 9.2절에서 언급된 분할 방법을 사용하는데, 이것은 임의의 그룹 중심을 가지고 시작해서 가까운 중심에 객체들을 할당한 뒤, 각 그룹의 변수들의 평균값들을 다시 계산한 다음, 각 그룹 내 제곱합이 최소가 되도록 객체들을 가까운 그룹의 중심으로 다시 할당하는 등이다. 계산할 때 평균이 0, 그리고 표준편차가

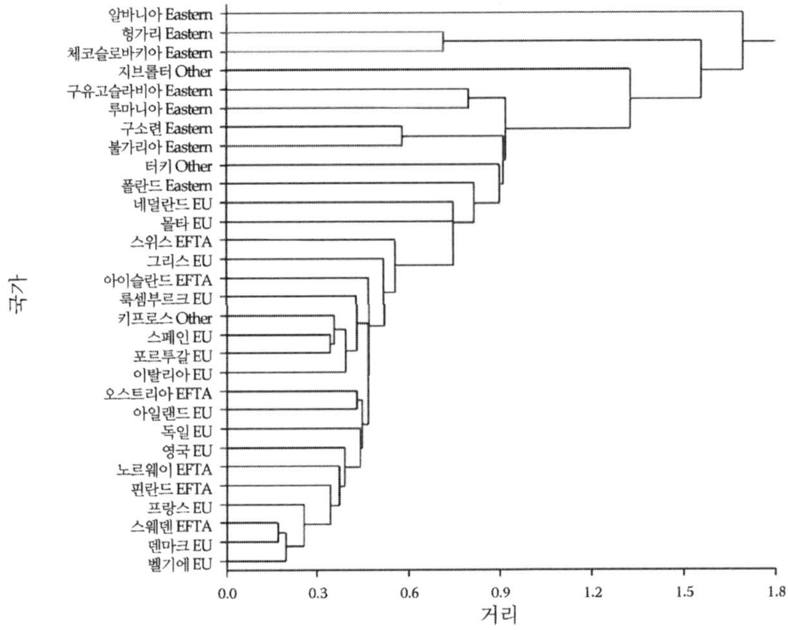

그림 9.3 유럽 국가 고용 자료에서 가장 가까운 이웃을 이용한 위계군집분석 결과의 덴드로그램

1인 표준화된 변수들을 이용한다. 그룹의 개수를 2부터 6까지 임의로 10번 시행했다.

설명된 변동 비율이 두 그룹에서 73.4%, 여섯 그룹에서 27.6%까지 변한다. 네 그룹으로는 (1) 터키와 알바니아, (2) 헝가리와 체코/슬로바키아 공화국, (3) 불가리아, 폴란드, 루마니아, 구소련, 유고슬로바키아, 몰타, 그리고 (4) EU, EFTA, 키프로스, 그리고 지브롤터이다. 이 결과는 그림 9.3의 덴드로그램에 주어진 네 그룹 결과와 약간의 비슷한 점도 있긴 하지만 같지 않다. 군집분석을 위한 다른 알고리즘이 약간 다른 결과를 줄 것이라는 점에는 의심의 여지가 없다.

예제 9.2 개과 동물들의 관계

두 번째 예로, 표 1.4에 주어진 7가지 개과 동물들의 하악골 평균값들을 고려하자. 1장 예제 1.4에서 설명된 대로, 이 자료들은 원래 태국에서 발견된 선사시대 개 유골과 다른 6가지 살아 있는 종과의 관계에 대한 연구의 일부로 수집되었다. 예제 5.1에서 7그룹들 간의 거리에 의해 이 문제는 고려되었다. 표 5.1에 평균 0 그리고 분산 1이 되도록 표준화된 하악골 측정 자료들이 주어졌다. 표 5.2에는 이 표준화된 측정 자료들을 이용하여 계산된 그룹들 간의 유클리디안 거리가 주어졌다.

표 9.6 가장 가까운 이웃 거리를 이용한 위계군집분석에서 병합이 발생한 거리 수준에서 군집 결과

거리	군집	군집 수
0.00	MD, PD, GJ, CW, IW, CU, DI	7
0.66	(MD, PD), GJ, CW, IW, CU, DI	6
1.26	(MD, PD, CU), GJ, CW, IW, DI	5
1.51	(MD, PD, CU), GJ, CW, IW, DI	5
1.56	(MD, PD, CU, DI), GJ, CW, IW	4
1.80	(MD, PD, CU, DI), GJ, CW, IW	4
1.84	(MD, PD, CU, DI), GJ, CW, IW	4
1.91	(MD, PD, CU, DI, GJ), CW, IW	3
2.14	(MD, PD, CU, DI, GJ), (CW, IW)	2

노트: MD = 현대 개, GJ = 황금 자칼, CW = 중국 늑대, IW = 인도 늑대, CU = 승냥이, DI = 딩고, PD = 선사시대 개

군집대상이 7개여서, 컴퓨터 사용 없이 가장 가까운 이웃 결합 방법을 이용한 위계군집분석을 수행하는 것이 간단하다. 따라서 표 5.2로부터 가장 유사한 두 종은 거리 0.66의 선사시대 개와 현대 개이다. 그러므로 두 종이 그 거리 수준에서 하나의 군집으로 결합한다. 그 다음으로는 승냥이(cuon)와 선사시대 개의 거리가 1.26이므로 이

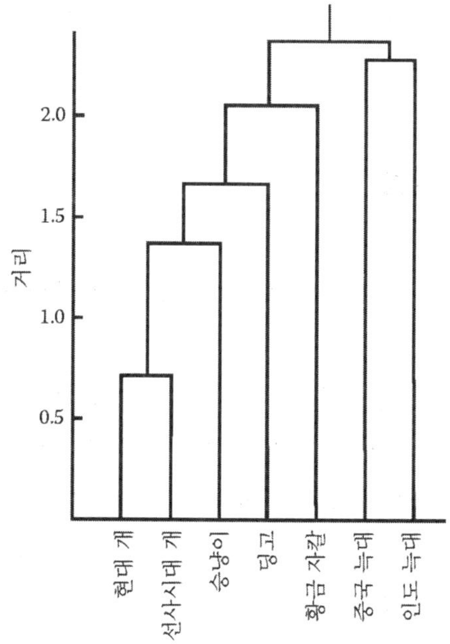

그림 9.4 개과 동물들 간의 관계에 대한 가장 가까운 이웃을 이용한 군집분석 결과의 덴드로그램

거리 수준에서 승냥이는 선사시대 개와 현대 개가 속한 군집에 동참한다. 이 다음으로는 승냥이와 현대 개의 거리가 1.51인데, 이들은 이미 같은 군집에 있으므로 영향은 전혀 없다. 이런 식으로 계속 진행하면 표 9.6에 주어진 군집 결과를 얻는다. 이에 대한 덴드로그램이 그림 9.4에 주어졌다.

선사시대 개가 현대 개와 밀접한 관련이 있고, 이 두 종이 승냥이와 딩고(dingo)와 다소 관련이 있는 반면 황금 자칼과는 덜 관련이 있어 보인다. 인도 늑대와 중국 늑대가 서로 가장 가깝지만, 그들 간의 거리 차이는 상대적으로 크다.

이 예제에서 군집분석이 다른 그룹들 간의 관계에 대해 의미 있는 서술을 제공했다고 얘기하는 것이 적당해 보인다.

9.7 컴퓨터 프로그램

군집분석을 위한 컴퓨터 프로그램은 다양하게 이용 가능하다. 그래서 통계 패키지들이 위계 그리고 분할 방법 모두를 위한 다양한 다른 옵션을 종종 포함하고 있다. 얻어진 결과들이 보통 사용된 알고리즘의 세부 사항에 따라 어느 정도 다르기 때문에, 분석에 사용될 최종 방법을 결정하기 전에 여러 옵션을 사용해 보는 것이 의미가 있다. R 패키지에서 제공된 방법을 사용하여 계산하는 것은 9장 부록에서 설명된다.

9.8 논의와 추가 자료

Hartigan(1975), Romesburg(2004), 그리고 Everitt et al.(2011)과 같은 고전적 교재를 포함한 다양한 군집분석에 관한 교재가 나와 있다.

이 장에서 고려되지 않은 군집분석 방법은 이용 가능한 자료들이 분포가 알려졌다고 가정된(예, 다변량 정규) 어떤 형태의 여러 개 다른 모집단들의 혼합 분포로부터 얻어졌다는 가정을 포함한다. 따라서 군집 문제가 각각의 모집단에 대한, 가정된 분포의 모수들과 관측치가 그 분포로부터 나왔을 확률을 추정하는 문제로 변형된다. 이 방법은 군집 문제를 임시변통의 절차 개발로부터 벗어나 좀 더 보편적인 모수추정과 모형 검정의 통계 틀로 옮기는 장점이 있다. 이 방법의 소개는 Everitt et al.(2011, 6장)을 참고하기 바란다.

연습문제

1. 표 9.7에는 Persson(1981)에 의해 측정되고 Digby and Kempton(1987)에 의해 예제에서 사용된, 스웨덴 Steneryd 자연보호구역의 목초지 17구역에서 25가지 가장 풍부한 식물 종들의 양이 주어졌다. 표에 주어진 각 값들은 0부터 5까지의 값을 갖는 9개 표본 구획 토지에 대한 뒤덮음 값(cover value)들의 합이다. 그래서 값 45는 고려 중인 종들에 의한 완벽한 뒤덮음을 의미한다. 종들은 가장 풍부한 종 (1)부터 가장 드문 종 (25)까지의 순서이고, 토지 구획은 Digby and Kempton(1987, 표 3.2)에 의해 제공된 순서인데, 이는 빛과 습도 같은 특정 환경 인자에서의 변동에 대응된다. (a) 17개 토지 구획들 간의 (b) 25가지 표본들 간의 관계를 연구하기 위해 군집분석을 수행하라.

표 9.7 스웨덴 Steneryd 자연보호구역의 목초지 17구역에서 25가지 식물 종들의 존재량 측정값

	구역																
종	1	2	3	4	5	6	7	8	9	10	11	12	13	14	15	16	17
Festuca ovina	38	43	43	30	10	11	20	0	0	5	4	1	1	0	0	0	0
Anemone nemorosa	0	0	0	4	10	7	21	14	13	19	20	19	6	10	12	14	21
Stallaria holostea	0	0	0	0	0	6	8	21	39	31	7	12	0	16	11	6	9
Agrostis tenuis	10	12	19	15	16	9	0	9	28	8	0	4	0	0	0	0	0
Ranunculus ficaria	0	0	0	0	0	0	0	0	0	0	13	0	0	21	20	21	37
Mercurialis perennis	0	0	0	0	0	0	0	0	0	0	1	0	0	0	11	45	45
Poa pratenis	1	0	5	6	2	8	10	15	12	15	4	5	6	7	0	0	0
Rumex acetosa	0	7	0	10	9	9	3	9	8	9	2	5	5	1	7	0	0
Veronica chamaedrys	0	0	1	4	6	9	9	9	11	11	6	5	4	1	7	0	0
Dactylis glomerata	0	0	0	0	0	8	0	14	2	14	3	9	8	7	7	2	1
Fraxinus excelsior (juv.)	0	0	0	0	0	8	0	0	6	5	4	7	9	8	8	7	6
Saxifraga granulate	0	5	3	9	12	9	0	1	7	4	5	1	1	1	3	0	0
Deschampsia flexuosa	0	0	0	0	0	0	30	0	14	3	8	0	3	3	0	0	0
Luzula campestris	4	10	10	9	7	6	9	0	0	2	1	0	2	0	1	0	0
Plantago lanceolata	2	9	7	15	13	8	0	0	0	0	0	0	0	0	0	0	0
Festuca rubra	0	0	0	0	15	6	0	18	1	9	0	0	2	0	0	0	0
Hieracium pilosella	12	7	16	8	1	6	0	0	0	0	0	0	0	0	0	0	0
Geum urbanum	0	0	0	0	0	7	0	2	2	1	0	7	9	2	3	8	7
Lathyrus montanus	0	0	0	0	0	7	9	2	12	6	3	8	0	0	0	0	0
Campanula persicifolia	0	0	0	0	2	6	3	0	6	5	3	9	3	2	7	0	0
Viola riviniana	0	0	0	0	0	4	1	4	2	9	6	8	4	1	6	0	0
Hepatica nobilis	0	0	0	0	0	8	0	4	0	6	2	10	6	0	2	7	0
Achillea millefolium	1	9	16	9	5	2	0	0	0	0	0	0	0	0	0	0	0
Allium sp.	0	0	0	0	2	7	0	1	0	3	1	6	8	2	0	7	4
Trifolim repens	0	0	6	14	19	2	0	0	0	0	0	0	0	0	0	0	0

2. 표 9.8에는 C.F.W. Higham 교수에 의해 제공된, 태국 북동쪽 반나디에 있는 묘지에서 나온 부장품들에 관한 일련의 자료들이 주어졌다. 이 자료는 47개 묘지 각각에서 서로 다른 종류의 38가지 물품들의 존재 유무 기록과 유골이 성인 남성, 성인

표 9.8 태국 북쪽 Bannadi 묘지에 있는 묘소들에서 부장품

묘소	타입	부장품																																					
		1	2	3	4	5	6	7	8	9	10	11	12	13	14	15	16	17	18	19	20	21	22	23	24	25	26	27	28	29	30	31	32	33	34	35	36	37	38	Sum
B33	3	0	0	0	0	0	0	0	0	0	0	0	0	0	0	0	0	0	0	0	0	0	0	0	0	0	0	0	0	0	0	0	0	0	0	0	0	0	0	0
B9	2	0	0	0	0	0	0	0	0	0	0	0	0	0	0	0	0	0	0	0	0	0	0	0	0	0	0	0	0	0	0	0	0	0	0	0	0	0	0	0
B32	2	0	0	0	0	0	0	0	0	0	0	0	0	0	0	0	0	0	0	0	0	0	0	0	0	0	0	0	0	0	0	0	0	0	0	0	0	0	0	0
B11	1	0	0	0	0	0	0	0	0	0	0	0	0	0	0	0	0	0	0	0	0	0	0	0	0	0	0	0	0	0	0	0	0	0	0	0	0	0	0	0
B28	1	0	0	0	0	0	0	0	0	0	0	0	0	0	0	0	0	0	0	0	0	0	0	0	0	0	0	0	0	0	0	0	0	0	0	0	0	0	0	0
B41	2	0	0	0	0	0	0	0	0	0	0	0	0	0	0	0	0	0	0	0	0	0	0	0	0	0	0	0	0	0	0	0	0	0	0	0	0	0	0	0
B27	2	0	0	0	0	0	0	0	0	0	0	0	0	0	0	0	0	0	0	0	0	0	0	0	0	0	0	0	0	0	0	0	0	0	0	0	0	0	0	0
B24	2	0	0	0	0	0	0	0	0	0	0	0	0	0	0	0	0	0	0	0	0	0	0	0	0	0	0	0	0	0	0	0	0	0	0	0	0	0	0	0
B39	1	0	0	0	0	0	0	0	0	0	0	0	0	0	0	0	0	0	0	0	0	0	0	0	0	0	0	0	0	0	0	0	0	0	0	0	0	0	0	0
B43	2	0	0	0	0	0	0	0	0	0	0	0	0	0	0	0	0	0	0	0	0	0	0	0	0	0	0	0	0	0	0	0	0	0	0	0	0	0	0	0
B20	2	0	0	0	0	0	0	0	0	0	0	0	0	0	0	0	0	0	0	0	0	0	0	0	0	0	0	0	0	0	0	0	0	0	0	0	0	0	0	0
B34	3	0	0	0	0	0	0	0	0	0	0	0	0	0	0	0	0	0	0	0	0	0	0	0	0	0	0	0	0	0	0	0	0	0	0	0	0	0	1	1
B27	1	0	0	0	0	0	0	0	0	0	0	0	0	0	0	0	0	0	0	0	0	0	0	0	0	0	0	0	0	0	0	0	0	0	0	0	0	1	0	1
B37	1	0	0	0	0	0	0	1	0	0	0	0	0	0	0	0	0	0	0	0	0	0	0	0	0	0	0	0	0	0	0	0	0	0	0	0	0	0	0	1
B25	2	0	0	0	0	0	0	0	0	0	0	0	0	0	0	0	0	0	0	0	0	0	0	0	0	0	0	0	0	0	0	1	0	0	0	0	0	0	0	1
B30	2	0	0	0	0	0	0	0	0	0	0	0	0	0	0	0	0	0	0	0	0	0	0	0	0	0	0	0	0	0	0	0	0	0	1	0	0	0	0	1
B21	1	0	0	0	0	0	0	0	0	0	0	0	0	0	0	0	0	0	0	0	0	0	0	0	0	0	0	0	0	0	0	0	0	0	1	0	0	0	0	1
B49	2	0	0	0	0	0	0	0	0	0	0	0	0	0	0	0	0	0	0	0	0	0	0	0	0	0	0	0	0	0	0	0	0	0	0	0	1	0	0	1
B40	2	0	0	0	0	0	0	0	0	0	0	0	0	0	0	0	0	0	0	0	0	0	0	0	0	0	0	0	0	1	0	0	0	0	0	0	0	0	1	2
BT8	2	0	0	0	0	0	0	0	0	0	0	0	0	0	0	0	0	0	0	0	0	0	0	0	0	0	0	0	0	0	0	0	0	0	0	1	1	0	0	2
BT17	2	0	0	0	0	0	0	0	0	0	0	0	0	0	0	0	0	0	0	0	0	0	0	0	0	0	0	0	1	0	0	0	0	0	0	0	1	0	0	2
BT21	1	0	0	0	0	0	0	0	0	0	0	0	0	0	0	0	0	0	0	0	0	0	0	0	0	0	0	0	0	0	0	0	0	0	0	0	1	0	1	2
BT5	1	0	0	0	0	0	0	0	0	0	0	0	0	0	0	0	0	0	0	0	0	0	0	0	0	0	0	0	0	0	0	1	1	0	0	0	0	1	0	3
B14	3	0	0	0	0	0	0	0	0	0	0	0	0	0	0	0	0	0	0	0	0	0	0	0	0	0	0	0	0	0	0	0	0	0	1	0	0	1	1	3
B31	1	0	0	0	0	0	0	0	0	0	0	0	0	0	0	0	0	0	0	0	0	0	0	0	0	0	0	0	0	0	0	0	1	0	1	0	0	1	0	3
B42	1	0	0	0	0	0	0	0	0	0	0	0	0	0	0	0	0	0	0	0	0	0	1	0	0	0	0	0	0	0	0	0	0	0	0	1	0	0	1	3

(계속)

표 9.8 태국 북쪽 Bannadi 묘지에 있는 묘소들에서 부장품

		부장품																																						
묘소	타입	1	2	3	4	5	6	7	8	9	10	11	12	13	14	15	16	17	18	19	20	21	22	23	24	25	26	27	28	29	30	31	32	33	34	35	36	37	38	Sum
B44	2	0	0	0	0	0	0	0	0	0	0	0	0	0	0	0	0	0	0	0	0	0	0	0	0	0	0	0	0	0	0	1	0	1	0	0	1	0	0	3
B35	1	0	0	0	0	0	0	0	1	0	0	0	0	0	0	0	0	0	0	0	0	0	0	0	0	0	0	1	0	1	0	0	0	0	0	0	0	0	0	3
BT15	1	0	0	0	0	0	0	0	0	0	0	0	0	0	0	0	0	0	0	0	0	0	0	0	0	0	0	0	0	0	0	0	0	0	0	0	1	1	1	3
B15	3	1	0	0	0	0	0	0	0	0	0	0	0	0	0	0	0	0	0	0	0	0	0	0	0	0	0	0	0	0	0	0	0	0	0	1	0	1	1	4
B45	3	0	0	0	0	0	0	0	0	0	0	0	0	0	0	0	0	0	0	0	0	0	0	0	0	0	0	0	1	1	0	0	0	1	0	0	1	0	0	4
B46	3	0	0	0	0	0	0	0	0	0	0	0	0	0	0	0	0	0	0	0	0	0	0	0	0	0	0	0	0	1	0	1	0	1	0	0	1	0	0	4
B17	1	0	0	0	0	0	0	0	0	0	0	0	0	1	0	0	0	1	0	0	0	0	0	0	0	0	0	0	0	0	1	0	0	1	0	0	0	0	0	4
B10	2	0	0	0	0	0	0	0	0	0	0	0	0	0	0	0	0	0	0	0	0	0	1	0	0	0	0	1	0	0	0	0	0	0	0	1	0	1	0	4
BT16	2	0	0	0	0	0	0	0	0	0	0	0	0	0	0	0	0	0	0	0	0	0	0	0	0	0	0	0	0	0	1	0	0	1	0	1	0	0	1	4
B26	2	0	0	0	0	0	0	0	0	0	0	0	0	0	0	0	0	0	0	0	0	0	0	0	0	0	0	0	0	0	0	0	0	0	0	1	1	1	1	4
B16	1	0	1	0	1	0	0	0	0	0	0	0	0	0	0	0	0	0	0	0	0	1	0	0	0	0	0	0	1	0	0	0	0	0	0	1	0	0	0	5
B29	3	0	0	0	0	0	0	0	0	0	0	0	0	0	0	1	0	0	0	0	0	0	0	0	0	0	0	0	0	0	0	0	0	0	0	1	1	1	1	5
B19	3	0	0	0	0	0	0	0	0	0	0	0	1	0	0	0	0	0	0	0	0	0	0	0	0	1	1	0	0	0	0	0	1	0	1	0	0	1	0	6
B32	2	0	0	0	0	0	0	0	0	0	0	0	0	0	0	0	0	0	0	0	0	0	0	0	1	0	0	0	0	0	0	1	1	0	1	0	0	1	1	6
B38	3	0	0	0	0	0	0	0	0	0	0	0	0	0	0	0	0	0	0	0	0	0	0	0	1	0	0	0	0	1	1	0	0	1	0	1	1	0	1	7
B36	2	0	0	0	0	0	0	0	0	0	0	0	0	0	0	0	0	0	0	0	0	0	0	0	1	0	0	0	0	0	1	0	0	1	0	1	1	1	1	7
B12	2	0	0	0	0	0	0	0	0	0	1	0	0	0	0	0	0	0	0	0	0	0	0	1	0	1	1	1	0	0	0	0	0	0	1	0	0	1	1	8
BT12	1	0	0	0	0	0	0	0	0	0	0	1	0	0	0	0	0	0	0	0	0	0	0	0	0	0	0	0	0	0	0	0	1	1	1	1	1	1	1	8
B47	1	0	0	1	0	1	1	0	0	0	0	0	0	0	1	0	0	0	0	0	0	0	0	0	0	0	0	0	1	1	0	0	0	0	0	0	1	0	1	8
B18	2	0	0	0	0	0	0	0	0	0	0	0	0	0	0	0	0	0	1	1	1	0	0	1	0	0	0	0	0	0	1	0	1	0	1	0	0	1	1	9
B48	2	0	0	0	0	0	0	0	0	1	0	0	0	0	0	0	1	0	0	0	0	0	0	0	0	1	1	0	0	0	1	1	1	0	0	1	1	1	1	11
	Sum	1	1	1	1	1	1	1	1	1	1	1	1	1	1	1	1	1	1	1	1	1	2	2	3	3	3	3	4	6	6	6	7	8	9	12	15	16	18	144

노트: 유골의 타입은 성인 남성 1, 성인 여성 2, 어린이 3

여성, 혹은 어린이 인지에 대한 추가 정보로 구성되어 있다. 묘지들은 다른 종류의 부장품들의 풍부한 정도의 순서(0부터 11)이고, 부장품들은 발생 빈도 순서(1부터 18)이다. 47곳 매장지들 간의 관계를 연구하기 위해 군집분석을 수행하라. 유골의 타입에 의한 군집이 존재하는가?

참고문헌

Digby, P.G.N. and Kempton, R.A. (1987). *Multivariate Analysis of Ecological Communities.* London: Chapman and Hall.

Everitt, B., Landau, S., and Leese, M. (2011). *Cluster Analysis*. 5th Edn. New York: Wiley.

Hartigan, J. (1975). *Clustering Algorithms*. New York: Wiley.

Hintze, J. (2012). *NCSS8*. NCSS LLC. www.ncss.com.

Persson, S. (1981). Ecological indicator values as an aid in the interpretation of ordination diagrams. *Journal of Ecology* 69: 71-84.

Romesburg, H.C. (2004). *Cluster Analysis for Researchers*. Morrisville: Lulu.com.

부록 R에서의 군집분석

위계군집분석용으로 가장 흔한 알고리즘을 구현하는 R 함수인 hclust()에 의해, 한 세트의 객체들에 대한 응집위계군집 덴드로그램을 생성하는 데 필요한 정보들이 얻어진다. hclust()의 첫 번째 매개변수는 (객체들의) 거리 혹은 차이 행렬인데, 5장 부록에서 언급된 함수 dist()에 의해 생성된 것과 같은 것이다. hclust의 기본 값은 가장 먼 이웃 연결 혹은 완전 연결법(method=complete)이다. 다른 응집위계 방법들은 9장에서 언급된 방법(단일 혹은 가장 가까운 이웃, 그리고 평균 연결법)들과 hclust 도움 참고문헌에서 언급된 추가 방법들을 포함한다. 일례로, 거리행렬 d.mat가 주어졌을 때, 평균 연결법에 의한 객체들의 군집은 다음과 같이 작성된다.

```
gr.av.link <- hclust(d.mat, average)
```

이의 결과는 군집 과정에 대한 중요한 정보를 포함하고 있다. 그 결과는 hclust 클래스에 속해서 덴드로그램을 그리기 위한 주요 매개변수로 사용될 수 있다. 다음 명령어

```
plot(gr.av.link)
```

가 각 객체들의 라벨이 거리 0에서가 아니라 분기가 시작하는 곳에 정확히 놓이는 덴드로그램을 생성한다. 9장에 보인 덴드로그램의 분기들은 모두 0에서 시작하는데, 옵셥 hang= 뒤에 음수를 할당함으로써 강요된 상황이다. 예를 들어

```
plot(gr.av.link, hang=-1)
```

는 hclust 클래스 객체인 gr.av.link를 이용하여 모든 라벨이 0에 놓인 덴드로그램을 생성한다. plot 함수를 이용하여 덴드로그램의 형태를 조금 더 컨트롤하기 위해서는, 명령어 as.dendrogram()을 이용하여 hclust 객체를 덴드로그램 객체로 바꾸는 것이 필요하다. 예를 들어 다음 명령어는 위에서 생성된 hclust 객체의 내용에 기초하여, 거리 0에 모든 라벨을 갖는 수평 덴드로그램을 보여 준다:

```
plot(as.dendrogram(gr.av.link), hang=-1, horiz=TRUE)
```

더 많은 옵션이 hclust에서 이용 가능하다. 이 중 하나가 명령어 cutree인데, 이는 사용자가 원하는 그룹 수 혹은 절단 높이 즉, 그룹들이 구별되는 거리를 지정함으로써 덴드로그램을 여러 개의 그룹으로 자를 수 있도록 허용한다. 다른 유용한 명령어는 rect.hclust인데, 이는 덴드로그램의 분할점 주변에 사각형을 그려 대응되는 군집을 강조한다. 이 명령어로, 먼저 특정 수준에서 덴드로그램이 잘리고, 그 다음 선택된 분기점 주변에 사각형이 그려진다.

표준 R 패키지, 그리고 자료에서 패턴을 찾는 즉, 데이터마이닝을 위한 특별한 군집분석 패키지에 다양한 계산 도구들이 구현되어 있다. 따라서 군집 기법들이 좀 더 포괄적인 cluster 패키지(Maechler et al., 2016)에 함께 제공되는데, 이 패키지는 계층 그리고 비계층 군집을 위한 함수들과 다른 방법들을 포함하고 있으며, 이들 모두가 agnes, daisy, pam, 그리고 clara와 같은 여성 이름을 가지고 있다. 일례로 hclust의 능력이 agnes()에서 향상되었는데, 이는 발견된 군집 구조를 측정하는 군집 계수뿐만 아니라 추가 위계군집 알고리즘을 생성하는 cluster 패키지에 있는 R 함수이다. 그것은 또한 banner를 제공하는데, 이는 덴드로그램과 비슷한 그래프 표현이다. 자세한 사항은 cluster 패키지 도움말을 참조하기 바란다. 이 책의 웹사이트에 있는 R 코드는 hclust와 agnes 함수를 이용하여 그림 9.1과 9.3(예제 9.1) 그리고 그림 9.4(예제 9.2)의 덴드로그램을 생성하기 위해 작성됐다. 다른 R 코드 또한, 예제 9.1에서 언급된 비계층 군집 방법인 kmeans() 함수의 적용을 보여 주기 위해 포함됐다.

참고문헌

Maechler, M., Rousseeuw, P., Struyf, A., Hubert, M., and Hornik, K. (2016). cluster: Cluster Analysis Basics and Extensions. R package version 2.0.4.

10장

정준상관분석

10.1 다중회귀분석 확장

어떤 다변량 자료에서는 변수들이 자연스럽게 두 그룹으로 나뉜다. 이때, 정준상관분석은 이 두 그룹의 관계를 조사하는 데 사용될 수 있다. 적당한 예로 표 1.3에 주어진 자료가 있는데, 여기에 캘리포니아와 오레곤 주에 서식하는 Euphydryas editha 나비의 16개 콜로니들이 고려된다. 각 콜로니에 대해 네 개의 환경 변수들과 여섯 개의 유전 빈도 값들이 이용 가능하다. 분명히 고려해야 할 문제는, 만일 있다면 유전자 빈도와 환경 변수들 간에 어떤 관계가 존재하는가이다. 이 주제를 알아보기 위한 한 가지 방법이 정준상관분석을 통해서이다.

다른 예는 처음으로 정준상관분석을 언급했던 Hotelling(1936)에 의해 제공됐다. 이 예제는 140명 중학교 1학년 대상으로 독해속도(X_1), 독해력(X_2), 계산속도(Y_1), 그리고 계산력(Y_2)에 대한 시험 결과와 관련이 있다. 특정 질문은 독해능력(측정된 X_1과 X_2)이 계산능력(측정된 Y_1과 Y_2)과 관계가 있는가이다.

이 질문에 대답하기 위해 정준상관분석이 취하는 방법은 X_1과 X_2의 선형결합

$$U = a_1X_1 + a_2X_2$$

와 Y_1과 Y_2의 선형결합

$$V = b_1Y_1 + b_2Y_2$$

를 찾는 것인데, U와 V의 상관계수가 가능한 크도록 선택한다. 이것이 주성분분석 아이디어와 다소 비슷한데, 분산 대신에 상관계수를 최대로 한다는 것만 다르다.

분산이 1이 되도록 표준화된 X_1, X_2, Y_1, Y_2를 가지고, Hotelling은 독서와 계산 예제에서 U와 V의 최고의 선택이

$$U = -2.78X_1 + 2.27X_2$$

그리고

$$V = -2.44Y_1 + 1.00Y_2$$

임을 밝혔고, 이 두 변수의 상관계수는 0.62이다. U는 독서속도와 독해력 차이를 측정하고, V는 계산속도와 계산력 차이를 측정하는 것처럼 보인다. X_1과 X_2에서 큰 차이를

보이는 학생이 Y_1과 Y_2에서도 큰 차이를 갖는 경향이 있는 것처럼 보인다. 가장 큰 상관관계를 보인 것이 독서와 계산의 이런 측면이다.

다중회귀분석에서, 변수 Y가 X 변수들과 어떤 관계가 있는지 알아보기 위해 하나의 Y가 두 개 혹은 그 이상의 변수들 X_1, X_2, ⋯, X_p와 관련되어진다. 이러한 관점에서 정준상관분석은 여러 Y 변수들이 동시에 여러 X 변수들과 관련이 있는 다중회귀분석의 확장이다.

실제는 한 쌍 이상의 정준변수들이 일련의 자료로부터 계산될 수 있다. 만일 p개의 변수들 X_1, X_2, ⋯, X_p와 q개의 변수들 Y_1, Y_2, ⋯, Y_q가 있다면, p와 q 중 더 작은 수에 해당하는 변수들 쌍이 존재할 것이다. 즉, 다음과 같은 선형결합

$$U_1 = a_{11}X_1 + a_{12}X_2 + \cdots + a_{1p}X_p$$
$$U_2 = a_{21}X_1 + a_{22}X_2 + \cdots + a_{2p}X_p$$
$$\vdots$$
$$U_r = a_{r1}X_1 + a_{r2}X_2 + \cdots + a_{rp}X_p$$

그리고

$$V_1 = b_{11}Y_1 + b_{12}Y_2 + \cdots + b_{1q}Y_q$$
$$V_2 = b_{21}Y_1 + b_{22}Y_2 + \cdots + b_{2q}Y_q$$
$$\vdots$$
$$V_r = b_{r1}Y_1 + b_{r2}Y_2 + \cdots + b_{rq}Y_q$$

이 만들어질 수 있다. 여기에서 r은 p와 q 중 더 작은 수이다. 이런 관계는 U_1과 V_1의 상관관계가 최대; U_2와 V_2의 상관관계가 최대이면서 U_1, V_1과는 상관관계가 없도록; U_3과 V_3의 상관관계가 최대이면서 U_1, V_1, U_2, V_2와는 상관관계가 없도록 등을 만족하게 결정된다. 따라서 각 쌍의 정준변수들이 (U_1, V_1), (U_2, V_2), ⋯, (U_r, V_r) 변수들의 두 집합 (X_1, X_2, ⋯, X_p)과 (Y_1, Y_2, ⋯, Y_q) 사이의 관계에 있어서 각각 독립적인 차원을 나타낸다. 첫 쌍 (U_1, V_1)이 가능한 가장 큰 상관계수를 갖기 때문에 가장 중요하고, 두 번째 쌍 (U_2, V_2)가 두 번째로 큰 상관계수를 갖기 때문에 두 번째로 중요한 경우 등이다.

10.2 정준상관분석을 위한 절차

변수들 X_1, X_2, …, X_p, Y_1, Y_2, …, Y_q 간의 $(p + q) \times (p + q)$ 상관행렬이 변수들이 기록된 샘플로부터 계산됐을 때 다음과 같은 형태를 취한다고 가정하자:

$$
\begin{array}{c} \\ X_1 \\ X_2 \\ \cdot \\ \cdot \\ \cdot \\ X_p \\ Y_1 \\ Y_2 \\ \cdot \\ \cdot \\ \cdot \\ Y_q \end{array}
\begin{array}{c} X_1 \quad X_2 \quad \cdots \quad X_p \qquad Y_1 \quad Y_2 \quad \cdots \quad Y_q \\
\left[\begin{array}{c|c}
p \times p \text{ 행렬} & p \times q \text{ 행렬} \\
\mathbf{A} & \mathbf{C} \\
\hline
q \times p \text{ 행렬} & q \times q \text{ 행렬} \\
\mathbf{C'} & \mathbf{B}
\end{array}\right]
\end{array}
$$

이 행렬로부터 $q \times q$ 행렬 $\mathbf{B}^{-1}\mathbf{C}'\mathbf{A}^{-1}\mathbf{C}$가 계산될 수 있다. 그래서 다음과 같은 고유값 계산 문제가 고려될 수 있다.

$$\left(\mathbf{B}^{-1}\mathbf{C}'\mathbf{A}^{-1}\mathbf{C} - \lambda\mathbf{I}\right)\mathbf{b} = \mathbf{0} \tag{10.1}$$

고유값들이 $\lambda_1 > \lambda_2 > \cdots > \lambda_r$ 정준변수들 간의 상관계수의 제곱이고, 대응되는 고유벡터 $\mathbf{b}_1$, $\mathbf{b}_2$, …, $\mathbf{b}_r$들이 정준변수들에 대한 Y 변수들의 계수임이 밝혀졌다. 또한, X 변수들에 대한 i번째 정준변수, U_i의 계수들이 다음 벡터의 성분들이다.

$$\mathbf{a}_i = \mathbf{A}^{-1}\mathbf{C}\mathbf{b}_i \tag{10.2}$$

이 계산에서 원 변수들 X와 Y들은 평균 0과 분산 1을 갖도록 표준화되었다고 가정한다. 정준변수의 계수들이 이런 표준화된 변수들에 대한 값들이다.

수식 (10.1)과 (10.2)로부터, 정준변수들의 i번째 쌍은 다음처럼 계산된다.

$$U_i = \mathbf{a}_i'\mathbf{X}$$

그리고

$$V_i = \mathbf{b}_i'\mathbf{Y}$$

여기에서 $\mathbf{a}_i' = (a_{i1}, a_{i2}, \ldots, a_{ip})$, $\mathbf{b}_i' = (b_{i1}, b_{i2}, \ldots, b_{iq})$, $\mathbf{X}' = (x_1, x_2, \ldots, x_p)$, 그리고 $\mathbf{Y}' = (y_1, y_2, \ldots, y_q)$는 표준화된 변수이다.

현재 주어진 상황에서, 변수 U_i와 V_i는 고유벡터 $\mathbf{b}_i$에 적용된 스케일링에 종속된 분산을 가질 것이다. 그러나 자료에 대한 U_i의 표준편차를 계산하고 a_{ij}값을 이 표준편차로 나누는 것은 간단하다. 이것이 분산 1인 조정된 정준변수 U_i를 생성한다. 유사하게 만일 b_{ij} 값들을 V_i의 표준편차로 나누면, 이는 분산 1인 조정된 V를 생성한다.

이러한 형태의 정준변수 표준화가 필수는 아니다. 왜냐하면 U_i와 V_i의 상관계수가 스케일링에 의해 영향을 받지 않기 때문이다. 하지만 자료가 이용 가능한 개개인에 대한 정준변수들의 수치를 조사하는 경우에는 아마 유용할 것이다.

10.3 유의성 검정

자료들이 다변량 정규분포에서 나온 확률표본인 상황에 대하여 통째로 X 변수들과 Y 변수들의 관계에 대한 근사검정이 Bartlett(1947)에 의해 제안되었다. 이는 다음 통계량 계산을 포함하고 있다.

$$X^2 = -\{n - ½(p + q + 3)\}\sum_{i=1}^{r} \log_e(1 - \lambda_i) \tag{10.3}$$

여기에서 n은 가용한 자료들의 수이다. 이 통계량은 자유도 pq인 카이제곱분포의 확률 값과 비교되고, 통계적으로 유의미하게 큰 값은 r개의 정준상관계수 중 적어도 하나는 유의하다는 증거가 된다. 유의하지 않은 결과는 심지어 가장 큰 정준상관계수도 오로지 표본변동에 의해서 설명될 수 있음을 의미한다.

이 검정은 각 정준상관계수의 중요도 검정이 가능하도록 확장될 수 있음이 종종 제안되었다. 일반적인 제안들이

1. 수식 (10.3)의 우측에 있는 i번째 기여도, $-\{n - (p + q + 3)/2\} \log_e(1 - \lambda_i)$를 자유도 $p + q - 2i + 1$인 카이제곱분포의 확률 값과 비교하라.
2. 수식 (10.3)의 우측에서 $(i + 1)$번째부터 r번째 기여도의 합을 자유도 $(p - i)(q - i)$

인 카이제곱분포의 확률 값과 비교하라.

여기에서 첫 번째 접근은 i번째 정준상관계수를 직접 검정하는 것으로 가정한 반면, 두 번째 접근은 (i + 1)번째부터 r번째 정준상관계수들의 유의성을 통째로 검정하는 것으로 가정하고 있다.

이 검정들이 신뢰하기 힘든 이유는 본질적으로 판별분석에서 사용된 관련 검정에 대해 8.4절에서 이미 언급된 것과 같은 이유이다. 이것이 i번째 큰 표본 정준상관계수가 실제로는 모집단에서 i번째가 아닌 정준상관계수로부터 발생했을 수 있다. 그래서 수식 (10.3)의 우측에서 r 기여도와 모집단 정준상관계수 r 기여도와의 연관성이 희미해진다. 이 문제에 대한 추가 논의는 Harris(2013)에서 참고하기 바란다.

귀무가설이 성립하고 표본 크기가 작을 때 이 검정통계량의 분포에 대한 카이제곱 근사 성능을 향상시키기 위해 제안된 몇 가지 수정 통계량들이 있다. 하지만 여기에서 언급하지는 않겠다.

10.4 정준변수의 해석

만일

$$U_i = a_{i1}X_1 + a_{i2}X_2 + \cdots + a_{ip}X_p$$

그리고

$$V_i = b_{i1}Y_1 + b_{i2}Y_2 + \cdots + b_{iq}Y_q$$

이면, U_i는 큰 계수 a_{ij}를 가진 X 변수들에 의해 해석될 수 있고, V_i는 큰 계수 b_{ij}를 가진 Y 변수들에 의해 해석될 수 있다. 물론, 여기에서 크다의 의미는 음으로 혹은 양으로 크다는 것을 의미한다.

불행히도, 변수들 X와 Y 사이 상관관계가 이런 해석 과정을 뒤집을 수 있다. 예를 들어 a_{i1}이 양수인데 U_i와 X_1의 단순 상관관계는 음수인 상황이 발생할 수 있다. X_1이 하나 혹은 그 이상의 X 변수들과 크게 관련이 있고, X_1의 영향 일부가 다른 X 변수들의 계수에 의해 설명될 수 있기 때문에 이런 명백한 모순이 발생할 수 있다. 사실 만일

X 변수들 중 하나가 거의 다른 X 변수들의 선형결합으로 표현된다면, 사실상 똑같은 U_1 값을 갖는 무한히 많은 X 변수들의 선형결합, 이 중 일부는 매우 다른 a_{ij} 값을 갖는 선형결합이 있을 수 있다. Y 변수들의 선형결합에 대해서도 똑같은 얘기가 가능하다.

상관이 큰 X 혹은 Y 변수들에서 발생하는 해석 문제는 다중회귀분석의 사용자들에게 친숙하다. 정확히 똑같은 문제가 회귀계수 추정에서 발생한다.

만일 X 혹은 Y 변수들 상관관계가 크면, 정준변수에 대한 그들의 기여도를 풀어낼 방법이 없다는 것이 합당한 의견이다. 하지만 틀림없이 사람들은 이 상황에서도 해석을 하려고 계속 노력할 것이다.

몇몇 저자들은 정준상관계수 a_{ij}와 b_{ij}보다 변수 X 그리고 Y와 정준변수와의 상관관계를 고려함으로써 정준변수를 설명하는 것이 더 좋다고 제안한다. 예를 들어 만일 U_i가 X_1과 양의 상관관계가 크면, U_i는 X_1을 상당히 많이 반영한다고 여겨질 수 있다. 유사하게 만일 V_i가 Y_1과 음의 상관관계가 크면, V_i는 Y_1과 상반되는 내용을 상당히 반영한다고 여겨질 수 있다. 이런 방법은 적어도 정준변수들이 관계가 있다고 보여지는 모든 변수들을 밝혀내는 장점이 있다.

예제 10.1 나비 콜로니들에 대한 환경과 유전적 상관관계

표 1.3의 자료가 정준상관분석 절차를 설명하기 위해 사용될 수 있다. 이 자료에 캘리포니아와 오리건 주에 서식하는 Euphydryas editha 나비의 16개 콜로니들이 있다. 이들이 네 가지 환경 변수(고도, 연 강수량, 연중 최고 온도, 그리고 연중 최저 온도)와 여섯 가지 유전적 변수(전기영동법(electrophoresis)에 의해 결정된 여섯 인산포도당 이성화효소 유전자의 비율)에 따라 변한다. 환경과 유전 변수 사이의 어떤 유의미한 관계도 흥미로운데, 이유는 그들이 E. editha의 지역 환경에의 적응을 나타낼 수도 있기 때문이다.

정준상관분석을 위해 환경 변수들은 X 변수로, 그리고 유전자 빈도는 Y 변수로 취급된다. 그러나 표 1.3에서처럼 여섯 유전자 빈도 모두 사용된 것은 아니다. 왜냐하면 이 변수들의 합이 100%이기 때문에, 이것이 Y 변수들의 다른 선형결합도 X 변수들의 선형결합과 똑같은 상관계수를 갖도록 허용한다. 이를 알아보기 위해, 첫 쌍의 정준변수가 U_1과 V_1이라 하자. 여기에서

$$V_1 = b_{11}Y_1 + b_{12}Y_2 + \cdots + b_{16}Y_6$$

이다. 따라서 V_1은 Y_1을 $100 - (Y_2 + \cdots + Y_6)$으로 대체함으로써 다음과 같이 표현된다.

$$V_1 = 100b_{11} + (b_{12} - b_{11})Y_2 + \cdots + (b_{16} - b_{11})Y_6$$

이것은 U_1과 $V_1 = b_{11}Y_1 + b_{12}Y_2 + \cdots + b_{16}Y_6$의 상관관계가 U_1과

$$(b_{12} - b_{11})Y_2 + \cdots + (b_{16} - b_{11})Y_6$$

과의 상관관계와 같음을 의미하는데, 이유는 상수 $100b_{11}$은 상관관계에 전혀 영향이 없기 때문이다. 그래서 아마도 매우 다른 계수들을 가진, Y 변수들의 두 가지 선형결합이 비슷하게 정준변수 역할을 한다. 사실, 무수히 많은 다른 Y 변수들의 선형결합도 같은 역할을 하고, 표준화된 Y 변수들의 선형결합에 대해서도 같은 얘기가 성립한다.

이 문제는 분석에서 유전자 빈도 중 하나를 제거함으로써 해결된다. 여기에서는 유전자 빈도 1.3이 생략된다. 유동성 유전자 0.4와 0.6에 대한 적은 빈도들을 결합함으로써 자료들이 추가 수정됐다. 따라서 고려 중인 X 변수들은 X_1 = 고도, X_2 = 연 강수량, X_3 = 연중 최고 온도, 그리고 X_4 = 연중 최저 온도이고, 반면에 Y 변수들은 Y_1 = 유동성 유전자 0.4와 0.6의 빈도, Y_2 = 유동성 유전자 0.8의 빈도, Y_3 = 유동성 유전자 1의 빈도, 그리고 Y_4 = 유동성 유전자 1.16의 빈도이다. 10.2절 이후 변수들의 표준화된 값들이 분석되고 있다. 그래서 이 예제의 남은 부분에서 X_i와 Y_i는 표준화된 X와 Y를 나타낸다. 8개 변수들에 대한 상관행렬이 표 10.1에 주어졌는데, 10.2절에서처럼 부분행렬 **A**, **B**, **C**, 그리고 **C′**로 나눠졌다. 수식 (10.1)에 의해 얻어진 고유값들이 0.7425, 0.2049, 0.1425, 그리고 0.0069이다. 제곱근이 각각의 정준상관계수 0.8617, 0.4527,

표 10.1 Euphydryas editha 콜로니들에서 측정된 변수들 간의 상관행렬 분해: A, B, C, C′

	X_1	X_2	X_3	X_4	Y_1	Y_2	Y_3	Y_4
X_1	1.000	0.568	−0.828	−0.936	−0.201	−0.573	0.727	−0.458
X_2	0.568	1.000	−0.479	−0.705	−0.468	−0.550	0.699	−0.138
X_3	−0.828	−0.479	1.000	0.719	0.224	0.536	−0.717	0.438
X_4	−0.936	0.705	0.719	1.000	0.246	0.593	−0.759	0.412
				A	**C**			
				C′	**B**			
Y_1	−0.201	−0.468	0.224	0.246	1.000	0.638	−0.561	−0.584
Y_2	−0.573	−0.550	0.536	0.593	0.638	1.000	−0.824	−0.127
Y_3	0.727	0.699	−0.717	−0.759	−0.561	−0.824	1.000	−0.264
Y_4	−0.458	−0.138	0.438	0.412	−0.584	−0.127	−0.264	1.000

0.3775, 그리고 0.0833에 대응되고, 다음과 같이 정준변수들은 주어졌다.

$$
\begin{aligned}
U_1 &= -0.12X_1 - 0.29X_2 + 0.47X_3 + 0.26X_4 \\
V_1 &= +0.55Y_1 + 0.42Y_2 - 0.09Y_3 + 0.83Y_4 \\
U_2 &= +2.43X_1 - 0.68X_2 + 0.48X_3 + 1.40X_4 \\
V_2 &= -1.77Y_1 - 2.26Y_2 - 3.85Y_3 - 2.85Y_4 \\
U_3 &= +2.95X_1 + 1.36X_2 + 0.58X_3 + 3.53X_4 \\
V_3 &= -3.48Y_1 - 1.30Y_2 - 3.75Y_3 - 2.75Y_4 \\
U_4 &= +1.37X_1 + 0.24X_2 + 1.70X_3 - 0.09X_4 \\
V_4 &= +0.66Y_1 - 1.41Y_2 - 0.50Y_3 + 0.64Y_4
\end{aligned}
$$

네 개의 정준상관관계가 존재하는데, 이유는 X와 Y의 변수 개수 중 작은 값이 4(둘 다 4)이기 때문이다.

어떤 통계 패키지에서는 하나 혹은 그 이상의 수식에서 부호가 반대인, 예를 들어 $U_1 = 0.12X_1 + 0.29X_2 - 0.47X_3 - 0.26X_4$와 같은 결과가 나올 수 있음을 알아야 한다. 이는 U_1의 의미를 뒤집지만, 자료를 설명하는 데 그것의 유용성을 뒤집는 건 아니다.

비록 정준상관관계가 상당히 클지라도, Bartlett 검정에 의하면 작은 표본 크기 때문에 통계적으로 유의미할 정도는 아니다. 자유도가 16인 카이제곱분포에서 검정통계량 $X^2 = 18.34$에 해당하는 유의수준은 약 0.3이다.

통계적 유의성 결여는 그렇다 치고, 첫 쌍의 정준변수들에게 어떤 해석이 가능한지를 알아보는 것은 흥미롭다. U_1에 대한 수식으로부터 이것이 X_3(최고 온도)와 X_4(최저 온도) 그리고 X_2(강수량)와 X_1 사이의 대비를 나타낸다. V_1은 세 변수 Y_1(유동성 0.40과 0.60), Y_2(유동성 0.80), 그리고 Y_4(유동성 1.16)에 대해서는 적당한 양의 계수부터 큰 양의 계수까지, 그리고 Y_3(유동성 1.0)에 대해서는 작은 음의 상관계수를 갖는다. 유동성 유전자 0.40, 0.60, 0.80, 그리고 1.16들이 온도가 높고 강수량이 적은 콜로니에서 빈번한 경향이 있다.

환경 변수들과 U_1과의 상관관계들은 다음과 같다.

	고도	강수량	최고 온도	최저 온도
U_1	−0.92	−0.77	0.90	0.92

U_1이 고온, 그리고 낮은 고도와 낮은 강수량의 측도로 잘 해석될 수 있음을 시사한다. 유전자 빈도와 V_1의 상관관계는 다음과 같다.

	유동성 0.40/0.60	유동성 0.80	유동성 1.00	유동성 1.16
V_1	0.38	0.74	−0.96	0.48

이 경우에 V_1은 유동성 유전자 1.00의 결여를 나타내는 지표가 분명하다.

U_1과 V_1의 해석이 상관계수에 기반할 때와 정준함수의 계수에 기반할 때 해석이 다르다. U_1에 대한 해석 차이는 크지 않다. 그래서 단지 고도만 영향이 있는 반면, V_1은 유동성 유전자 1.00의 중요도가 완전 다르다. 대체로 상관계수에 기초한 해석이 좋아 보이고 자료에서 보인 것들과 부합해 보인다. 예를 들어 콜로니 GL은 가장 높은 고도, 높은 강수량, 가장 낮은 온도, 그리고 유동성 유전자 1.00의 가장 높은 빈도를 갖는다. 이것이 낮은 고도, 낮은 강수량, 고온, 그리고 유동성 유전자 1.00의 가장 낮은 빈도를 가진 콜로니 UO와 비교된다. 하지만 앞장에서도 언급했듯이, 진짜 어려움은 정준변수를 구성하는 변수들끼리 높은 상관관계가 있을 때 정준변수를 해석하는 데 있다. 표 10.1은 이 예제가 그런 경우임을 보여 준다.

그림 10.1은 U_1 값과 V_1 값에 대한 그림이다. 콜로니 DP가 다른 콜로니들에 비해 다소 눈에 띄는데, 이유는 비슷한 U_1 값을 가진 다른 콜로니들에 비해 V_1 값이 다소 작기 때문이다. U_1과 V_1의 해석으로부터, 유동성 유전자 1.00의 빈도가 이런 환경을 가진 콜로니에서 특별히 높은 것처럼 보인다. 이는 표 1.3 자료의 면밀한 조사를 통해 사실로 밝혀졌다.

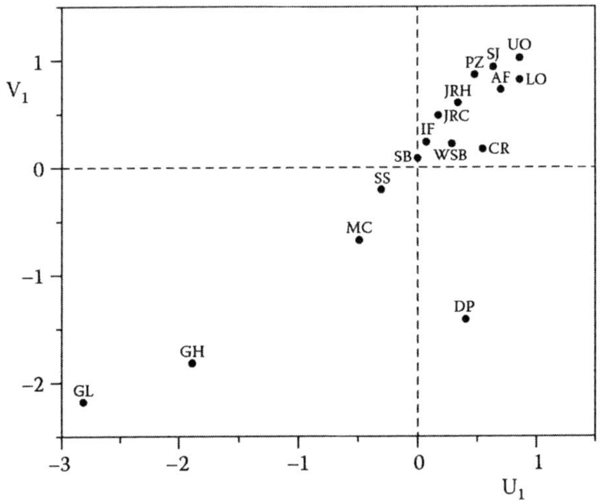

그림 10.1 Euphydryas editha 나비의 16 콜로니들에 대한 U_1 대비 V_1 그림

예제 10.2 Belize에서 토양과 식물 생장 변수들

좀 더 큰 자료의 예로, 마야문명이 번영했던 중앙 아메리카 카리브해에 면한 나라 벨리즈의 북쪽 Corozal 구역의 마야족 거주지 위치에 영향을 주는 인자들에 대한 연구

를 위해 Green(1973)에 의해 수집된 자료의 일부를 고려하자. 표 10.2는 가로 세로 길이가 각각 2.5 km인 사각형 구획에서 기록된 네 가지 토양 변수들과 네 가지 생장 변수들을 보여 준다.

표 10.2 Belize의 Corozal 지역에서 151개의 2.5 x 2.5 km 사각형 구획에 대한 토양과 생육 변수

구획	X_1	X_2	X_3	X_4	Y_1	Y_2	Y_3	Y_4
1	40	30	0	30	0	25	0	0
2	20	0	0	10	10	90	0	0
3	5	0	0	50	20	50	0	0
4	30	0	0	30	0	60	0	0
5	40	20	0	20	0	95	0	0
6	60	0	0	5	0	100	0	0
7	90	0	0	10	0	100	0	0
8	100	0	0	0	20	80	0	0
9	0	0	0	10	40	60	0	0
10	15	0	0	20	25	10	0	0
11	20	0	0	10	5	50	0	0
12	0	0	0	50	5	60	0	0
13	10	0	0	30	30	60	0	0
14	40	0	0	20	50	10	0	0
15	10	0	0	40	80	20	0	0
16	60	0	0	0	100	0	0	0
17	45	0	0	0	5	60	0	0
18	100	0	0	0	100	0	0	0
19	20	0	0	0	20	0	0	0
20	0	0	0	60	0	50	0	0
21	0	0	0	80	0	75	0	0
22	0	0	0	50	0	50	0	0
23	30	10	0	60	0	100	0	0
24	0	0	0	50	0	50	0	0
25	50	20	0	30	0	100	0	0
26	5	15	0	80	0	100	0	0
27	60	40	0	0	10	90	0	0
28	60	40	0	0	50	50	0	0
29	94	5	0	0	90	10	0	0
30	80	0	0	20	0	100	0	0
31	50	50	0	0	25	75	0	0
32	10	40	50	0	75	25	0	0
33	12	12	75	0	10	90	0	0
34	50	50	0	0	15	85	0	0
35	50	40	10	0	80	20	0	0
36	0	0	100	0	100	0	0	0

(계속)

표 10.2 Belize의 Corozal 지역에서 151개의 2.5 x 2.5 km 사각형 구획에 대한 토양과 생육 변수

구획	X_1	X_2	X_3	X_4	Y_1	Y_2	Y_3	Y_4
37	0	0	100	0	100	0	0	0
38	70	30	0	0	50	50	0	0
39	40	40	20	0	50	50	0	0
40	0	0	100	0	100	0	0	0
41	25	25	50	0	100	0	0	0
42	40	40	0	20	80	20	0	0
43	90	0	0	10	100	0	0	0
44	100	0	0	0	100	0	0	0
45	100	0	0	0	90	10	0	0
46	10	0	0	90	100	0	0	0
47	80	0	0	20	100	0	0	0
48	60	0	0	30	80	0	0	0
49	40	0	0	0	0	30	0	0
50	50	0	0	50	100	0	0	0
51	50	0	0	0	40	0	0	0
52	30	30	0	20	30	60	0	0
53	20	20	0	40	0	100	0	0
54	20	80	0	0	0	100	0	0
55	0	10	0	60	0	75	0	0
56	0	50	0	30	0	75	0	0
57	50	50	0	0	30	70	0	0
58	0	0	0	60	0	60	0	0
59	20	20	0	60	0	100	0	0
60	90	10	0	0	70	30	0	0
61	100	0	0	0	100	0	0	0
62	15	15	0	30	0	40	0	0
63	100	0	0	0	25	75	0	0
64	95	0	0	5	90	10	0	0
65	95	0	0	5	90	10	0	0
66	60	40	0	0	50	50	0	0
67	30	60	10	10	50	10	0	0
68	50	0	50	50	100	0	0	0
69	60	30	0	10	60	40	0	0
70	90	8	0	2	80	20	0	0
71	30	30	30	40	60	40	0	0
72	33	33	33	33	75	25	0	0
73	20	10	0	40	0	100	0	0
74	50	0	0	50	40	60	0	0
75	75	12	0	12	50	50	0	0
76	75	0	0	25	40	60	0	0

(계속)

표 10.2 Belize의 Corozal 지역에서 151개의 2.5 x 2.5 km 사각형 구획에 대한 토양과 생육 변수

구획	X_1	X_2	X_3	X_4	Y_1	Y_2	Y_3	Y_4
77	30	0	0	50	0	100	0	0
78	50	10	0	30	5	95	0	0
79	100	0	0	0	60	40	0	0
80	50	0	0	50	20	80	0	0
81	10	0	0	90	0	100	0	0
82	30	30	0	20	0	85	0	0
83	20	20	0	20	0	75	0	0
84	90	0	0	0	50	25	0	0
85	30	0	0	0	30	5	0	0
86	20	30	0	50	20	80	0	0
87	50	30	0	10	50	50	0	0
88	80	0	0	0	70	10	0	0
89	80	0	0	0	50	0	0	0
90	60	10	0	25	80	15	0	0
91	50	0	0	0	75	0	0	0
92	70	0	0	0	75	0	0	0
93	100	0	0	0	85	15	0	0
94	60	30	0	0	40	60	0	0
95	80	20	0	0	50	50	0	0
96	100	0	0	0	100	0	0	0
97	100	0	0	0	95	5	0	0
98	0	0	0	60	0	50	0	0
99	30	20	0	30	0	60	0	40
100	15	0	0	35	20	30	0	0
101	40	0	0	45	70	20	0	0
102	30	0	0	45	20	40	0	20
103	60	10	0	30	10	65	5	20
104	40	20	0	40	0	25	0	75
105	100	0	0	0	70	0	0	30
106	100	0	0	0	40	60	0	0
107	80	10	0	10	40	60	0	0
108	90	0	0	10	10	0	0	90
109	100	0	0	0	20	10	0	70
110	30	50	0	20	10	90	0	0
111	60	40	0	0	50	50	0	0
112	100	0	0	0	80	10	0	10
113	60	0	0	40	60	10	30	0
114	50	50	0	0	0	100	0	0

(계속)

표 10.2 Belize의 Corozal 지역에서 151개의 2.5 x 2.5 km 사각형 구획에 대한 토양과 생육 변수

구획	X_1	X_2	X_3	X_4	Y_1	Y_2	Y_3	Y_4
115	60	30	0	10	25	75	0	0
116	40	0	0	60	30	20	50	0
117	30	0	0	70	0	50	50	0
118	50	20	0	30	0	100	0	0
119	50	50	0	0	25	75	0	0
120	90	10	0	0	50	50	0	0
121	100	0	0	0	60	40	0	0
122	50	0	0	50	70	30	0	0
123	10	10	0	80	0	100	0	0
124	50	50	0	0	30	70	0	0
125	75	0	0	25	80	20	0	0
126	40	0	0	60	0	100	0	0
127	90	10	0	10	75	25	0	0
128	45	45	0	55	30	70	0	0
129	20	35	0	80	10	90	0	0
130	80	0	0	20	70	30	0	0
131	100	0	0	0	90	0	0	0
132	75	0	0	25	50	50	0	0
133	60	5	0	40	50	50	0	0
134	40	0	0	60	60	40	0	0
135	60	0	0	40	70	15	0	0
136	90	10	0	10	75	25	0	0
137	50	0	5	0	30	20	0	0
138	70	0	30	0	70	30	0	0
139	60	0	40	0	100	0	0	0
140	50	0	0	0	50	0	0	0
141	30	0	50	0	60	40	0	0
142	5	0	95	0	80	20	0	0
143	10	0	90	0	70	30	0	0
144	50	0	0	0	15	30	0	0
145	20	0	80	0	50	50	0	0
146	0	0	100	0	90	10	0	0
147	0	0	100	0	75	25	0	0
148	90	0	10	0	60	30	10	0
149	0	0	100	0	80	10	10	0
150	0	0	100	0	60	40	0	0
151	0	40	60	40	50	50	0	0

노트: X_1 = 일정한 석회 강화물을 가진 토양 비율, X_2 = 칼슘 지하수를 가진 초원토의 비율, X_3 = 일정한 석회 강화물의 상황 하에 산호암반을 가진 토양 비율, X_4 = 강 근처 충적토와 유기토, 그리고 해안가 염분유기토 비율, Y_1 = 낙엽활엽림 비율, Y_2 = 고습림, 저습림, 초본습지, 그리고 늪 비율, Y_3 = 코후네야자숲 비율, Y_4 = 혼합림 비율

토양 변수들은 X_1 = 일정한 석회 강화물을 가진 토양 비율, X_2 = 칼슘 지하수를 가진 초원토의 비율, X_3 = 일정한 석회 강화물의 상황 하에 산호암반을 가진 토양 비율, 그리고 X_4 = 강 근처 충적토와 유기토, 그리고 해안가 염분유기토 비율이다. 생장 변수들은 Y_1 = 낙엽활엽림 비율, Y_2 = 고습림, 저습림, 초본습지, 그리고 늪 비율, Y_3 = 코후네야자숲 비율, 그리고 Y_4 = 혼합림 비율이다. 모든 정방 구획들에서 비율 합이 100이 안되기 때문에 분석을 시작하기 전에 어떤 변수를 제거할 필요가 없다. 이 예제의 남은 부분에서 참고되는 자료는 평균 0 그리고 표준편차 1을 갖는 표준화된 변수들의 값들이다.

네 개의 정준상관계수(X 변수와 Y 변수 개수의 최소값)가 있고, 값들이 0.762, 0.566, 0.243, 그리고 0.122이다. 수식 (10.3)의 X^2 검정통계량 값이 193.63인데, 이는 자유도 16인 카이제곱분포 확률과 비교했을 때 매우 유의하게 큰 값이다. 그러므로 이는 토양과 생육환경 변수들이 서로 관련 있다는 강한 증거가 된다. 하지만 원 자료가 정규분포를 따르지 않기 때문에 이 결과는 약간 조건부로 취급되어야 한다.

정준변수들은 다음과 같이 알려졌다.

$$
\begin{aligned}
U_1 &= +1.33X_1 + 0.29X_2 + 1.12X_3 + 0.56X_4 \\
V_1 &= +1.67Y_1 + 1.00Y_2 + 0.21Y_3 + 0.51Y_4 \\
U_2 &= +0.49X_1 + 0.88X_2 + 0.29X_3 + 0.97X_4 \\
V_2 &= +0.70Y_1 + 1.50Y_2 + 0.32Y_3 + 0.31Y_4 \\
U_3 &= +0.38X_1 - 0.57X_2 + 0.14X_3 + 0.87X_4 \\
V_3 &= -0.22Y_1 - 0.30Y_2 + 0.92Y_3 + 0.20Y_4 \\
U_4 &= -0.44X_1 - 0.02X_2 + 0.72X_3 + 0.15X_4 \\
V_4 &= +0.12Y_1 + 0.01Y_2 + 0.26Y_3 - 0.93Y_4
\end{aligned}
$$

사실 여기에 주어진 U_1, V_1, U_2, 그리고 V_2에 대한 선형결합들은 계산할 때 사용된 프로그램 결과와는 같지 않다. 왜냐하면 모든 선형결합 결과들이 X와 Y 변수들에 대해 음의 계수를 가졌기 때문이다. U_1과 V_1의 상관계수가 $-U_1$과 $-V_1$의 상관계수와 같기 때문에 부호 변환은 정당화된다. 따라서 $-U_i$ 그리고 $-V_i$이 i번째 정준변수로서 U_i 그리고 V_i와 같은 역할을 한다. 하지만 U_1, V_1, U_2, 그리고 V_2의 부호 변환이 표 10.3에서처럼 정준변수들과 X 그리고 Y 변수들 사이의 상관관계 부호를 바꿨다.

표 10.3에 주어진 상관계수(특별히 −0.5에서 0.5 범위 밖의 계수들)를 고려하면, 정준변수들이 주로 측정하는 것을 다음과 같이 묘사할 수 있다.

표 10.3 정준변수들과 X와 Y 변수 간의 상관계수

	U_1	U_2	U_3	U_4		V_1	V_2	V_3	V_4
X_1	0.57	−0.20	0.00	−0.80	Y_1	0.80	−0.55	−0.07	0.24
X_2	−0.06	0.69	−0.72	−0.04	Y_2	−0.40	0.89	−0.22	0.03
X_3	0.42	−0.23	−0.17	0.86	Y_3	0.04	0.17	0.95	0.28
X_4	−0.36	0.58	0.71	0.19	Y_4	0.11	−0.01	0.25	−0.96

U_1: 토양종류 1(일정한 석회 강화물을 가진 토양)과 토양종류 3(일정한 석회 강화물의 상황 하에 산호암반을 가진 토양)의 존재

V_1: 생육타입 1(낙엽활엽림)의 존재

U_2: 토양종류 2(칼슘 지하수를 가진 초원토)와 토양종류 4(강 근처 충적토와 유기토, 그리고 해안가 염분유기토)의 존재

V_2: 생육타입 2(고습림, 저습림, 초본습지, 그리고 늪)의 존재와 생육타입 1의 부재

U_3: 토양종류 4의 존재와 토양종류 2의 부재

V_3: 생육타입 3(코후네야자숲)의 존재

U_4: 토양종류 3의 존재와 토양종류 1의 부재

V_4: 생육타입 4(혼합림)의 부재

그러므로 처음 두 쌍의 정준변수들에 의해 설명됐듯이, 토양과 생육 변수들 간에 가장 중요한 관계는 (a) 토양종류 1과 3의 존재, 그리고 토양종류 4의 부재가 생육타입 1의 존재와 관련이 있다. 그리고 (b) 토양종류 2와 4의 존재가 생육타입 2의 존재, 그리고 생육타입 1의 부재와 관계가 있는 것처럼 보인다.

그림 10.2에서 주어진 정준변수들과 케이스 번호의 그림을 살펴보는 것은 의미가 있다. 예상한 대로 U_1과 V_1, 그리고 U_2와 V_2의 상관관계가 명백하다. 아마도 그림에서 가장 눈에 띄는 것은 V_3과 V_4의 특별한 분포이다. V_3 값은 대부분 −0.2, 그리고 V_4는 대부분 +0.2이다. 그러나 몇몇 케이스(관측치)는 100과 120 사이의 극단값을 갖는다. 표 10.2 자료의 조사를 통해 이러한 극단값들이 생육타입 3과 4가 존재하는 구획으로 밝혀졌는데, V_3과 V_4의 정의를 생각해 보면 말이 된다.

이 예제를 마치기 전에, 언급되지 않은 잠재적 문제에 대해 얘기하는 것이 좋겠다. 지리적으로 가까운, 특히 인접한 구획에서 나온 자료들에 대한 공간적 상관관계에 관한 것이다. 만일 그러한 상관관계가 존재한다면, 예를 들어 인접한 구획들이 같은 토양과 생육 환경적 특징을 갖는다면, 자료들이 151개의 독립적인 관측치를 제공하지 않는다. 요컨대, 자료집합이 약간의 작은 수의 구획에서 나온 독립적인 자료와 같게 된다.

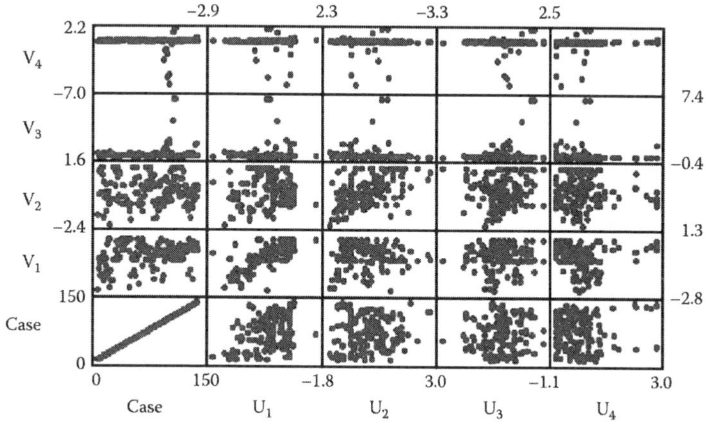

그림 10.2 Belize에서 2.5 km 제곱 면적 구획들의 토양과 생육 변수 자료들로부터 얻어진 정준변수들의 draftsman 그림(가독성을 높이기 위해, U축에 대한 좌표 일부는 그림 위쪽, 그리고 V축에 대한 좌표 일부는 그림 오른쪽에 표시하였다.)

이것의 영향이 정준상관 전체의 유의성 검정에서 주로 나타나는데, 이러한 상관관계가 실제보다 더 유의미한 것처럼 보이는 경향이 있다.

똑같은 문제가 앞의 Euphydryas editha 나비의 콜로니 예제에서 또한 잠재적으로 존재한다. 왜냐하면 몇몇 콜로니들이 지리적으로 상당히 가깝기 때문이다. 사실 관측치들이 서로 다른 지리적인 위치에서 수집될 때마다 존재하는 잠재적 문제이다. 이러한 문제를 해결하는 방법은 비록 말로는 쉽지만, 자료들 간에 거리를 충분히 확보함으로써 독립 혹은 거의 독립이 되도록 하는 것이다. 자료의 공간적 상관을 허용한 방법들이 있지만, 이 책의 범위를 넘어선다.

10.5 컴퓨터 프로그램

부록에서는 이 장에서 언급된 분석을 수행하는 데 필요한 R 패키지들에 대한 정보를 제공한다. 그러나 정준상관분석을 위한 옵션은 앞에서 언급된 다변량분석을 위한 옵션만큼 광범위하게 이용 가능한 것은 아니다. 그래도 큰 패키지들은 분명히 옵션을 제공한다.

10.6 추가 자료

정준상관분석에 대한 이론과 활용에만 집중하는 교재들이 시중에 많지는 않다. 유용한 참고문헌으로 생태학에서 정준상관분석의 활용에 대한 Giffins(1985) 책이 있다. 그 책의 절반 정도는 이론에 대한 내용이고 나머지는 식물의 특별한 예제들에 관한 내용이다. 사회과학 내용을 다루는 짧은 교재로 Thompson(1985)이 쓴 책도 있다.

연습문제

표 10.4는 유럽 22개 나라에 대한 단백질 근원과 고용 패턴에 관한 표 1.5와 6.7의 자료를 병합한 결과를 보여 준다. 한 나라의 고용에 대한 특성과 단백질을 위해 사용된 음식의 종류 사이에 관계가 만일 존재한다면, 어떠한 관계가 있는지 알아보기 위해 정준상관분석을 시행하라.

표 10.4 유럽 국가들의 다른 산업에 종사하는 비율과 단백질의 근원

국가	RM	WM	EGG	MLK	FSH	CRL	SCH	PNO	F&V	AGR	MIN	MAN	PS	CON	SER	FIN	SPS	TC
알바니아	10	1	1	9	0	42	1	6	2	55.5	19.4	0.0	0.0	3.4	3.3	15.3	0.0	3.0
오스트리아	9	14	4	20	2	28	4	1	4	7.4	0.3	26.9	1.2	8.5	19.1	6.7	23.3	6.4
벨기에	14	9	4	18	5	27	6	2	4	2.6	0.2	20.8	0.8	6.3	16.9	8.7	36.9	6.8
불가리아	8	6	2	8	1	57	1	4	4	19.0	0.0	35.0	0.0	6.7	9.4	1.5	20.9	7.5
덴마크	11	11	4	25	10	22	5	1	2	5.6	0.1	20.4	0.7	6.4	14.5	9.1	36.3	7.0
핀란드	10	5	3	34	6	26	5	1	1	8.5	0.2	19.3	1.2	6.8	14.6	8.6	33.2	7.5
프랑스	18	10	3	20	6	28	5	2	7	5.1	0.3	20.2	0.9	7.1	16.7	10.2	33.1	6.4
그리스	10	3	3	18	6	42	2	8	7	22.2	0.5	19.2	1.0	6.8	18.2	5.3	19.8	6.9
헝가리	5	12	3	10	0	40	4	5	4	15.3	28.9	0.0	0.0	6.4	13.3	0.0	27.3	8.8
아일랜드	14	10	5	26	2	24	6	2	3	13.8	0.6	19.8	1.2	7.1	17.8	8.4	25.5	5.8
이탈리아	9	5	3	14	3	37	2	4	7	8.4	1.1	21.9	0.0	9.1	21.6	4.6	28.0	5.3
네덜란드	10	14	4	23	3	22	4	2	4	4.2	0.1	19.2	0.7	0.6	18.5	11.5	38.3	6.8
노르웨이	9	5	3	23	10	23	5	2	3	5.8	1.1	14.6	1.1	6.5	17.6	7.6	37.5	8.1
폴란드	7	10	3	19	3	36	6	2	7	23.6	3.9	24.1	0.9	6.3	10.3	1.3	24.5	5.2
포르투갈	6	4	1	5	14	27	6	5	8	11.5	0.5	23.6	0.7	8.2	19.8	6.3	24.6	4.8
루마니아	6	6	2	11	1	50	3	5	3	22.0	2.6	37.9	2.0	5.8	6.9	0.6	15.3	6.8
스페인	7	3	3	9	7	29	6	6	7	9.9	0.5	21.1	0.6	9.5	20.1	5.9	26.7	5.8
스웨덴	10	8	4	25	8	20	4	1	2	3.2	0.3	19.0	0.8	6.4	14.2	9.4	39.5	7.2
스위스	13	10	3	24	2	26	3	2	5	5.6	0.0	24.7	0.0	9.2	20.5	10.7	23.1	6.2
영국	17	6	5	21	4	24	5	3	3	2.2	0.7	21.3	1.2	7.0	20.2	12.4	28.4	6.5
구소련	9	5	2	17	3	44	6	3	3	18.5	0.0	28.8	0.0	10.2	7.9	0.6	25.6	8.4
구유고슬라비아	4	5	1	10	1	56	3	6	3	5.0	2.2	38.7	2.2	8.1	13.8	3.1	19.1	7.8

노트: RM = 붉은 육류, WM = 흰 육류, EGG = 달걀, MLK = 우유, FSH = 생선, CLR = 시리얼, SCH = 녹말 음식, PNO = 콩, 견과류, 유종, F&V = 과일과 야채, AGR = 농업, 어업, 임업, MIN = 광산업, MAN = 제조업, PS = 전기와 물 산업, CON = 건설, SER = 서비스업, FIN = 금융, SPS = 사회와 개인적인 서비스업, TC = 교통과 통신

참고문헌

Bartlett, M.S. (1947). The general canonical correlation distribution. *Annals of Mathematical Statistics* 18: 1–17.

Giffins, R. (1985). *Canonical Analysis: A Review with Applications in Ecology*. Berlin: Springer.

Green, E.L. (1973). Location analysis of prehistoric Maya sites in British Honduras. *American Antiquity* 38: 279–93.

Harris, R.J. (2013). *A Primer of Multivariate Statistics*. 3rd Edn. New York and Hove: Psychology Press.

Hotelling, H. (1936). Relations between two sets of variables. *Biometrika* 28: 321–77.

Thompson, B. (1985). *Canonical Correlation Analysis: Uses and Interpretations*. Thousand Oaks, CA: Sage.

부록 R에서의 정준상관

정준상관분석은 수식 (10.1)에서 정의됐듯이 기본적으로 고유값 문제이다. 그래서 두 변수 집합(X와 Y)들의 정준상관은 R에서 eigen() 함수를 이용하여 쉽게 계산된다. 정준상관분석을 위해 사용자가 R에서 기본적으로 제공된 stat 패키지의 cancor (matX, matY) 함수를 이용하기로 정하면, 프로그램 부담이 엄청 줄어드는 것은 아니다. 여기에서 matX와 matY는 각각 X와 Y 변수들을 포함하는 행렬들이다. cancor() 함수는 단지 평균만 0으로 변환하기 때문에, 표준화가 필요할 때마다 scale() 함수를 실행해야 한다. cancor() 함수의 결과는 단순하다. 정준변수들을 정의하는 선형결합의 계수들과 분석에 포함된 X와 Y 변수들의 평균으로 구성되어 있다.

다른 cancor()(즉, 이름이 같은 함수)가 패키지 candisc(Friendly and Fox, 2016)에 포함되어 있는데, 이 패키지는 판별함수분석을 다루는 8장 부록에서 이미 언급되었다. 패키지 candisc에 구현된 cancor() 함수는 더 일반적인 계산과 이차원에서 정준변수들의 그림 그리기가 가능하다. 또한 자료 표준화를 허용하고 10.3절에서 언급된 Bartlett 검정의 대안으로 Wilks' lambda 검정을 제공한다. 게다가 X와 Y 변수들의 상관행렬과, 이들에 대응되는 정준변수들 U_i와 V_i도 이 개선된 버전의 cancor() 함수가 제공한 결과의 일부이다.

Bartlett 카이제곱 검정이 패키지 yacca(Butts, 2012)의 cca() 함수로 포함되어 있는데, 이 패키지 이름은 "yet another package for canonical correlation analysis."의 줄임말이다. 여기에서 이름 cca가 유감인데, 이유는 자료 분석가들이 다변량 방법에서 흔하게 사용되는 constrained correspondence analysis(Oksanen, 2016)와 혼동할 수 있기 때문이다. 이 방법이 12장에서 canonical correspondence analysis (Legendre and Legendre, 2012)라는 이름으로 소개된다. 정준상관분석을 위한 cca를 포함한 전형적인 명령어는 다음과 같은 형태이다.

```
cca.object <- cca(matX, matY, xscale=TRUE, yscale=TRUE)
```

여기에서 matX와 matY들은 표준화되지 않은 자료행렬인데, 이 행렬들의 열들이 옵션 xscale=TRUE와 yscale=TRUE에 대한 반응으로 함수 cca에 의해 내부적으로 표준화된다.

R에는 정준상관분석을 위한 함수를 포함하고 있는 두 개의 패키지가 더 있다. 하나

는 패키지 CCA (González and Déjean, 2012)인데, 이는 개체보다 변수가 더 많은 자료를 다루기 위해 조정된 버전의 정준상관분석인 함수 cc()를 포함하고 있다. 두 번째 패키지는 vegan (Oksanen et al., 2016)인데, 이 패키지에 있는 CCorA()라는 함수가 자료가 희소한 경우(0이 많은 경우)나 다중공선행렬(자료의 열들 간에 상관성이 있는) 경우에 더 좋은 정준상관분석을 가능하게 한다. 이 두 함수의 자세한 사항을 위해 아래 주어진 참고문헌이나 R 도움말을 참고하기를 권한다.

우리는 R에서 정준상관분석에 가장 적합한 함수로 패키지 candisc의 cancor() 함수와 패키지 yacca의 cca() 함수를 권장한다. 사실 두 명령어면 예제 10.1과 10.2의 결과를 생산하기에 충분하다. 관련된 R 코드는 이 책의 웹사이트에서 이용 가능하다.

참고문헌

Butts, C.T. (2012). Yacca: Yet Another Canonical Correlation Analysis Package. R package version 1.1. https://CRAN.R-project.org/package=yacca

Friendly, M. and Fox, J. (2016). candisc: Visualizing Generalized Canonical Discriminant and Canonical Correlation Analysis. R package version 0.7-0. http://CRAN.R-project.org/package=candisc

Gonzalez, I. and Dejean, S. (2012). CCA: Canonical correlation analysis. R package version 1.2. https://CRAN.R-project.org/package=CCA

Legendre, P. and Legendre, L. (2012). *Numerical Ecology*. 3rd Edn. Amsterdam: Elsevier.

Oksanen, J. (2016). *Vegan: An Introduction to Ordination*. https://cran.r-project.org/web/packages/vegan/vignettes/intro-vegan.pdf

Oksanen, J., Blanchet, F.G., Friendly, M., Kindt, R., Legendre, P., McGlinn, D., Minchin, P.R., et al. (2016). vegan: Community Ecology Package. R package version 2.4-0. http://CRAN.R-project.org/package=vegan

11장

다차원척도분석법

11.1 거리행렬로 지도 만들기

다차원척도분석법은 개체들 간에 거리표가 주어졌을 때, 그들 간의 관계를 보여 주는 도표를 작성하기 위해 고안됐다. 이 도표는 일종의 지도인데, 이는 일차원(개체들이 선 위에 있다면), 이차원(개체들이 평면에 존재한다면), 삼차원(개체들이 공간에 존재하면), 혹은 그 이상의 차원(기하학적 표현이 불가능한)에서 존재한다.

거리표로부터 지도 작성이 가능할 수도 있다는 사실은 그림 11.1에 나온 네 개체 A, B, C 그리고 D 예제를 고려함으로써 확인이 가능하다. 개체들 간 거리들이 표 11.1에 주어졌다. 예를 들어 A에서 B까지의 거리는 6.0으로 B에서 A까지의 거리와 같은 반면, 각 개체들이 자기 자신과의 거리는 항상 0.0이다. 거리 배열로부터 지도를 만드는 것이 가능해 보인다. 그러나 그림 11.2처럼 지도의 거울에 비친 이미지도 개체들 간의 거리 배열과 같다는 것 또한 명백하다. 결과적으로 원 지도의 복구가 이러한 전도를 통해 가능하다는 것도 분명해 보인다.

만일 세 개보다 많은 개체가 관련된다면, 이들 모두가 아마 하나의 평면에 존재하지 않을 수 있다는 것도 명백하다. 그런 경우에 거리행렬이 이러한 정보를 암묵적으로 포

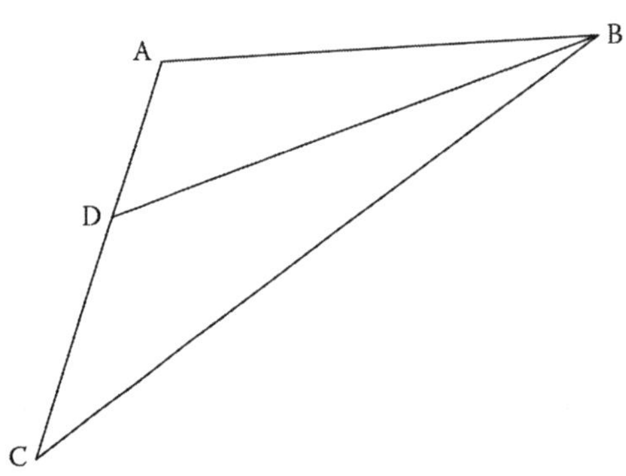

그림 11.1 이차원에서 4 개체들

표 11.1 그림 11.1에 주어진 개체들 간의 유클리디안 거리

	A	B	C	D
A	0.0	6.0	6.0	2.5
B	6.0	0.0	9.5	7.8
C	6.0	9.5	0.0	3.5
D	2.5	7.8	3.5	0.0

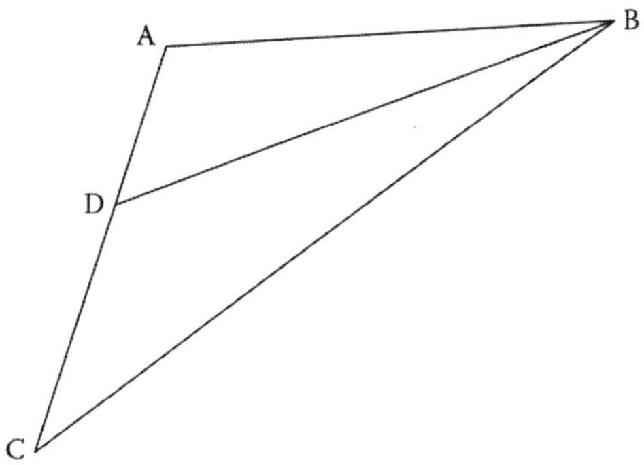

그림 11.2 그림 11.1에 주어진 개체들의 거울이미지. 여기에서도 개체들 간의 거리는 같다.

표 11.2 삼차원에서 4 개체들 간의 거리행렬

	A	B	C	D
A	0	1	$\sqrt{2}$	$\sqrt{2}$
B	1	0	1	1
C	$\sqrt{2}$	1	0	$\sqrt{2}$
D	$\sqrt{2}$	1	$\sqrt{2}$	0

함하고 있다. 예를 들어 표 11.2의 거리배열은 네 개체들 간의 공간적 관계를 보여 주기 위해 삼차원을 필요로 한다. 불행하게도 실제 자료에서 관계를 표현하는 데 몇 차원이 필요한지 알 수가 없다. 그래서 실제 자료에서는 보통 여러 차원들이 시도된다.

다차원척도분석법의 유용함은 개체들 간의 내제된 관계는 모르지만, 거리행렬은 추정될 수 있는 상황이 종종 발생한다는 사실로부터 발생한다. 예를 들어 심리학에서, 사람들이 개체들 간의 관계에 대한 전체적인 그림을 그릴 수 없음에도 각 쌍의 개체들이 얼마나 비슷한지 혹은 얼마나 다른지를 산정할 수 있을지도 모른다. 다차원척도분석법은 그런 그림을 제공할 수 있다.

현재 다차원척도분석법이라는 주제로 묶일 수 있는 다양한 종류의 자료 분석 기법들이 있다. 여기에서는 가장 간단한 방법들만 고려할 텐데, 이 방법들이 Togerson (1952) 그리고 Kruskal(1964a,b)에 의해 개발된 고전적인 방법들이다. 이와 관련된 주요요인 분석은 12장에서 언급된다.

11.2 다차원척도분석 절차

전통적 다차원척도분석법은 n개 개체들 간의 거리행렬을 가지고 시작하는데, 거리행렬 i행 j열 δ_{ij}는 객체 i에서 j까지의 거리이다. 개체들 지도에 필요한 차원의 수는 특정한 값 t(1 혹은 그 이상)로 고정되어 있다. 컴퓨터 프로그램들이 분석을 수행하기 위해 다른 방법들을 사용하지만, 일반적으로 다음과 같은 절차를 포함하고 있다.

1. t차원에서 n개 개체들에 대한 초기 구성을 마련한다. 즉, t차원 공간에서 각 개체에 대한 좌표는 $(x_1, x_2, \cdots, x_t)$로 가정한다.
2. 개체들 간의 유클리디안 거리가 가정된 구성에서 계산된다. 이런 구성에서 개체 i와 개체 j 사이의 거리는 d_{ij}라 하자.
3. d_{ij}와 δ_{ij}의 회귀분석을 한다. 앞에서 언급한 대로 δ_{ij}는 입력 자료에서의 개체 i와 개체 j 사이의 거리이다. 선형, 다항, 혹은 단조회귀일 수 있다. 예를 들어 선형회귀는 다음을 가정한다.

$$d_{ij} = \alpha + \beta\delta_{ij} + \varepsilon_{ij}$$

여기에서 ε_{ij}는 오차항이고 α와 β는 상수들이다.

단조회귀는 만일 δ_{ij}가 증가하면 d_{ij}는 증가 혹은 일정한 값을 갖지만, 둘 사이 정확한 관계는 가정하지 않는다. 회귀식으로부터 얻어진 적합거리($\hat{d}_{ij} = \alpha + \beta\delta_{ij}$, 선형회귀인 경우)는 이격도(disparities)라 한다. 다시 말해, 이격도 $\hat{d}_{ij}$는 구성거리 d_{ij}에 가능한 가깝게 만들려고 조정된 자료거리 δ_{ij}이다.

4. 구성거리와 이격도 사이 적합도는 적절한 통계량에 의해 측정된다. 가능한 한 가지가 Kruskal's stress formula 1이다:

$$\text{STRESS1} = \left\{\sum\left(d_{ij} - \hat{d}_{ij}\right)^2 / \sum \hat{d}_{ij}^{\,2}\right\}^{1/2} \tag{11.1}$$

여기에서 stress라는 단어가 사용되는데, 이 통계량이 자료거리 δ_{ij}를 얻기 위해 점들의 공간 구성이 얼마나 강조되어야 하는지에 대한 측도이기 때문이다.

5. stress를 줄이는 방식으로 각 개체의 좌표$(x_1, x_2, \cdots, x_t)$가 조금씩 변한다.

stress가 더 이상 줄어들지 않을 때까지 단계 2부터 단계 5를 반복한다. 이때 분석 결과는 t차원에서 n개 개체들의 좌표들이다. 이 좌표들은 개체들이 어떻게 관련되어 있는지를 보여 주기 위한 지도를 그릴 때 사용될 수 있다. n개 개체들의 시각적 표현이 저차원에서 간단하기 때문에, 삼차원 이하에서 좋은 해법을 찾는 것이 바람직하다. 분명한 것은 이것이 항상 가능한 것은 아니다.

작은 값의 STRESS 1(0에 가까운)이 바람직하다. 하지만 좋은 해법에 적합한 '작음'을 정의하기는 쉽지 않다. 단순한 지침으로, Kruskal and Wish(1978, p.56)는 STRESS 1이 0.05보다 작을 때 STRESS 1이 0.1을 초과할 때까지 차원 수를 줄이거나, 혹은 차원을 늘리는 것은 의심의 여지가 있음을 암시한다. 하지만 차원 선택에 대한 그들의 논의는 사실 이보다 더 많은 점들을 고려하고 있다. 실제로 차원 선택은 차원 수도 작게, 그리고 stress 값도 가능한 한 작게 하려는 두 욕망 사이에서 적당한 타협점에 기초하여 종종 주관적으로 이뤄진다. 분명한 것은 일반적으로 만일 차원 증가가 stress를 조금 감소시킨다면 차원 증가는 의미가 없다.

계량 다차원척도분석법과 비계량 분석법 사이에 중요한 차이가 있다. 계량의 경우에, 구성거리 d_{ij}와 자료거리 δ_{ij}는 선형 혹은 다항식 회귀 관계가 있다. 비계량 경우에 요구되는 것은 단지 단조회귀인데, 이는 자료거리의 순서만이 중요하다는 것을 의미한다. 일반적으로 비계량 방법의 유연성이 자료의 더 좋은 저차원 표현이 가능하게 한다.

예제 11.1 뉴질랜드 도시들 간의 도로거리

다차원척도분석법이 사용될 수 있는 예로, 그림 11.3에 주어진 뉴질랜드 남섬 13개 도시들 간의 거리표에 의해 얻어진 지도가 있다.

만일 도로거리가 지리학적 거리에 비례한다면, 이차원분석에 의해 실제 지도 복구가 가능할 것이다. 하지만 많은 도시들 간에 직접 연결 도로가 없어서, 도로거리가 어떤 경우에는 지리학적 거리보다 훨씬 멀다. 그 결과로 바라는 것은 표 11.3에 주어진 도로거리로부터 그림 11.3에 주어진 실제 지도의 근사적인 복구이다.

분석을 위해 컴퓨터 프로그램 NCSS(Hintze, 2012)가 사용됐다. 앞에서 설명된 절차의 3단계에서, 지도거리 d_{ij}와 표 11.3에 주어진 도로거리 δ_{ij} 사이에 단조회귀가 가정되었다. 이것이 종종 고전적 비계량 다차원척도분석법이라 불린다.

프로그램이 위에서 언급한 알고리즘을 사용하여 자료에 대한 이차원해법을 제공했다. 최종 stress 값은 수식 (11.1)을 사용하여 계산된 0.041이다.

프로그램 결과는 표 11.4에 주어진 대로, 분석에서 생성된 이차원의 13개 도시들의 좌표를 포함하고 있다. 실제 도시들 간에 존재하는 동서남북 방향을 유지하기 위해, 두 번째 차원의 값들의 부호를 바꾼 new 차원 2를 제공한다. 이런 부호 변환이 이차원에

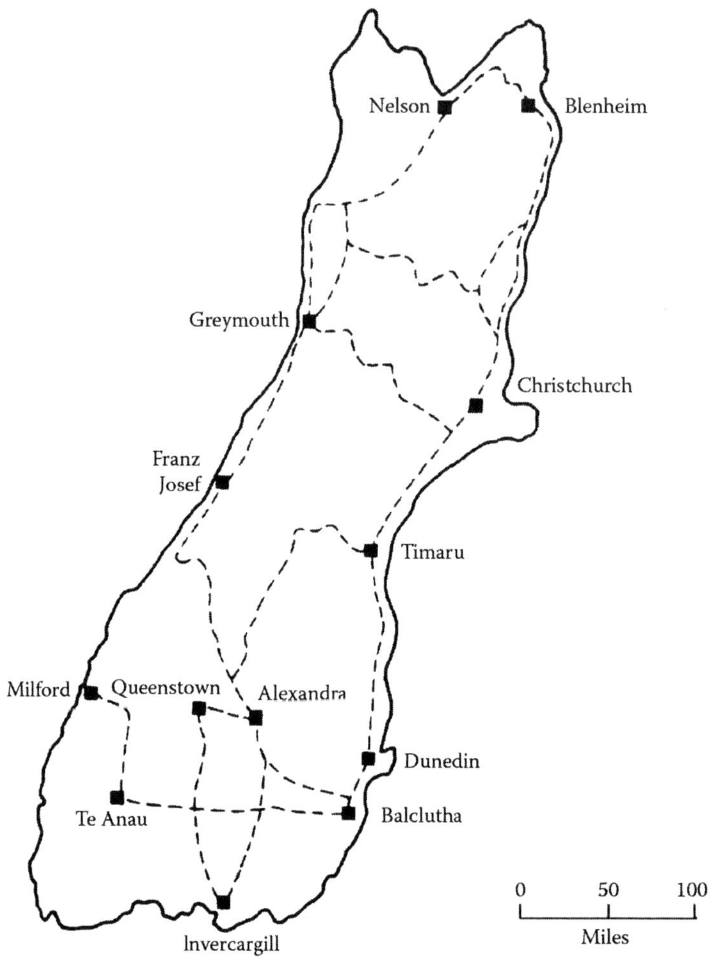

그림 11.3 단선으로 표시된 뉴질랜드 남섬 13개 도시들 간의 주요 도로

서 도시들 간의 거리를 바꾸지 않으므로 새로운 차원이 원래 차원만큼 만족스럽다. 만일 부호를 안 바꾸고 그대로 유지하면, 이차원에서 도시들의 그림이 실제 지도의 거울 이미지처럼 보일 것이다.

이 좌표들을 이용한 도시들의 그림이 그림 11.4에 주어졌다. 이 그림과 그림 11.3의 비교를 통해 다차원척도분석법이 실제 지도를 복구하는 데 꽤 성공적임을 알 수 있다. 대체로 도시들이 서로서로 올바른 관계를 가진 것처럼 보인다. Milford는 예외이다. 이 도시는 도로상으로는 Te Anau를 통해서만 접근이 가능하기 때문에, 다차원척도분석에 의해 생성된 지도에서는 Milford가 Te Anau에 가장 가깝게 나타난다. 사실 Milford는 지리적으로 Te Anau보다 Queenstown에 더 가깝다.

표 11.3 뉴질랜드 남섬의 13개 도시들 간의 주요 도로거리(단위는 마일)

	Alexandra	Balclutha	Blenheim	Christchurch	Dunedin	Franz Josef	Greymouth	Invercargill	Milford	Nelson	Queenstown	Te Anau	Timaru
Alexandra	—												
Balclutha	100	—											
Blenheim	485	478	—										
Christchurch	284	276	201	—									
Dunedin	126	50	427	226	—								
Franz Josef	233	493	327	247	354	—							
Greymouth	347	402	214	158	352	114	—						
Invercargill	138	89	567	365	139	380	493	—					
Milford	248	213	691	489	263	416	555	174	—				
Nelson	563	537	73	267	493	300	187	632	756	—			
Queenstown	56	156	494	305	192	228	341	118	178	572	—		
Te Anau	173	138	615	414	188	366	480	99	75	681	117	—	
Timaru	197	177	300	99	127	313	225	266	377	366	230	315	—

표 11.4 뉴질랜드 남섬의 도시들 간의 거리에 다차원척도분석을 적용하여 생성된 좌표

	차원		
도시	1	2	New 2
Alexandra	0.11	0.07	–0.07
Balcluha	0.19	–0.08	0.08
Blenheim	–0.38	–0.16	0.16
Christchurch	–0.15	–0.11	0.11
Dunedin	0.13	–0.10	0.10
Franz Josef	–0.18	0.20	–0.20
Greymouth	–0.27	0.06	–0.06
Invercargill	0.26	–0.01	0.01
Milford	0.36	0.13	–0.13
Nelson	–0.45	–0.08	0.08
Queenstown	0.13	0.12	–0.12
Te Anau	0.28	0.08	–0.08
Timaru	–0.03	–0.13	0.13

노트: 차원 2는 컴퓨터 프로그램에 의해 생성된 것이다. 실제 도시들의 지리학적 위치를 반영하기 위해 이 축의 부호를 변경하여 New 차원 2를 생성하였다.

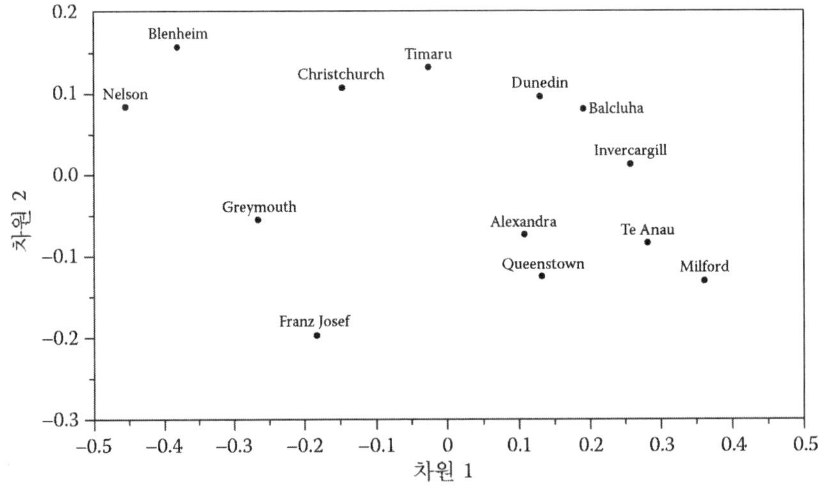

그림 11.4 표 11.3에 주어진 뉴질랜드 남섬의 도시들 간의 거리를 이용한 다차원분석에 의해 생성된 지도

예제 11.2 의원들의 투표 행태

다차원척도분석의 가치에 대한 두 번째 예로, 표 11.5의 거리행렬을 고려하자. 여기에서 거리는 미국 뉴저지 하원 의원 15명 사이의 거리이다. 환경문제와 관련한 19개 안

표 11.5 미국 뉴저지 하원 15명 사이의 거리

	Hunt	Sandman	Howard	Thompson	Frelinghuysen	Forsythe	Widnall	Roe	Helstoski	Rodino	Minish	Rinaldo	Maraziti	Daniels	Pattern
Hunt (R)	0														
Sandman (R)	8	0													
Howard (D)	15	17	0												
Thompson (D)	15	12	9	0											
Frelinghuysen (R)	10	13	16	14	0										
Forsythe (R)	9	13	12	12	8	0									
Widnall (R)	7	12	15	13	9	7	0								
Roe (D)	15	16	5	10	13	12	17	0							
Helstoski (D)	16	17	5	8	14	11	16	4	0						
Rodino (D)	14	15	6	8	12	10	15	5	3	0					
Minish (D)	15	16	5	8	12	9	14	5	2	1	0				
Rinaldo (R)	16	17	4	6	12	10	15	3	1	2	1	0			
Maraziti (R)	7	13	11	15	10	6	10	12	13	11	12	12	0		
Daniels (D)	11	12	10	10	11	6	11	7	7	4	5	6	9	0	
Pattern (D)	13	16	7	7	11	10	13	6	5	6	5	4	13	9	0

노트: 여기에 제시된 숫자는 19개 환경 관련 안건에 대해 의원들이 다르게 투표한 횟수이다. R = 공화당, D = 민주당

건에 대한 투표불일치 숫자이다. 예를 들어 미 하원의원 Hunt와 Sandman은 19번 중에서 8번 불일치하였고, Sandman과 Howard는 19번 중 17번 불일치하였다. 만일 두 의원이 모두 yes를 투표하거나, 모두 no를 투표하거나, 혹은 모두 기권하면 일치가 일어난 것으로 여긴다. 거리표는 Romesburg(2004)에 의해 제공된 원 자료로부터 작성되었다.

NCSS(Hintze, 2012) 프로그램을 사용하여 두 분석이 행해졌다. 첫 번째는 고전적 계량 다차원척도분석인데, 이는 표 11.5의 거리들이 비율척도로 측정됐다고 가정한다. 즉, 거리 값을 두 배하는 것이 두 개체 사이의 구성거리를 두 배하는 것과 동일하다고 가정한다. 이는 앞에서 언급된 절차 단계 3의 회귀식이 다음과 같은 형태이다.

$$d_{ij} = \beta\delta_{ij} + \varepsilon_{ij}$$

여기에서 ε_{ij}는 오차항, 그리고 β는 상수이다.

이차원, 삼차원, 사차원에서 얻어진 stress 값들이 각각 0.237, 0.130, 그리고 0.081이다.

두 번째 분석은 고전적 비계량방법을 이용하여 수행됐다. 그래서 d_{ij}와 δ_{ij}에서 단조회귀가 가정된다. 이 경우에 이차원, 삼차원, 사차원에서 얻어진 stress 값들이 각각 0.113, 0.066, 그리고 0.044이다. 비계량척도에서 눈에 띄게 작은 stress 값은 이 자료가 계량척도보다 비계량척도가 선호된다는 것을 의미하고, 삼차원 비계량척도가 사차원보다 살짝 큰 stress 값을 가진다. 그러므로 삼차원 비계량척도가 조금 더 자세히 고려된다. 표 11.6은 삼차원에서 의원들의 좌표들을 제시하고, 삼차원에서 의원들의 그림은 그림 11.5에 주어졌다.

그림 11.5를 보면 차원 1은 당별차이를 꽤 반영하고 있다. 왜냐하면 민주당은 그림의 왼쪽에 위치하고, Rinaldo를 제외한 공화당원은 오른쪽에 위치하기 때문이다.

차원 2를 해석하기 위해 가장 낮은 점수를 가진 Maraziti 그리고 Forsythe와 대조되는, 가장 높은 점수를 가진 Thompson 그리고 Sandman의 투표가 무엇인지를 고려하는 것이 필요하다. 이는 투표에서 기권을 나타낸다. Sandman은 투표에서 9번 기권, 그리고 Thompson은 6번 기권한 반면, 차원 2에서 낮은 점수를 가진 의원들은 거의 모두 투표했다.

차원 3은 비록 투표 패턴에서 차이의 어떤 특징을 반영해야 하지만, 단순하고 명백한 해석을 갖는 것처럼 보이지는 않다. 이 분석은 환경 이슈에 관한 투표에서 의원들이 어떻게 관련이 있는지에 대해 삼차원에서의 표현을 명백하게 보여 줬다.

표 11.6 투표 행위에 기초하여 삼차원 비계량 다차원척도분석으로부터 얻어진 15 의원들의 좌표

	차원		
의원	1	2	3
Hunt (R)	0.33	0.00	0.09
Sandman (R)	0.26	0.26	0.18
Howard (D)	−0.21	0.05	0.11
Thompson (D)	−0.12	0.22	−0.03
Frelinghuysen (R)	0.20	−0.06	−0.24
Forsythe (R)	0.13	−0.13	−0.06
Widnall (R)	0.33	0.00	−0.11
Roe (D)	−0.21	−0.05	0.09
Helstoski (D)	−0.22	0.02	−0.01
Rodino (D)	−0.16	−0.07	0.00
Minish (D)	−0.16	−0.03	−0.02
Rinaldo (R)	−0.18	0.01	−0.01
Maraziti (R)	0.19	−0.20	0.10
Daniels (D)	−0.02	−0.09	0.03
Pattern (D)	−0.16	0.05	−0.12

노트: R = 공화당, D = 민주당

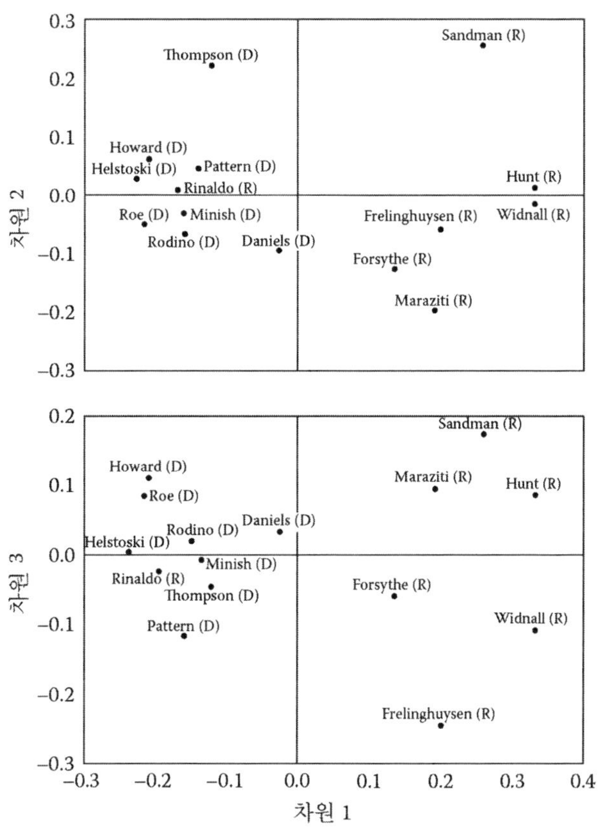

그림 11.5 비계량 다차원분석에 의해 얻어진 삼차원에서 의원들의 그림

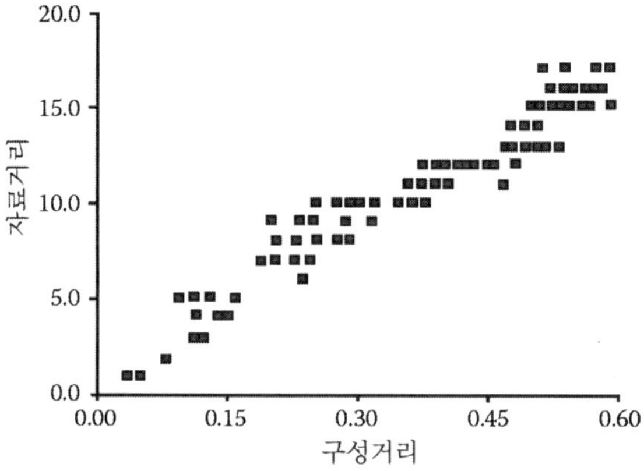

그림 11.6 의원들 간에 적합된 구성에 의해 얻어진 거리 대비 원 자료에서의 거리 그림

그림 11.6은 유도된 구성에서 점들 사이의 거리 대비 원 자료에서의 의원들 사이의 거리에 대한 그림을 보여 준다. 이는 삼차원 모형이 자료에 얼마나 잘 적합한지를 보여 준다. 자료의 완벽한 표현은 구성거리에 비례하여 항상 자료거리가 증가함을 보여 줄 것이다. 이는 있을 수 없다. 내신에 각각 별개의 자료거리와 관련된 일정한 범위의 구성거리가 존재한다. 예를 들어 자료거리 5는 구성거리 0.1부터 0.16에 대응된다.

11.3 컴퓨터 프로그램

다차원척도분석에 사용될 수 있는 R 패키지에 대한 자세한 사항이 부록에 제공된다. 일부 표준통계 패키지들이 다차원척도 옵션을 포함하고 있지만, 일반적으로 프로그램마다 살짝 다른 알고리즘을 사용해서 결과가 정확하게 같지 않을 것으로 기대한다. 하지만 좋은 자료를 이용하면 차이가 크지는 않을 것이라 희망한다.

11.4 추가 자료

Kruskal and Wish(1978)가 쓴 고전적인 책에 다차원척도분석이 간단히 소개된다. 이 주제 및 이와 관련된 주제에 대한 이론과 응용에 대한 전반적인 내용이 Cox and Cox(2000), 그리고 Borg and Groenen(2005)에서 다뤄진다.

연습문제

표 1.5에 주어진 유럽 26개국에서 고용 비율 자료를 고려하자. 이 자료와 수식 (5.1)을 이용하여 국가들 간의 유클리디안 거리행렬을 작성하라. 나라별 고용 차이를 반영하는 방식으로 국가들을 표현하는 데 얼마나 많은 차원이 필요한지를 알아보기 위해 비계량 척도분석을 수행하라.

참고문헌

Borg, I. and Groenen, P. (2005). *Modern Multidimensional Scaling: Theory and Applications*. 2nd Edn. New York: Springer.

Cox, T.F. and Cox, M.A.A. (2000). *Multidimensional Scaling*. 2nd Edn. Boca Raton, FL: Chapman and Hall/CRC.

Hintze, J. (2012). *NCSS 8. NCSS LLC*. (www.ncss.com.)

Kruskal, J.B. (1964a). Multidimensional scaling by optimizing goodness of fit to a nonmetric hypothesis. *Psychometrics* 29: 1–27.

Kruskal, J.B. (1964b). Nonmetric multidimensional scaling: A numerical method. *Psychometrics* 29: 115–29.

Kruskal, J.B. and Wish, M. (1978). *Multidimensional Scaling*. Thousand Oaks, CA: Sage.

Romesburg, H.C. (2004). *Cluster Analysis for Researchers*. Morrisville, NC: Lulu.com.

Togerson, W.S. (1952). Multidimensional scaling. 1. Theory and method. *Psychometrics* 17: 401–19.

부록 R에서의 다차원척도분석

다차원척도분석을 위한 적절한 R 명령어를 선택할 때, 고전적인 계량 그리고 비계량 방법의 차이를 상기하는 것이 중요하다. 고전적 다차원척도는 12장에서 다룰 주요요인 분석(principal coordinates analysis)으로도 알려져 있다. 이 분석의 표준약어는 PCO(principal coordinate ordination)이다. 이 분석을 위한 주요 R 함수는 12장 부록에서 언급된 `cmdscale()`이다. 11장에서는 Kruskal의 비계량 척도분석(NMDS)에 관심이 있다. 이것은 `MASS` 패키지에 R 함수 `isoMDS()`로 구현되었다(Venables and Ripley, 2002). 이 함수의 주요 매개변수는 대칭 혹은 함수 `dist()`에 의해 생성된 거리행렬이다. 일례로 `sym.mat`를 대칭행렬이라 가정하면, 명령어

```
NDMS.obj <- isoMDS(sym.mat)
```

는 NMDS의 결과를 객체 `NMDS.obj`에 저장한다. 거리행렬을 유일한 매개변수로 `isoMDS`를 실행할 때 가정된 기본 값들이 `k`(차원수는 2), `maxit`(수렴할 때까지 수식 (11.1)의 stress 평가 횟수는 50), 그리고 `tol`(허용량 한계는 10^{-3}; 즉 반복 과정에서 연속된 `stress` 값의 차이가 10^{-3}이거나 이보다 작을 때 프로세스가 멈추고, 분석의 결과가 생성된다)이다. 선택된 특정 차원에서, 종종 반복횟수와 허용량 한계에 대한 기본 값들이 다소 느슨할 수 있다. 그래서 사용자가 반복횟수를 증가 그리고/혹은 허용량 한계를 감소하면 더 좋은 다차원척도 구성이 달성될 수 있다. 이는 예제 11.1의 자료 분석을 실행하기 위해 작성된, 이 책의 웹사이트에서 이용이 가능한, R 코드에서 설명된다.

11.2절의 NMDS 절차에서 단계 1에 따르면, `isoMDS()`는 개체들의 초기 구성을 이용하는데, 이는 사용자에 의해 제공되거나 혹은 자료의 PCO에 의해 생성되거나, 후자는 `cmdscale()` 함수에서 자동적으로 조치되는 기본 설정이다. `isoMDS()`에 의해 생성된 객체 `NMDS.obj`는 둘로 구성된 리스트이다. 첫 번째는 `NMDS.obj$stress`라 불리는, 퍼센트로 주어진 `stress`를 위한 스칼라이다. 두 번째는 행렬 `NMDS.obj$points`인데, 이는 선택된 저차원에서 샘플들의 좌표들을 동반한다. 어떤 두 차원도 선택이 가능하다. 그리고 이에 대응되는 좌표들은 `plot()` 명령어를 이용하여 그림 11.4와 11.5처럼 이차원 그림으로 표현될 수 있다. 또한, 원 자료 거리행렬 `sym.mat`, 그리고 행렬 `NMDS.obj$points`는 그림 11.6과 유사한 산점도를 생성하기

위해 Shepard()라 불리는 함수의 매개변수로 사용될 수 있다. 예시로서, 예제 11.1을 사용하여 이 그림을 얻기 위한 방법에 대한 자세한 사항은 11장에 해당하는 R 코드를 참고하라.

isoMDS의 한 가지 대안이 metaMDS에 의해 제공되는데, 이는 vegan 패키지에 포함되어 있다(Oksanen et al., 2016). metaMDS 개발자는 isoMDS보다 다차원척도분석 과정에서 훨씬 더 많은 자동처리가 허용됨을 강조한다. 또한 metaMDS는 isoMDS가 기본 설정으로 실행됐을 때, 그리고 수렴이 보장되지 않을 때 발생하는 isoMDS의 부정확성을 줄여 준다. 사실, metaMDS가 계산할 때는 isoMDS를 사용하지만, 개체 구성(11.2절 단계 1)을 위해 함수 initMDS의 임의의 초기값을 허용하고, 결과의 조정과 회전(함수 postMDS)이 가능하기 때문에 metaMDS가 더 다재다능하다. 이런 과정이 이 방법을 고유값 방법과 유사하게 만드는데, 이유는 NMDS의 최종 구성 후에 주성분분석에 의한 회전이 뒤따르기 때문이다. 그래서 예를 들면 NMDS 첫 번째 축이 주변동요인을 반영한다.

다차원척도분석에서 세 번째 옵션은 최적화(majorization) 알고리즘의 적용을 이용하는데, 여기에서 stress와 같은 특별한 목적함수를 최소화해야 한다. 최적화의 원칙을 따르는 일련의 R 함수들이 패키지 smacof(Scaling by MAjorizing a COmplicated Function)에 한데 모아졌다(de Leeuw and Mair, 2009). 특별히, smacofSym() 혹은 mds() 함수로 어떤 대칭 비유사도 행렬에 대한 다차원척도분석을 수행하는 것이 가능하다. 옵션 type="ordinal" 이 함수의 매개변수로 지정되면, 비계량 다차원척도분석 알고리즘이 사용된다. 자세한 사항은 de Leeuw and Mair(2009) 논문이나 패키지 smacof에 대한 R 문서를 참고하라. 마지막으로, 독자들이 예제 11.1과 11.2에 예시된 NMDS 분석을 수행하는 대안으로 metaMDS()와 mds() 명령어를 포함하고 있는 이 책의 웹사이트에서 접근 가능한 R 코드를 실행하는 것을 좋아할지도 모르겠다.

참고문헌

de Leeuw, J. and Mair, P. (2009). Multidimensional scaling using majorization: SMACOF in R. *Journal of Statistical Software* 31: 1–30.

Oksanen, J., Blanchet, F.G., Friendly, M., Kindt, R., Legendre, P., McGlinn, D., Minchin, P.R., et al. (2016). vegan: Community Ecology Package. R package version 2.4-0. http://CRAN.R-project.org/package=vegan

Venables, W.N. and Ripley, B.D. (2002). *Modern Applied Statistics*. 4th Edn. New York: Springer.

12장

다변량배열분석

12.1 다변량배열 문제

생물학자들에게 배열(ordination)이라는 단어는 본질적으로 사회과학자들에게 스케일링과 같은 의미이다. 두 단어 모두 여러 개체들 간의 관계를 묘사하기 위해 사용될 수 있는, 개체들 사이의 거리 혹은 유사도 행렬에서 시작하거나, 혹은 각 개체들에게서 측정된 몇몇 변수들의 값들로부터 시작하는, 작은 수의 변수를 생성하는 과정을 의미한다. 이런 관점에서 앞에서 언급되었던 많은 방법론들이 배열을 위해 사용될 수 있고, 일부 예제는 이런 과정과 관련이 있다. 특별히, 암컷 참새 자료에서 사이즈 측정 자료의 처음 두 주성분을 이용한 그림(예제 5.1), 유럽 국가 자료에서 고용 변수들에 대한 처음 두 주성분 그림(예제 5.2), 다차원척도분석에 의한 도시들 간의 거리표를 이용한 뉴질랜드 남섬 지도(예제 11.1), 그리고 투표 행위에 기초하여 뉴저지 하원들의 다차원척도분석 그림(예제 11.2) 모두 배열에 대한 예제이다. 게다가 판별함수분석은 서로 다른 그룹에 속한 개체들 간의 차이를 강조하기 위해 고안된 일종의 배열로 생각될 수 있는 반면, 정준상관분석은 같은 개체들에서 측정된 두 그룹의 변수들 사이의 관계를 강조하기 위해 고안된 일종의 배열로 생각될 수 있다.

비록 배열이 다양한 상황에 적용될 수 있다고 여겨질 수 있지만, 생물학에서는 다양한 종들이 여러 다른 지역에서 그들의 풍부함으로 종들 간의 관계를 요약하는 방법으로, 혹은 다른 방법으로는 여러 지역에서 다른 종들의 풍부함으로 지역들 간의 관계를 요약하는 방법으로 흔히 사용된다. 비록 예제들이 생물학뿐만 아니라 고고학도 포함하지만, 이 장에서 특별히 고려하는 것이 이런 종류의 활용이다. 12장의 목표는 이런 맥락에서 주성분분석과 다차원척도분석 사용에 관한 더 많은 예제를 제시하고, 앞에서 언급되지 않은 주성분요인분석과 대응분석의 방법을 설명하는 것이다.

12.2 주성분분석

주성분분석은 6장에서 이미 언급되었다. 상기해 보면 주성분분석은 n개 개체 각각에서 측정된 변수들 X_1, X_2, …, X_p 값들이 X 변수들의 선형결합으로 표현되는 주성분들 Z_1, Z_2, …, Z_p들을 구성하기 위해 사용된다. 그리고 Z_1은 가능한 최대 분산을 갖고; Z_2는 Z_1과는 상관관계가 없으면서 가능한 큰 분산을 갖고; Z_3는 Z_1과 Z_2 모두와 상관관계가 없으면서 가능한 최대 분산을 갖는 방식으로 새로운 변수들을 구성하는 방법이다. 기본 아이디어는 어떤 목적에 대해서 X 변수들을 정보손실 거의 없이, 소수의 주성분으로 대체하는 것이 가능하다는 것이다.

배열 측면에서, 개체들 사이의 차이를 설명하는 데 처음 두 주성분이면 충분할 것으로 기대된다. 왜냐하면 Z_1과 Z_2 그림이 필요한 것을 제공하기 때문이다. 세 개의 주성분이 중요하면 조금 덜 만족스럽지만, Z_3 값이 표시된 Z_1과 Z_2 그림은 받아들일 만하다. 만일 네 개 혹은 그 이상의 주성분이 중요하면, 시각적 표현에 관심이 있는 한 좋은 배열은 얻을 수 없다.

예제 12.1 Stenerγd 자연보호구역에서 식물 종들

표 9.7은 스웨덴 Stenerγd 자연보호구역 목초지 17개 구역에서 식물 25종의 풍부함을 나타내는데, 9장 연습문제 1번에서 설명됐듯이, 이는 군집분석을 위한 자료 사용과 관련이 있었다. 여기에서 고려할 내용은 구획들의 배열이다. 그래서 식물 종의 풍성함이 주성분분석을 위한 변수들이다. 다시 말해 표 9.7에서 관심 있는 개체들이 구역(열)이고, 변수들이 종(행)이다.

구역보다 종의 수가 더 많기 때문에, 상관행렬에서 0이 아닌 고유값의 수가 구역의 수에 의해 결정된다. 사실 표 12.1에서처럼 0이 아닌 고유값이 16개 있다. 처음 세 주

표 12.1 표 9.7에서 구획을 관심 있는 개체로 종들의 존재량 값을 변수로 하여 주성분분석한 결과의 고유값

성분	고유값	총 %	누적 %
1	8.79	35.17	35.17
2	5.59	22.34	57.51
3	2.96	11.82	69.33
4	1.93	7.72	77.04
5	1.58	6.32	83.37
6	1.13	4.52	87.89
7	0.99	3.97	91.86
8	0.55	2.18	94.04
9	0.40	1.60	95.64
10	0.35	1.40	97.04
11	0.20	0.78	97.82
12	0.18	0.70	98.53
13	0.13	0.51	99.04
14	0.12	0.46	99.50
15	0.07	0.30	99.80
16	0.05	0.20	100.00
Total	25.00	100.00	

표 12.2 표 9.7에서 처음 세 주성분

종	Z_1	Z_2	Z_3
Festuca ovina	0.30	0.01	−0.07
Anemone nemorosa	−0.25	0.02	−0.19
Stallaria holostea	−0.20	0.20	−0.19
Agrostis tenuis	0.17	0.14	0.01
Ranunculus ficaria	−0.11	−0.32	−0.07
Mercurialis perennis	−0.08	−0.31	0.02
Poa pratenis	−0.11	0.32	−0.11
Rumex acetosa	−0.01	0.34	0.23
Veronica chamaedrys	−0.15	0.36	−0.06
Dactylis glomerata	−0.23	0.15	0.18
Fraxinus excelsior (juv.)	−0.26	−0.11	0.17
Saxifraga granulate	0.13	0.24	0.23
Deschampsia flexuosa	−0.05	0.12	−0.45
Luzula campestris	0.28	0.09	0.00
Plantago lanceolata	0.27	0.11	0.26
Festuca rubra	−0.03	0.23	0.19
Hieracium pilosella	0.27	−0.02	0.05
Geum urbanum	−0.20	−0.18	0.29
Lathyrus montanus	−0.15	0.26	−0.19
Campanula persicifolia	−0.21	0.18	0.07
Viola riviniana	−0.24	0.17	0.11
Hepatica nobilis	−0.21	0.03	0.34
Achillea millefolium	0.29	0.03	0.10
Allium sp.	−0.18	−0.12	0.36
Trifolim repens	0.21	0.11	0.22

노트: 주어진 값들은 표준화된 종들의 존재량 변수의 계수들이다. 즉 평균은 0, 표준편차는 1이다.

성분이 자료 변동의 약 69%를 설명하는데, 특별히 많은 것은 아니다. 처음 세 주성분 계수들이 표 12.2에 주어졌다. 이들 모두 식물학자들에게 아마 의미가 있는 서로 다른 종들의 풍부함에 대한 대비이지만, 여기에서는 어떤 해석도 하지 않겠다.

그림 12.1은 구역 번호 (1-17)과 처음 세 주성분의 draftsman 그림을 보여 준다. 첫 주성분이 구역 번호와 밀접한 관련한 있는 것이 눈에 띈다. 이는 구역들이 빛에 높은 반응을, 그리고 습도, 토양 반응, 질소에 낮은 반응을 가진 종들의 구역에서의 풍부함 순서라는 사실을 반영한다. 따라서 이 분석이 적어도 이런 경향을 감지할 수 있었다.

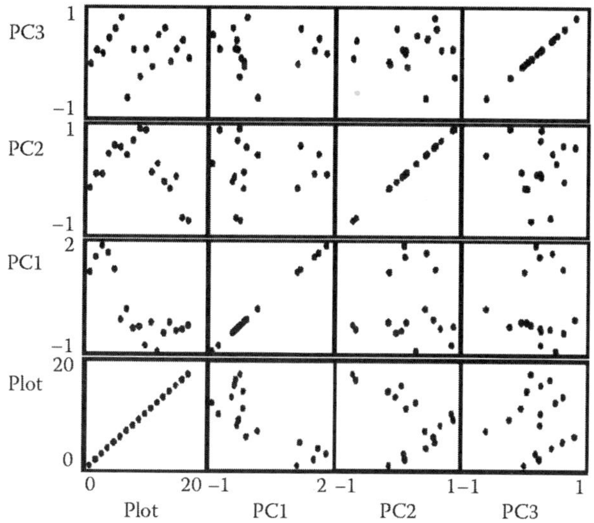

그림 12.1 Steneryd 자연보호구역 17개 구획의 배열에 대한 draftsman 그림

예제 12.2 Bannadi의 묘지들

주성분 배열의 두 번째 예로, 태국 북동쪽 Bannadi 지역 묘지에서 나온 부장품들에 관하여 표 9.8에 주어진 자료들이 고려된다. C.F.W. Higham 교수에 의해 제공된 표에서, 47개 묘지 각각에서 출토된 38가지 다른 종류들의 물건들의 존재 유무와 유골이 성인 남성, 성인 여성, 혹은 어린아이인지에 대한 추가 정보도 보여 준다. 9장 연습문제 2번에서, 묘지들 간의 관계를 연구하기 위해 군집분석 사용을 제안했다. 같은 목적으로 이번에는 배열이 고려된다. 주성분분석을 위해 묘지들이 관심 있는 개체들이고, 38가지 부장품들이 분석될 0-1 변수들이다. 분석이 상관행렬에 기초하도록 사용 전에 변수들을 표준화한다.

단지 존재 유무 자료만 있는 이런 상황에서, 자료 변동의 많은 부분을 설명하기 위해 흔히 상당히 많은 수의 주성분이 필요하다. 이번이 그런 경우임이 분명하다. 변동의 80%를 설명하기 위해 11개 주성분이 필요하고 90%를 설명하기 위해 15개가 필요하다. 만족할 만한 배열을 위해 매우 많은 중요한 주성분들이 있다는 것이 분명하다.

이 예제에서는, 원 자료 변동의 상당 부분이 설명되지 않는다는 이해를 가지고 처음 4개 주성분만 고려한다. 사실 4개 주성분의 고유값들이 5.29, 4.43, 3.65, 3.34인 반면 모든 고유값의 합은 38(유물 종류의 수)이다. 따라서 이 주성분들이 각각 총 변동의 13.9%, 11.6%, 9.6%, 그리고 8.8%를 설명하고, 합해서 총 변동의 43.9%를 설명한다.

표준화된 존재 유무 변수의 계수들이 큰 값(임의로 정한 0.2보다 절댓값이 큰)은 진하게 표시하여 표 12.3에 주어졌다. 해석을 돕기 위해, 가장 많은 유물을 가진 B48의

표 12.3 Bannadi 자료의 처음 4 주성분을 위한 표준화된 존재 유무 변수들의 계수

물건	PC1	PC2	PC3	PC4
1	0.01	−0.02	0.01	−0.00
2	−0.09	−0.04	−0.02	**0.52**
3	**−0.23**	**0.39**	−0.01	−0.03
4	−0.09	−0.04	−0.02	**0.52**
5	**−0.23**	**0.39**	−0.01	−0.03
6	**−0.23**	**0.39**	−0.01	−0.03
7	−0.02	−0.05	−0.02	−0.02
8	−0.03	−0.02	−0.02	−0.02
9	0.17	0.12	0.33	0.06
10	0.15	0.09	0.04	0.07
11	0.05	0.03	0.03	−0.02
12	0.12	0.04	0.11	0.05
13	−0.01	−0.05	−0.02	−0.09
14	**−0.23**	**0.39**	−0.01	−0.03
15	0.00	−0.00	0.03	−0.01
16	0.17	0.12	**0.33**	0.06
17	−0.01	−0.05	−0.02	−0.09
18	**0.22**	0.15	**−0.38**	0.04
19	**0.22**	0.15	**−0.38**	0.04
20	**0.22**	0.15	**−0.38**	0.04
21	−0.09	−0.04	−0.02	**0.52**
22	−0.00	−0.04	0.01	0.01
23	**0.27**	0.17	**−0.24**	0.08
24	0.03	0.03	0.05	−0.07
25	**0.26**	0.15	**0.28**	0.11
26	**0.26**	0.15	**0.28**	0.11
27	0.08	0.02	0.02	0.04
28	**−0.22**	0.19	−0.02	0.26
29	−0.17	0.17	0.01	−0.08
30	0.17	0.11	0.00	−0.05
31	0.08	0.03	0.18	−0.04
32	**0.27**	0.14	0.04	0.03
33	−0.02	−0.00	0.06	−0.12
34	**0.23**	0.09	−0.10	0.03
35	0.04	0.01	0.17	0.14
36	−0.07	0.15	0.17	−0.08
37	**0.26**	0.11	0.07	0.02
38	0.12	**0.22**	0.05	−0.05

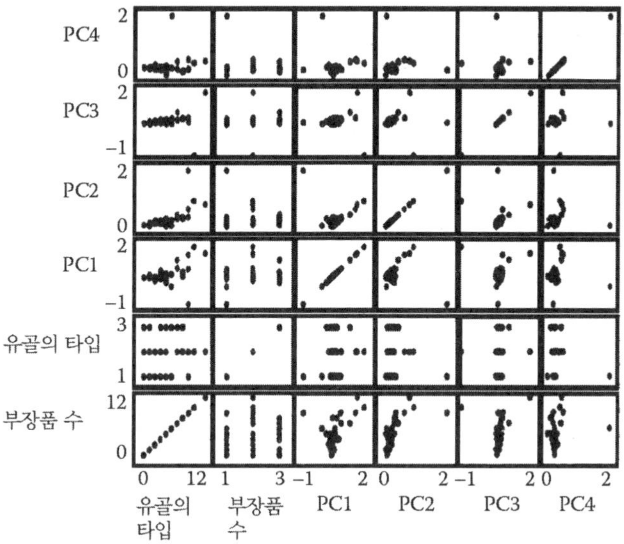

그림 12.2 Bannadi 47개 묘지에 대한 draftsman 그림(변수들은 다른 종류의 부장품 수, 유골의 타입(성인 남성 = 1, 성인 여성 = 2, 어린이 = 3), 그리고 처음 네 주성분들이다.)

주성분 계수들이 양이 되도록 컴퓨터 결과에서 만일 필요하면 계수들의 부호를 뒤집는다. 이것이 허용되는데, 왜냐하면 한 성분의 모든 계수의 부호를 바꾸는 것이 그 성분에 의해 설명된 변동 비율을 바꾸지 않고, 그리고 부호 방향이 상관행렬의 고유벡터를 찾기 위해 사용된 수치적 방법의 단지 우연한 결과이기 때문이다.

주성분 1의 큰 계수들로부터, 이 주성분은 물건 번호 9, 10, 16, 18, 19, 20, 23, 25, 26, 30, 32, 34, 그리고 37의 존재와 물건 번호 3, 5, 6, 14, 28, 그리고 29의 부재를 나타낸다. 정확히 이런 구성을 가진 무덤은 없지만, 이 주성분은 각 무덤이 이런 모형에 어느 정도 적합한지를 측정한다. 다른 주성분들도 표 12.3에 주어진 계수들로부터 유사하게 해석될 수 있다.

그림 12.2는 유물의 수, 유골의 타입, 그리고 처음 4개 주성분들에 대한 draftsman 그림이다. 이 연구를 통해 무덤들의 특성에 대한 어떤 결론을 내는 것이 가능하다. 예를 들어 남성 무덤은 주성분 1에서 작은 값을, 그리고 여성 무덤은 큰 값을 갖는데, 아마 성별에 따라 유물에서의 차이를 반영하는 것처럼 보인다. 또한 무덤 B47은 다른 무덤들과 비교해서 다른 구성을 가지고 있다. 하지만 주성분 4개만 고려한다는 사실이 결과의 단순 해석을 어렵게 만든다.

12.3 주요인분석

주요인분석은 11장에서 언급된 계량 다차원척도분석과 유사하다. 두 방법 모두 여러 개체들 간에 유사도 혹은 거리행렬을 가지고 시작한 뒤 배열 축을 찾으려 노력한다. 하지만 사용한 수치적 방법은 다르다. 주요인분석은 주성분분석의 일반화로 생각될 수 있는 고유값 접근법을 사용한다. 그러나 적어도 이 책에서 언급된 다차원척도분석은 대신 stress를 최소화하는데, 여기에서 stress는 적절한 스케일링 후에 t차원에서 개체들의 위치가 원래 거리 혹은 유사도와 일치하지 않은 정도를 나타내는 측도이다.

주요인분석과 주성분분석의 관계를 알아보기 위해, 6장의 주성분분석에 관한 이론적 결과의 일부를 환기하고 여기에서 처음으로 언급되는 추가 사실을 사용하는 것이 필요하다. 특별히,

1. i번째 주성분은

$$Z_i = a_{i1}X_1 + a_{i2}X_2 + \ldots + a_{ip}X_p$$

고려 중인 개체들에서 측정된 변수들 X_1, X_2, ⋯, X_p의 선형결합이다. 이런 주성분이 p개 있고, 계수들 a_{ij}는 X 변수들의 표본 공분산 행렬 **C**의 i번째 큰 고유값 λ_i에 대응되는 고유벡터 $\mathbf{a}_i$이다. 즉, 다음 등식이 만족되고

$$\mathbf{C}\mathbf{a}_i = \lambda_i \mathbf{a}_i \tag{12.1}$$

여기에서 $\mathbf{a}'_i = (a_{i1},\ a_{i2},\ \cdots,\ a_{ip})$이다. 또한, Z_i의 분산이 $\mathrm{Var}(Z_i) = \lambda_i$, 만일 Z_i가 X 변수들의 선형결합이 상수인 경우에 해당되면 $\lambda_i = 0$이다.

2. 만일 X 변수들이 원 자료에서 평균이 0이 되도록 변환되면, p×p 공분산 행렬 **C**는

$$\mathbf{C} = \begin{bmatrix} \sum x_{i1}^2 & \sum x_{i1}x_{i2} & \ldots & \sum x_{i1}x_{ip} \\ \sum x_{12}x_{i1} & \sum x_{i2}^2 & \ldots & \sum x_{i2}x_{ip} \\ \cdot & \cdot & & \cdot \\ \cdot & \cdot & & \cdot \\ \sum x_{ip}x_{i1} & \sum x_{ip}x_{i2} & \ldots & \sum x_{ip}^2 \end{bmatrix} / (n-1)$$

로 주어지는데 여기에는 n개 개체들이 있고, x_{ij}는 개체 i의 변수 X_j의 값, 그리고 i에 대한 합은 1부터 n까지이다. 따라서

$$\mathbf{C} = \mathbf{X}'\mathbf{X}/(n-1) \tag{12.2}$$

여기에서

$$\mathbf{X} = \begin{bmatrix} x_{11} & x_{12} & \ldots & x_{1p} \\ x_{21} & x_{22} & \ldots & x_{2p} \\ \cdot\cdot & & & \cdot \\ \cdot\cdot & & & \cdot \\ x_{n1} & x_{n2} & \ldots & x_{np} \end{bmatrix}$$

는 원 자료를 포함하는 행렬이다.

3. n×n 대칭행렬

$$\mathbf{S} = \mathbf{X}\mathbf{X}' = \begin{bmatrix} \sum x_{1j}^2 & \sum x_{1j}x_{2j} & \ldots & \sum x_{1j}x_{nj} \\ \sum x_{2j}x_{1j} & \sum x_{2j}^2 & \ldots & \sum x_{2j}x_{nj} \\ \cdot & \cdot & & \cdot \\ \cdot & \cdot & & \cdot \\ \sum x_{nj}x_{1j} & \sum x_{nj}x_{2j} & \ldots & \sum x_{nj}^2 \end{bmatrix} \tag{12.3}$$

여기에서 j에 대한 합은 1부터 p까지이고, 이 행렬은 고려 중인 n 개체들 사이의 유사도를 포함한 것으로 생각될 수 있다. 이는 바로 이해되진 않지만, 두 개체 i와 k 사이의 유클리디안 거리 제곱인

$$d_{ik}^2 = \sum_{j=1}^{p} \left(x_{ij} - x_{kj}\right)^2$$

을 생각해 보면 이해가 된다. 이 식의 우변을 전개하면

$$d_{ik}^2 = s_{ii} + s_{kk} - 2s_{ik} \tag{12.4}$$

이고 s_{ik}는 $\mathbf{XX}'$의 i행 k열 원소이다. s_{ik}는 개체 i와 k 사이의 유사도인데, 이유는 s_{ik}를 증가하면 개체들 사이의 거리 d_{ik}가 감소하기 때문이다. 게다가 $d_{ik} = 0$일 때 s_{ik}는 최대값 $(s_{ii} + s_{kk})/2$을 갖고, 이는 두 개체가 모든 변수에서 동일한 값을 가질 때 발생한다.

4. 만일 행렬

$$\mathbf{Z} = \begin{bmatrix} z_{11} & z_{12} & \cdots & z_{1p} \\ z_{21} & z_{22} & \cdots & z_{2p} \\ \cdot\cdot & & & \cdot \\ \cdot\cdot & & & \cdot \\ z_{n1} & z_{n2} & \cdots & z_{np} \end{bmatrix}$$

가 고려 중인 n 개체들에 대한 p개 주성분들의 값을 포함하면, 이는 자료행렬 **X**에 의해 다음과 같이 표현되고

$$\mathbf{Z} = \mathbf{XA}' \tag{12.5}$$

행렬 **A**의 i행은 $\mathbf{a}_i'$, 즉 표본공분산 행렬 **C**의 i번째 고유벡터이다. 행렬 **A**는 $\mathbf{A}'\mathbf{A} = \mathbf{I}$를 만족하고, 즉 **A**의 전치행렬이 **A**의 역행렬과 같다. 따라서 수식 (12.5)의 양변 뒤쪽에 **A**를 곱하면 다음과 같다.

$$\mathbf{X} = \mathbf{ZA} \tag{12.6}$$

이 결과에 대해 장황하게 얘기했지만, 주성분분석과 관련하여 주요인분석을 설명하기 위해 필요한 부분이다. 이 관계를 알아보기 위해 앞의 식들을 이용하면

$$\mathbf{X}'\mathbf{X}\mathbf{a}_i/(n-1) = \lambda_i \mathbf{a}_i$$

이다. 이 식 양변에 **X**를 앞쪽에 곱하면

$$\mathbf{S}(\mathbf{X}\mathbf{a}_i) = (n-1)\lambda_i(\mathbf{X}\mathbf{a}_i)$$

혹은

$$\mathbf{S}\mathbf{z}_i = (n-1)\lambda_i \mathbf{z}_i \tag{12.7}$$

이다. 여기에서 $\mathbf{z_i} = \mathbf{Xa_i}$는 길이 n 벡터이고, 이는 고려 중인 n 개체들의 Z_i 값들을 포함하고 있다. 그러므로 유사도 행렬 $\mathbf{S} = \mathbf{XX}'$의 i번째 큰 고유값이 $(n-1)\lambda_i$이고, 대응되는 고유벡터는 n 개체들의 i번째 주성분 값이다.

주요인분석은 여러 이용 가능한 유사도지표 중 하나를 이용하여 계산된 n 개체들

간의 n×n 유사도 행렬 **S**에 위의 수식 (12.7)을 적용하는 것이다. 이런 방식으로, 관심 있는 개체들에서 어떤 변수들을 측정하지 않고 **S**에 대응되는 주성분을 찾는 것이 가능하다. 이 성분들이 주성분들이 갖는 특징을 갖고, 특별히 n 개체들과는 상관관계가 없을 것이다.

주요인분석을 행렬 **XX′**에 적용하면 본질적으로 **X** 자료에서 주성분분석과 같은 동일한 배열을 제공한다. 유일한 차이는 성분들에게 주어진 스케일링에 의한 것이다. 주성분분석에서는 i번째 주성분이 분산 λ_i를 갖도록 조정하는 것이 보통이지만, 주요인분석에서는 성분의 분산이 $(n-1)\lambda_i$가 되도록 조정한다. 이러한 차이가 중요하지 않은 이유는, 이것이 중요한 배열 축에서 개체들의 상대적인 값들이기 때문이다.

주요인분석에서 발생할 수 있는 꼭 언급해야 할 두 가지 복잡함이 있다. 분석할 유사도 행렬이 수식 **S** = **XX′**를 사용하여 자료로부터 계산된 행렬의 모든 특징을 갖지 않을 때 이러한 문제가 발생한다.

먼저, 수식 (12.3)으로부터 **XX′**의 행의 합과 열의 합이 모두 0임을 보일 수 있다. 예를 들어, 첫 행의 합이

$$\sum x_{1j}^2 + \sum x_{1j}x_{2j} + \ldots + \sum x_{1j}x_{nj} = \sum x_{1j}\left(x_{1j} + x_{2j} + \ldots + x_{nj}\right)$$

이고, 여기에서 j에 대한 합은 1부터 p까지이다. $x_{1j} + x_{2j} + \cdots + x_{nj}$는 X_j 평균의 n배이고 모든 X 변수들은 평균 0으로 가정됐기 때문에 위 식은 0이다. 따라서 유사도 행렬 **S**는 행과 열의 합이 모두 0이 되도록 요구된다. 만일 그렇지 않다면, 초기행렬의 성분 s_{ik}를 이중 중심화를 거친 $s_{ik} - s_{i.} - s_{.k} + s$로 대체할 수 있다. 여기에서 $s_{i.}$는 **S**의 i행 평균, $s_{.k}$는 k열 평균, 그리고 s는 모든 원소들의 평균이다. 이렇게 변환된 유사도 행렬은 행과 열의 평균이 0이어서 분석에 더 적합하다.

두 번째 문제는 유사도 행렬의 일부 고유값들이 음수일 수 있다. 이것이 당황스러운데, 이유는 대응된 주성분의 분산이 음수인 것처럼 보이기 때문이다. 하지만 사실은 유사도 행렬은 어떤 자료행렬에 대해서도 **S** = **XX′**를 계산해서 얻어질 수 없다. 배열에서 가장 큰 고유값과 관련된 성분들만 보통 사용된다. 그래서 몇몇 작은 음의 고유값들은 중요하지 않은 것으로 여겨진다. 큰 음의 고유값은 사용 중인 유사도 행렬이 배열에 적합하지 않음을 의미한다.

주요인분석을 위한 컴퓨터 프로그램은 종종 거리행렬 혹은 유사도 행렬을 가지고 시작하는 옵션을 제공한다. 만일 거리행렬이 사용되면, 수식 (12.4)에서 언급된 대로 거리 d_{ik}를 유사도 $s_{ik} = -d_{ik}^2/2$으로 변환함으로써 거리행렬이 유사도 행렬로 변환될 수 있다.

예제 12.3 Steneryd 자연보호구역에서 식물 종들(재방문)

주요인분석 사용 예로, 예제 12.1에서 고려했던 Steneryd 자연보호구역의 여러 구획에서 종들의 풍부함에 대한 자료를 구획들 간의 Manhattan 거리를 이용하여 다시 분석한다. 즉, 구획 i와 k 사이의 거리는 $d_{ik} = \sum |x_{ij} - x_{kj}|$로 측정되고, j에 대한 합은 25종에 대한 값이고 x_{ij}는 표 9.7에 주어진 대로 구획 i에서 종 j의 풍부함을 나타낸다. 유사도는 $s_{ik} = -d_{ik}^2/2$으로 계산되고 고유값과 고유벡터를 계산하기 전에 이중 중심화를 거친다.

유사도 행렬의 처음 두 고유값은 97638.6과 55659.5이고, 이는 고유값들의 합에서 각각 47.3%와 27.0%를 설명한다. 표면상으로는 처음 두 주성분이 변동의 74.3%를 설명해서 좋은 배열이다. 세 번째 고유값은 훨씬 작은 12488.2 그리고 전체의 6.1%만 설명한다.

그림 12.3은 구획 번호와 처음 두 주성분에 대한 draftsman 그림을 보여 준다. 두 주성분이 구획 번호와 관련성을 보여 주는데, 이는 예제 12.1에서 언급됐듯이 구획 번호가 환경 변수에 대한 다른 종들의 반응과 그 자체로 관련이 있다. 사실 이 draftsman 그림과 그림 12.1의 왼쪽 아래에 있는 그림 6개 비교를 통해 주요인분석의 처음 두 축이 스케일링의 차이를 제외하면 처음 두 주성분들과 매우 유사함을 알 수 있다.

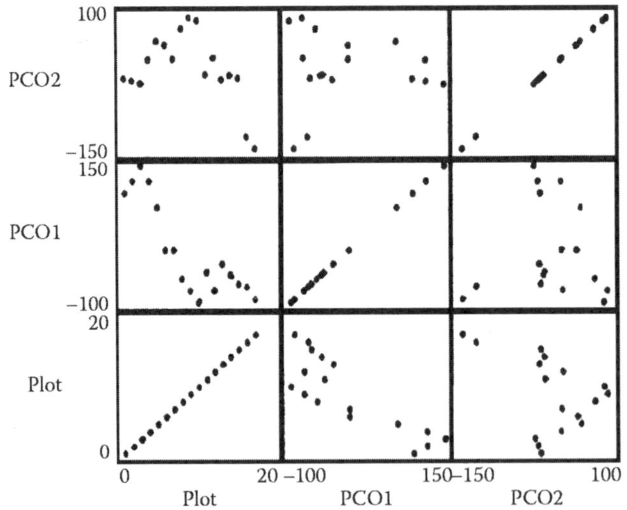

그림 12.3 Steneryd 자연보호구역 구획들 간의 Manhattan 거리를 이용한 주요인분석에 기초하여 17개 구획의 배열에 대한 draftsman 그림(세 변수는 구획 번호와 처음 두 성분(PCO1과 PCO2)이다.)

예제 12.4 Bannadi의 묘지들(재방문)

유물 존재 유무 자료에 대한 주요인분석의 예로, 표 9.8의 태국 북동쪽에 있는 Bannadi 묘지 유물에 대한 자료를 다시 고려하자. 분석은 47개 묘지들 간의 비표준화된 유클리디안 거리행렬을 가지고 시작했다. 그래서 묘지 i와 k 사이의 거리는 $d_{ik} = \sqrt{\sum(x_{ij} - x_{kj})^2}$ 이고, 여기에서 합에 대한 인덱스 j는 1부터 38까지, 그리고 만일 j번째 물건이 i번째 묘지에 있으면 $x_{ij} = 1$, 그렇지 않으면 0이다. 예제 12.3에서 언급한 대로 유사도 행렬은 얻어졌고, 고유값과 고유벡터가 계산 전에 이중 중심화를 거쳤다.

이런 식으로 수행된 주요인분석이 X 변수들에 대한 비표준화된 값들을 사용한 주성분분석(즉, 표본 상관행렬 대신 표본 공분산 행렬을 사용한 주성분분석)과 같은 결과를 제공한다. 결과에서 유일한 차이는 주성분분석과 주요인분석에 의해 배열 변수들에 주어진 스케일이다.

유사도 행렬의 처음 네 고유값들이 24.9, 19.3, 10.0, 그리고 8.8 즉, 고유값 전체에서 각각의 비율이 21.5%, 16.6%, 8.7%, 그리고 7.6%이다. 이 성분들이 전체 자료 변동의 단지 54.5%만 설명하지만, 표준화된 자료로부터 얻어진 네 주성분들에 의해 설명된 43.9%보다는 더 낫다(예제 12.2).

그림 12.4는 묘지 전체 유물 수, 유골의 타입(성인 남성, 성인 여성, 어린이), 그리고 처음 네 주성분에 대한 draftsman 그림을 보여 준다. 가장 많은 다른 종류의 유물을

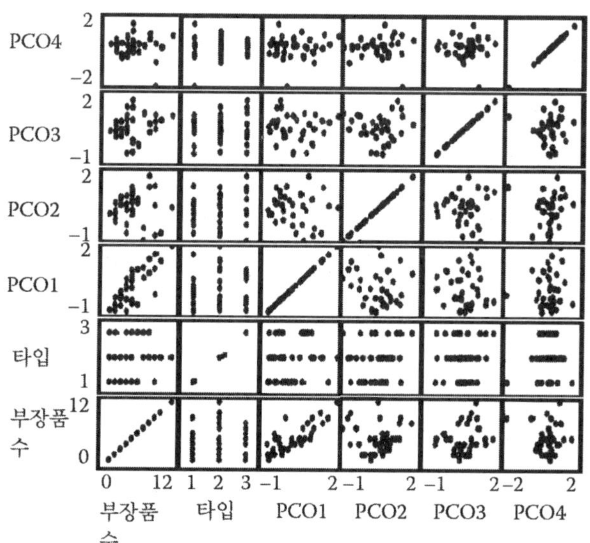

그림 12.4 Bannadi 47개 묘지에 대한 draftsman 그림(변수들은 다른 종류의 부장품 수, 유골의 타입(성인 남성 = 1, 성인 여성 = 2, 어린이 = 3)이고, 처음 네 주요인분석 성분(PCO1부터 PCO4까지)이다.)

포함하고 있는 B48 묘지에 대한 성분 1과 성분 4가 양의 값을 갖도록 프로그램 결과에서 성분 1과 성분 4의 부호를 바꿨다. 이 그림에서 성분 1은 유물 총량을 잘 표현하지만 다른 성분들은 이 변수와 관련이 없음을 알 수 있다. 이와 별도로, 주목할 한 가지는 묘지 중 하나가 매우 작은 성분 4의 값을 갖는다. 이것이 B47 묘지인데, 8가지 서로 다른 유물을 포함하고 있고, 이 중 네 가지는 다른 묘지에서는 보이지 않았다.

12.4 다차원척도분석

다차원척도분석은 이미 11장에서 논의됐는데, 거기에서 이 방법은 특정한 차원에서 개체들 사이의 거리가 입력 자료행렬에서 제공된 유사도 혹은 거리에 가능한 한 최대로 잘 매칭되도록, 새로운 축에서 각 개체들의 좌표들을 찾아가는 순차적 과정으로 정의되었다(11.2절). 다른 방법의 배열에서 고려했던 두 예제에서 이 방법을 사용하여 얻은 결과를 보여 주기 위해 요구된 것들을 제외하고 다른 추가 내용은 여기서 언급하지 않겠다.

예제 12.5 **Stenerγd 자연보호구역에서 식물 종들(재방문)**

GenStat 프로그램(VSN International Ltd., 2014)을 사용하여 표 9.7의 17개 구역 자료에 대하여 다차원척도분석을 실시하였다. 이는 거리행렬을 가지고 비계량분석을 수행한다. 그래서 자료거리와 배열거리 사이에 단지 단조관계가 있다고 가정한다.

고려 중인 예제에서, 구획들 사이의 비표준화된 유클리디안 거리가 프로그램의 입력으로 사용되었고, 삼차원이 가정되었다. 그림 12.5는 이차원에서 즉, 차원 1과 차원 2, 차원 1과 차원 3, 차원 2와 차원 3에서 구획 번호들을 보여 준다. 차원 1이 구획 번호와 강한 연관성을 보여 준 반면, 차원 2는 중앙 구획들이 번호가 높거나 낮은 구획과 어느 정도 다르다는 것을 보여 준다.

예제 12.6 **Bannadi 묘지들(재방문)**

앞 예제에서 사용된 똑같은 분석이 표 9.8의 Bannadi 묘지 자료에 적용되었다. 47개 묘지들 사이의 비표준화된 유클리디안 거리들이 38개 변수들에 대한 값으로 표에 주어진 0-1 자료를 이용하여 계산되었고, 이 거리들이 GenStat를 위한 자료로 제공되었다. 그림 12.6은 이차원에서 즉, 차원 1과 차원 2, 차원 1과 차원 3, 차원 2와 차원 3에

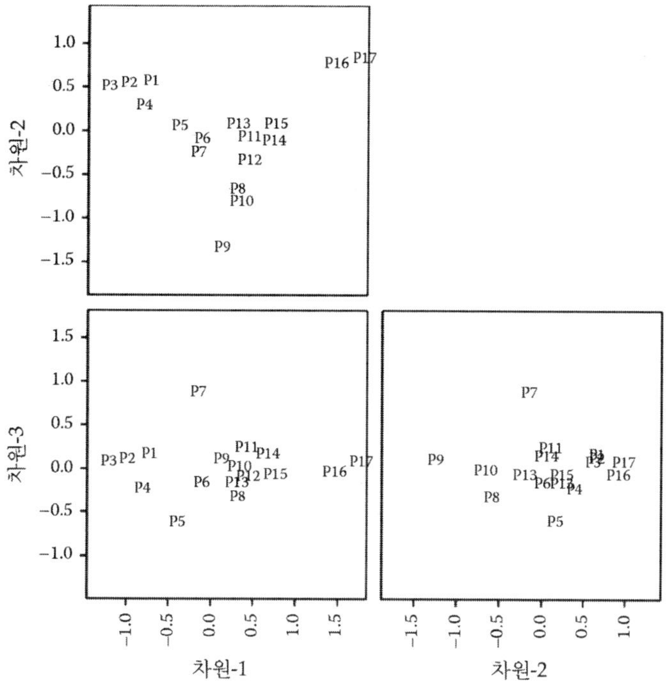

그림 12.5 Stenervd 자연보호구역의 비표준화된 자료를 이용하여 구획들 간의 유클리디안 거리에 기초한, 비계량 다차원척도분석에 의한 17구획에 대한 배열의 결과(삼차원 솔루션 가정했을 때)

서 묘지 번호를 보여 준다. 그림의 바깥쪽에 유물의 개수가 가장 많은 묘지가 있고, 그림 중앙에 적은 수의 유물을 가진 묘지를 포함하고 있다.

12.5 대응분석

배열 방법의 하나로 대응분석은 다음과 같은 논문에서 유래됐다: Hirschfeld(1935), Fisher(1940), 그리고 프랑스 통계학자들의 한 학파(Benzecri, 1992). 이는 식물학자들에게 인기 있는 배열 방법이고 다른 분야에서 또한 사용된다.

비록 이 방법이 행은 하나의 분류 형태, 그리고 열은 또 다른 분류 형태를 가지고 풍부함 척도의 이차원 표로 표현될 수 있는 자료에도 사용될 수 있지만, 여기에서는 n 종의 풍부함에 기초하여 p개 장소의 배열 방법 측면에서 이 방법은 설명될 것이다.

장소와 종에 관한 상황이 표 12.4에 주어졌다. 여기에는 표의 행과 관련 있는 종의 값들 $a_1, a_2, \cdots, a_n$, 그리고 표의 열과 관련 있는 장소 값들 $b_1, b_2, \cdots, b_p$가 있다. 대응

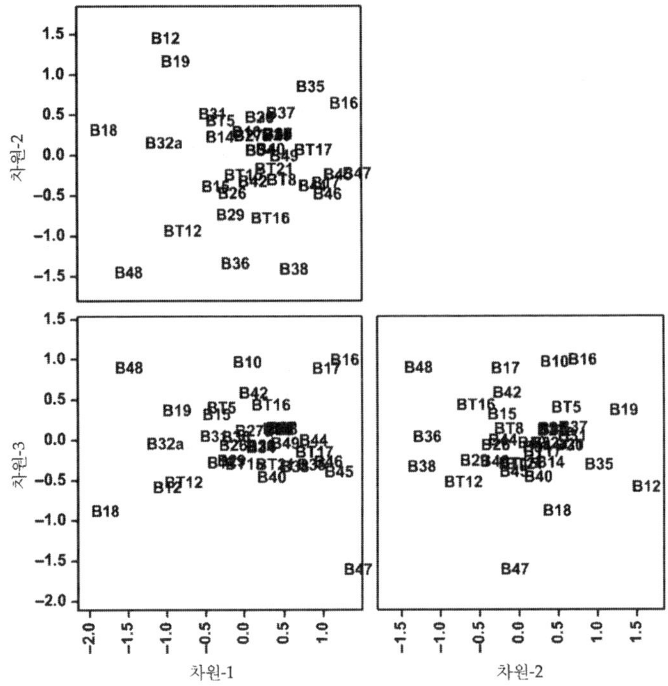

그림 12.6 Bannadi 묘지들 간의 비표준화된 유클리디안 거리를 이용한 비계량 다차원척도분석에 의한 세 축에서의 묘지들 그림

분석의 한 가지 해석은 표에 주어진 풍부함으로 표현된 이변량 분포에서 종과 장소의 상관관계가 가능한 한 크도록 두 값을 선택하는 것과 관련이 있다. 다시 말해, 종과 장소 값들이 이들의 분포에서 상관성이 최대가 되도록 선택되는데, 여기에서 장소 j에서 종 i가 발생하는 횟수가 관측된 풍부함 x_{ij}에 비례한다.

이런 최대화 문제의 해가 다음 연립방정식에 의해 주어진다는 것이 밝혀졌다.

표 12.4 p개 장소에서 n 종들의 존재량(X), 종 값은 (a), 장소 값은 (b)로 표시

종	장소				행의 합	종 값
	1	2	…	p		
1	x_{11}	x_{12}	…	x_{1p}	R_1	a_1
2	x_{21}	x_{22}	…	x_{2p}	R_2	a_2
.	.	.	…	.	.	.
.	.	.	…	.	.	.
.	.	.	…	.	.	.
n	x_{n1}	x_{n2}	…	x_{np}	R_n	a_n
열의 합	C_1	C_2	…	C_p		
장소 값	b_1	b_2	…	b_p		

$$a_1 = \{(x_{11}/R_1)b_1 + (x_{12}/R_1)b_2 + \ldots + (x_{1p}/R_1)b_p\}/r$$
$$a_2 = \{(x_{21}/R_2)b_1 + (x_{22}/R_2)b_2 + \ldots + (x_{2p}/R_2)b_p\}/r$$
$$\vdots$$
$$a_n = \{(x_{n1}/R_n)b_1 + (x_{n2}/R_n)b_2 + \ldots + (x_{np}/R_n)b_p\}/r$$

그리고

$$b_1 = \{(x_{11}/C_1)a_1 + (x_{21}/C_1)a_2 + \ldots + (x_{n1}/C_1)a_n\}/r$$
$$b_2 = \{(x_{12}/C_2)a_1 + (x_{22}/C_2)a_2 + \ldots + (x_{n2}/C_2)a_n\}/r$$
$$\vdots$$
$$b_p = \{(x_{1p}/C_p)a_1 + (x_{2p}/C_p)a_2 + \ldots + (x_{np}/C_p)a_n\}/r$$

여기에서 R_i는 종 i의 총 풍부함, C_j는 장소 j에서 총 풍부함, 그리고 r은 찾아진 최대 상관계수이다.

따라서 종 i의 값 a_i는 장소 값들의 가중평균인데, 장소 j가 x_{ij}/R_i에 비례하는 가중치를 갖는다. 그리고 장소 j의 값 b_j는 종 값들의 가중평균인데, 종 i는 x_{ji}/C_j에 비례하는 가중치를 갖는다.

바로 위에서 언급된 수식을 묘사하기 위해 역평균(reciprocal averaging)이라는 이름이 종종 사용되는데, 이유는 종 값들이 장소 값들의 (가중)평균이고 장소 값들이 종 값들의 (가중)평균이기 때문이다. 이러한 수식들이 종종 장소 값들의 함수로 종 값들을 생성하는 하나의 방편으로, 그리고 이와 반대로 대응분석을 정당화하기 위한 출발점으로 사용된다. 모든 i에 대해 $a_i = 1$, 모든 j에 대해 $b_j = 1$, 그리고 $r = 1$과 같은 단순한 해가 제외되도록 수식이 변형된 후에 연립방정식의 해는 반복적으로 구해질 수 있다. 그러나 해를 구하기 위해 수식을 행렬식으로 표현하는 것이 더 유익하다. 왜냐하면 수식의 해가 여러 개 존재할 수 있고, 이것들이 고유값 분석을 통해 구해질 수 있기 때문이다.

행렬식으로 표현된 수식은

$$\mathbf{a} = \mathbf{R}^{-1}\mathbf{X}\ \mathbf{b}/\mathbf{r} \qquad (12.8)$$

그리고

$$\mathbf{b} = \mathbf{C}^{-1}\mathbf{X}'\mathbf{a}/\mathbf{r} \tag{12.9}$$

이고, 여기에서 $\mathbf{a}' = (a_1, a_2, \cdots, a_n)$, $\mathbf{b}' = (b_1, b_2, \cdots, b_p)$, $\mathbf{R}$은 i행 i열에 R_i를 갖는 $n \times n$ 대각행렬, $\mathbf{C}$는 j행 j열에 C_j를 갖는 $p \times p$ 대각행렬, 그리고 $\mathbf{X}$는 i행 j열에 x_{ij}를 갖는 $n \times p$ 행렬이다.

만일 수식 (12.9)를 수식 (12.8)에 대입하면, 약간의 계산을 통해 다음과 같은 식을 얻고

$$r^2\left(\mathbf{R}^{½}\mathbf{a}\right) = \left(\mathbf{R}^{-½}\mathbf{X}\mathbf{C}^{-½}\right)\left(\mathbf{R}^{-½}\mathbf{X}\mathbf{C}^{-½}\right)'\left(\mathbf{R}^{½}\mathbf{a}\right) \tag{12.10}$$

여기에서 $\mathbf{R}^{1/2}$은 i행 i열 $\sqrt{R_i}$를 대각원소로 갖는 대각행렬이고, $\mathbf{C}^{1/2}$은 j행 j열에 $\sqrt{C_j}$를 대각원소로 갖는 대각행렬이다.

이는 상관관계를 최대로 하는 문제의 해가 $n \times n$ 행렬

$$\left(\mathbf{R}^{-½}\mathbf{X}\mathbf{C}^{-½}\right)\left(\mathbf{R}^{-½}\mathbf{X}\mathbf{C}^{-½}\right)'$$

의 고유값들로 주어짐을 보여 준다.

고유값 λ_k에 대해, 종과 장소 점수에 대한 상관관계가 $r_k = \sqrt{\lambda_k}$, 그리고 이에 대응하는 고유벡터는

$$\mathbf{R}^{½}\mathbf{a}_k = (\sqrt{R}_1 a_{1k}, \sqrt{R}_2 a_{2k}, \ldots, \sqrt{R}_n a_{nk})'$$

이고, 여기에서 a_{ik}는 종들의 값이다. 대응되는 장소 값들은 수식 (12.9)에 의해 다음과 같다.

$$\mathbf{b}_k = \mathbf{C}^{-1}\mathbf{X}'\mathbf{a}_k / r_k$$

가장 큰 고유값은 항상 $r^2 = 1$일 것이고, 모든 i에 대해 $a_i = 1$, 그리고 모든 j에 대해 $b_j = 1$과 같은 단순한 해를 제시한다. 다른 고유값들은 양수 혹은 0이고 종과 장소 사이의 관계를 표현하기 위해 다른 가능한 차원들을 반영한다. 풍부함 x_{ij}의 자료 분포에서 한 차원에서 종과 장소의 값들이 다른 차원에서 종과 장소의 값들과 관련이 없다는 의미에서 이러한 차원들은 서로 직교임이 보여질 수 있다.

대응분석에 의한 배열이 고유값이 1보다 작은, 처음 몇 개의 큰 고유값들에 대한 종과 장소를 이용하는데, 이유는 이 값들이 종과 장소 간의 상관관계가 가장 강한 해들

이기 때문이다. 종과 장소 모두 같은 축에 그리는 것이 보통인데, 이는 앞에서 언급됐듯이 종 값들이 장소 값들의 평균이고 그 반대도 성립하기 때문이다. 다시 말해 대응분석은 종과 장소 모두의 배열을 동시에 제공한다.

수식 (12.10)으로부터 대응분석은 행 합이 0인 자료에는 사용될 수 없음이 명백하다. 왜냐하면 행렬 $\mathbf{R}^{-1/2}$의 대각원소가 무한대가 될 수 있기 때문이다. 유사한 논리로, 열 합이 0인 경우도 허용되지 않는다. 이는 이 방법이 표 9.8 묘지 자료에 사용될 수 없다는 것을 의미한다. 왜냐하면 몇 개의 무덤이 매장유물이 없기 때문이다. 그러나 이러한 문제가 없을 때는 대응분석이 존재 유무 자료에 사용될 수 있다.

예제 12.7 Steneryd 자연보호구역의 식물 종들(재방문)

Steneryd 자연보호구역 식물 종 자료(표 9.7)에 대응분석을 적용했다. 단지 처음 두 차원만 배열 그림을 위해 고려했다. 그림 12.7은 약어로 표현된 종들의 이름, 장소 번호, 그리고 차원 1과 차원 2에 대한 그림을 보여 준다. 장소번호의 배열이 꽤 명확하다. 즉, 왼쪽(S17)부터 오른쪽(S1)까지 아치 형태로 이어지는 거의 완벽한 순서이다. 종들 또한 같은 아치 형태 즉, 왼쪽의 Mercurialis perennis(Mer-p)에서 오른쪽 Hieracium pilosella(Hie-p)까지 배치된다. 이 그림을 표 9.7과 비교해 보면 말이 된다. 예를 들어 M. perennis는 높은 숫자의 장소에서만 풍부하고, H. pilosella는 낮은 숫자의 장소에서만 풍부하다.

이 예제의 배열에서 나타난 아치 혹은 말편자는 대응분석 결과에서 흔한 특징인데,

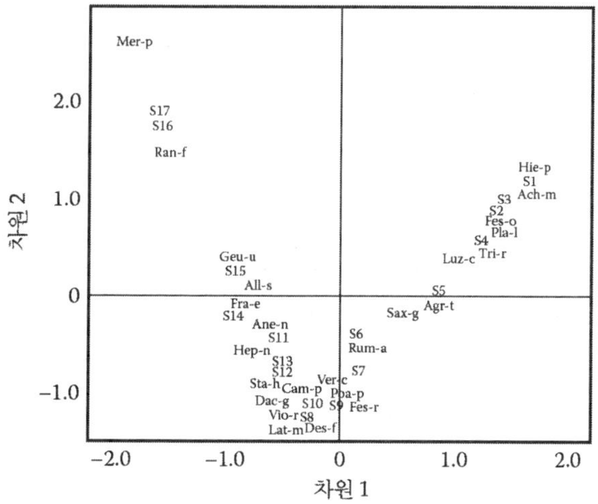

그림 12.7 Steneryd 자연보호구역 자료에 대응분석을 적용하여 얻은 처음 두 축(차원 1 그리고 차원 2) 대비 종과 장소 번호의 그림(종들의 이름은 명백한 약어를 이용하였고, 장소들은 S1부터 S17까지이다.)

이는 다른 배열 방법에서도 종종 나타난다. 이 효과가 배열 축의 특성을 가릴 것이라는 염려가 종종 있다. 그래서 이 효과를 제거하기 위해 분석을 수정하는 방법 개발에 약간의 노력을 기울여야 한다. 이것이 배열 방법의 인위적인 산물로 여겨진다.

대응분석에서는 보통 경향성을 제거하는 방법이 사용된다. 그래서 배열 방법의 그런 결과가 비경향성 대응분석(Hill and Gauch 1980)이라 불린다. 다른 배열 방법에 대한 수정 또한 존재하지만, 거의 사용되지 않는 것처럼 보인다.

12.6 배열 방법들의 비교

이 장에서 네 가지 배열 방법들이 소개됐다. 그래서 각 방법을 언제 사용해야 하는지를 얘기할 수 있는 것이 바람직하다. 불행히도 이것이 완전히 만족할 정도로 가능한 것은 아니다. 왜냐하면 배열이 사용되는 상황이 매우 다양하기 때문이다. 그러므로 여기에서 할 수 있는 것은 그들의 활용 측면에서 각 방법에 대한 최종 논평을 하고자 한다.

주성분분석은 연구 중인 각각의 개체들의 p개의 변수 값들이 알려졌을 때만 사용될 수 있다. 그러므로 이 분석은 단지 거리행렬 혹은 유사도 행렬만 이용 가능할 때는 사용할 수 없다. 변수 값들이 이용 가능하고 변수들이 대략 정규분포를 따를 때 이 방법은 좋은 선택이다.

연구 중인 개체들 간의 거리행렬 혹은 유사도 행렬을 가지고 시작되는 배열이 요구될 때, 주요인분석 혹은 다차원척도분석을 사용하는 것이 가능하다. 다차원척도분석은 계량 혹은 비계량일 수 있다. 그래서 주요인분석과 계량 다차원척도분석은 유사한 결과를 제시해야 한다. 계량 그리고 비계량 다차원척도분석의 상대적 장점이 상황에 매우 많이 종속되지만, 일반적으로 비계량 척도분석이 자료행렬에 조금 더 좋은 적합도를 보여 줄 것으로 기대된다.

대응분석은 관심 있는 개체들이 다른 특징들의 풍부함의 측도에 의해 묘사될 수 있는 상황을 위해 개발되었다. 그런 상황에서 이 방법은 상대적으로 해석하기 쉬운 배열을 제공하는 것처럼 보인다. 다른 장소에서 다른 종들의 풍부함에 관한 자료를 분석하는 생태학자들이 선호하는 것은 명백하다.

12.7 컴퓨터 프로그램

이 장에서 언급된 분석들은 여러 표준적인 통계 패키지를 이용하여 수행될 수 있고, 또한 특정 응용 분야를 위해 개발된 특화된 패키지, 예를 들어 식물분포자료 분석을 위한 패키지도 존재한다. 또한 부록에서는 여기에서 언급된 다양한 배열분석이 R 패키지를 사용하여 어떻게 수행되는지 설명한다.

12.8 추가 자료

주성분분석과 다차원척도분석에 관련된 추가 자료에 대한 조언이 6장과 11장에 주어져서 여기에서는 더 이상 언급할 필요가 없다. 주요인분석과 대응분석에 대한 추가 논의와 더 많은 예제를 위해, 특별히 식물생태학자의 측면에서 추가적인 내용은 다음 책들을 참고하라: Digby and Kempton(1987), Ludwig and Reynolds(1988), Jongman et al.(1995). 대응분석에 대한 고전적 참고문헌은 Greenacre(1984)이 있다. 뿐만 아니라 Clausen(1988)의 대응분석에 관한 짧은 책과 주제가 같은 Benzeri (1992)의 매우 종합적인 서적이 있다.

이 장에 포함되지 않은 한 가지 중요한 기술이 정준배열인데, 이 방법에서 배열 축들은 일련의 설명변수들을 최대한 많이 표현하도록 선택된다. 예를 들어, 여러 장소에서 식물 종들의 분포가 같은 장소에서 온도 그리고 토양 특징과 어떻게 관련이 있는지를 알아보는 데 관심이 있을 것이다. 판별함수분석도 이런 분석의 특별한 경우이지만, 많은 다른 분석 또한 가능하다. 더 자세한 사항은 Jongman et al.(1995)을 참고하기 바란다.

연습문제

표 6.6은 태국에서 발굴된 25개 역사적 유물 술잔 각각에서 측정한 6가지 측정치를 보여 준다. 측정 변수들에 대한 자세한 사항은 그림 6.3에 주어졌다. 술잔의 배열을 생성하기 위해 이 장에서 언급된 다양한 방법을 사용하고 이들 중 어떤 방법이 가장 유익한 결과를 제시하는 것처럼 보이는지 알아보라.

참고문헌

Benzecri, P.J. (1992). *Correspondence Analysis Handbook.* New York: Marcel Dekker.

Clausen, S.E. (1998). *Applied Correspondence Analysis*. Thousand Oaks, CA: Sage.

Digby, P.G.N. and Kempton, R.A. (1987). *Multivariate Analysis of Ecological Communities.* London: Chapman and Hall.

Fisher, R.A. (1940). The precision of discriminant functions. *Annals of Eugenics* 10: 422–9.

Greenacre, M.J. (1984). *Theory and Application of Correspondence Analysis.* London: Academic Press.

Hill, M.O. and Gauch, H.G. (1980). Detrended correspondence analysis, an improved ordination technique. *Vegetatio* 42: 47–58.

Hirschfeld, H.O. (1935). A connection between correlation and contingency. *Proceedings of the Cambridge Philosophical Society* 31: 520–4.

Jongman, R.H.G., ter Braak, C.J.F., and van Tongeren, O.F.F. (1995). *Data Analysis in Community and Landscape Ecology.* Cambridge University Press, Cambridge.

Ludwig, J.A. and Reynolds, J.F. (1988). *Statistical Ecology.* Wiley, New York.

VSN International Ltd. (2014). GenStat, 17th Edn. www.vsni.co.uk

부록 R에서의 배열 방법

이 장에서 제시된 각 예제에 대한 결과를 생성하는, 설명이 추가된 R 코드는 책의 웹사이트에서 무료로 이용 가능하다. 코드를 작성할 때 우리 전략은 목적을 달성하는 데 필요한 가장 짧은 R 명령어를 사용하는 것이었다. 이 부록의 끝에 배열분석을 위한 다양한 계산 절차를 제공하는 R 패키지를 추가로 제안한다.

A.1 주성분 그리고 비계량 다중척도분석

주성분분석(12.2절)과 비계량 다중척도분석(12.4절)이 데이터 분석가가 다변량 자료의 배열을 생산하기 위해 적용할 수 있는 적합한 방법론에 속한다고 이 장에서 언급됐다. 결과적으로 주성분분석과 비계량 다중척도분석으로부터 줄여진 변수들을 생성하기 위해 필요한 R 명령어를 위해 우리는 독자들에게 6장과 11장의 부록을 참고하길 조언한다.

A.2 주요인분석

주요인분석은 R에서 고전적인 다중척도분석을 의미하는 함수인 cmdscale을 이용하여 수행될 수 있다. 이 함수의 주요 매개변수는 dist() 혹은 이와 동등한 다른 함수를 이용하여 생성된 거리행렬이다. 일례로, 관심 있는 변수들을 포함한 데이터 프레임(즉, MV.DATA)이 주어지고, 이 데이터의 개체들 간에 비유사도를 측정하기 위해 맨하탄(Manhattan) 거리가 선택됐다고 가정하면, 거리행렬 계산은 다음과 같다.

```
Dist.Manh <- dist(MV.DATA, method = "manhattan")
```

이제 여러분이 축소된 공간의 최대 차원이 k = 3이고, 고유값들이 반환되길 바란다고 하자. 수행될 cmdscale 명령어는

```
PCO.object <- cmdscale(Dist.Manh, k=3, eig=TRUE)
```

사용자는 거리행렬을 12.3절에서 언급된 이중 중심화 유사도 행렬로 변환하는 것을 걱정할 필요가 없다. 명령어 cmdscale은 자동적으로 이를 계산한다.

vegan 패키지에 capscale()이라는 함수가 있는데, 이는 주요인분석의 제약버전(PCoA, 또한 MDS로도 알려짐)인 반면, 보통의 PCoA에도 사용될 수 있다. 이것은

이변량 그림에 개체와 변수 모두 표현할 수 있다.

A.3 대응분석

이번 장에서 언급된 대응분석(CA: correspondene analysis)을 위한 R 명령어는 패키지 ca의 (Nenadic and Greenacre 2007) ca()이다. 이 명령어는 단순 대응분석을 수행하는데, 이 용어는 관심 있는 자료가 보통 이차원 분할표임을 의미하기 위해 프랑스 학파에 의해 주어진 용어이다. 다중 혹은 결합 대응분석이란 용어는 단순 대응분석의 두 개 이상의 범주형 자료로 확장을 의미하기 위한 용어이다. 더 자세한 사항은 Nenadic and Greenacre(2007) 논문을 참고하기 바란다.

일단 단순 대응분석이 자료행렬 mat.dat, 예를 들어 다음 명령어에 의해 실행되면,

```
object.ca <- ca(mat.dat)
```

사용자는 다음과 같은 명령을 통해

```
object.ca
```

혹은 명령어 summary(object.ca)를 통해 고유값 전체를 얻을 수 있다. 게다가 행과 열 점수들(혹은 특이 값들)의 상관관계는

```
object.ca$sv
```

를 통해 소환될 수 있다.

대응분석 점수들의 결합 그림(그림 12.7)이 다음 함수에 의해 생성된다.

```
plot(object.ca)
```

A.4 배열을 위한 다른 R 패키지들

배열분석을 위해 특화된 R 패키지들 중에서, 다음 두 특별한 패키지 labdsv (Roberts, 2016)과 vegan (Oksanen et al., 2016)이 매우 좋다. 두 패키지 모두 생태학자들 커뮤니티의 주성분분석, 주요인분석, 그리고 다차원척도분석을 포함한 계산적 수요를 주로

충족시키기 위해 고안된 다양한 배열분석을 제공한다. 함수들의 범위는 labdsv보다 vegan이 더 넓다. 따라서 vegan은 두 유명한 대응분석 알고리즘, 단순 대응분석과 정준 대응분석에서 선택을 허용하는데, 후자는 제약된 CA로도 알려져 있고, 명령어 cca()를 통해 사용 가능한 반면, 비경향 대응분석은 함수 decorana()에 의해 소환될 수 있다. vegan을 이용한 배열분석을 위한 R 함수들에 관한 여러 종합서적들과 튜토리얼들이 있다. 우리는 Borcard et al.(2011) 책과 vegan 패키지를 만든 Oksanen (2016)에 의해 제공된 튜토리얼을 추천한다.

A.5 배열에서 draftsman 그림

이 장에서 제안된 일반적인 전략은 어떤 배열분석으로부터 얻은 결과를 도출하기 위한 시각적 도구로서 draftsman 그림을 그리는 것이다. 이러한 그림은 다변량분석에서 유도된 변수집합의 일부(주성분분석에서 처음 몇 개의 주성분, 주요인분석 혹은 비계량 다차원척도분석에서 처음 몇 개의 차원 등)에 대한 산점도를 보여 주기도 하고, 이 그림이 원 자료에서 배열분석 결과의 해석에 도움이 되는, 특정한 변수들의 집합을 포함하기도 한다. 3장에서처럼, draftsman 그림이 바람직할 때 패키지 car의 R 함수들 pairs(), 그리고 scatterplotMatrix(), 그리고 패키지 lattice의 splom() 함수들이 배열분석 R 코드에서 추가될 수 있는 적절한 명령어들이다.

참고문헌

Borcard, D., Gillett, F., and Legendre, P. (2011). *Numerical Ecology*. New York: Springer.

Jongman, R.H.G., ter Braak, C.J.F., and van Tongeren, O.F.F. (1995). *Data Analysis in Community and Landscape Ecology*. Cambridge: Cambridge University Press.

Ludwig, J.A. and Reynolds, J.F. (1988). *Statistical Ecology*. New York: Wiley.

Nenadic, O. and Greenacre, M. (2007). Correspondence analysis in R, with two- and three-dimensional graphics: The ca package. *Journal of Statistical Software* 20(3): 1 −13.

Oksanen, J. (2016). *Vegan: An Introduction to Ordination*. https://cran.r-project.org/web/packages/vegan/vignettes/intro-vegan.pdf

Oksanen, J., Blanchet, F.G., Friendly, M., Kindt, R., Legendre, P., McGlinn, D., Minchin, P.R., et al. (2016). vegan: Community Ecology Package. R package version 2.4-0. http://CRAN.R-project.org/package=vegan

Roberts, D.W. (2016). labdsv: Ordination and Multivariate Analysis for Ecology. R package version 1.8-0. https://CRAN.R-project.org/package=labdsv

13장

에필로그

13.1 다음 단계

이 책의 각 버전을 집필할 때 의도적으로 내용 측면에서 제한하는 목표를 세웠다. 만일 책의 앞부분을 신중하게 읽은 사람이 가장 흔하게 사용되는 다변량 방법론들에 의해 무엇이 달성될 수 있고 무엇이 달성될 수 없는지에 대한 선명한 생각을 가지면 이 목표들은 달성된 것이다. 우리의 바람은 이 책이 많은 사람들이 '아주 먼 여정'에서 첫 발을 뗄 수 있도록 도움을 주고자 함이다.

첫 발을 뗀 사람들이 더 앞으로 나아가는 방법은 여러 다른 자료를 분석하고 어떤 결과들이 얻어지는지를 확인함으로써 다변량분석의 경험을 쌓는 것이다. 응용통계의 다른 분야처럼 다변량분석에서 능력은 연습을 필요로 한다.

다변량분석에서 최근 개발된 것들은 데이터 마이닝과 밀접한 분야에서 이뤄졌는데, 이는 방대한 자료에서 정보를 추출하는 것과 관련이 있다. 이 주제가 이 책에서 고려되지 않았지만, 큰 다변량 자료를 다루는 사람들이 반드시 살펴봐야 할 영역이다. 더 자세한 사항은 Hand et al.(2001) 책을 참고하기 바란다.

13.2 몇 가지 일반적인 얘기

다변량분석에서 친밀함과 전문지식을 쌓을 때 몇 가지 명심해야 할 점들이 있다. 사실 이것들은 일변량 분석과 관련이 있다. 하지만 여전히 다변량 측면에서 강조할 가치가 있다.

첫 번째, 특정한 자료를 분석하는 데 종종 다른 접근 방법들이 있고, 이 중 어떤 방법도 반드시 최고는 아님을 기억해야 한다. 사실 같은 자료의 다른 측면을 조사하기 위해 여러 종류의 분석이 수행돼야 할지도 모른다. 예를 들어, 표 1.1의 암컷 참새의 몸통 측정치들은 몸통 크기 변동 기저에 있는 차원을 조사하기 위해 주성분분석 혹은 인자분석, 생존 그룹과 비생존 그룹 대비를 위해 판별분석, 새들이 어떻게 그룹을 구성하는지 알아보기 위해 군집분석 혹은 다차원척도분석 등에 의해 분석될 수 있다.

두 번째, 상식을 이용해라. 분석에 앞서 관심 있는 질문에 답을 줄 수 있는지를 고려해라. 분석이 질문에 얼마나 도움이 되는지와는 상관없이, 자료가 적절한 형태로 존재하기 때문에 많은 통계분석들이 수행된다. 언젠가 많은 통계 사용자들이 그들이 알고자 했던 것들에 어떠한 도움도 안되는 엄청난 양의 컴퓨터 결과가 그들 앞에 놓여 있음을 발견하게 된다.

세 번째, 다변량분석은 항상 훌륭한 해답을 제공하는 것은 아니다. 결과가 확실하고 결론이 명백한 예제를 포함한 통계 서적이나 논문에는 명백한 편견이 있다. 현실에서는 이런 일이 자주 발생하지 않는다. 만일 다변량분석이 여러분이 진심으로 관심 있는 자료에 대한 만족스러운 결과를 주지 못해도 놀라지 마시라! 데이터는 전하고자 하는 메시지가 있겠지만, 그 메시지가 표준 통계분석이 기초한 어떤 단순한 모형을 사용함으로써 읽히지 않을 수 있다. 예를 들어, 다변량 자료에서의 변동이 두 개 혹은 세 개의 기저요인에 의해 완벽하게 묘사되는 경우도 있을 수 있다. 하지만 이런 요인들이 주성분분석 혹은 인자분석에서 나타나지 않을 수 있는데, 이유는 관측 변수와 기저요인들이 단순 선형관계가 아니기 때문이다.

마지막으로 분석이 하나 혹은 두 개의 다소 극단치들에 의해 영향을 받을 가능성이 항상 존재한다. 이런 이상치들은 종종 눈으로 바로 확인되거나, 혹은 각 개별변수들에 대한 빈도 표를 통해서 발견될 수 있다. 어떤 경우에는 더 정교한 다변량 방법들이 요구될 수도 있다. 예를 들어, 어떤 관측치로부터 모든 관측치 평균까지 Mahalanobis 거리가 크다는 것은 다변량 이상치의 한 가지 징조이다(5.3절 참고). 비록 사실은 자료가 근사적으로 다변량 정규분포를 따르지 않아서일 수도 있다.

이상치를 어떻게 할 것인가는 어려운 문제이다. 만일 이것이 기록 실수이거나 다른 어떤 명백한 실수에 기인한 것이라면, 분석에서 제거하는 것이 좋다. 그러나 만일 그 관측치가 진짜 값이라면, 이것은 타당하지 않다. 적절한 대응은 특정한 상황에 따라 다르다. 이 문제에 가능한 대처에 관한 자세한 사항은 Barnett and Lewis(1994) 책을 참고하기 바란다.

종종 효과적인 것은 극단값을 포함하고, 그리고 극단값을 제외하고 분석을 하는 것이다. 만일 결론이 같다면 실질적으로 문제는 없다. 단지 결론이 조심히 다뤄야 할 필요가 있는 극단값들에 강하게 종속될 때 문제가 된다.

13.3 결측치

결측치들은 일변량 자료보다 다변량 자료에서 더 많은 문제를 야기한다. 각 개체에서 많은 변수들이 측정되고, 이들 중 하나 혹은 두 변수에서 결측치가 있을 때가 문제이다. 만일 결측치가 존재한 개체들을 분석에서 제외한다면 비현실적으로 많은 개체들을 제거하는 일이 발생할 수도 있다. 예를 들어 고대 인류 연구에서 뼈들이 종종 부러지고 불완전한 상태이다.

다변량 교재들이 결측치 질문에는 종종 침묵한다. 이는 결측치에 대해 조치를 취하는 것이 결코 간단한 문제가 아니기 때문이다. 실제로 컴퓨터 패키지들이 종종 다양한 수준의 복잡한 방법론들에 의해 결측치를 추정하는 기능을 포함하고 있다. 그러므로 한 가지 가능한 방법은 결측치를 추정하고, 이 결측치를 포함한 자료를 마치 처음부터 완벽한 자료였던 것처럼 분석한다. 만일 작은 비율로 결측치가 발생했을 때 이런 방법은 만족스럽게 작동할 것으로 가정하는 것이 자연스러워 보인다.

결측치를 다루는 방법에 대한 자세한 논의는 Little and Rubin(2002) 책을 참고하기 바란다.

참고문헌

Barnett, V. and Lewis, T. (1994). *Outliers in Statistical Data*. 3rd Edn. New York: Wiley.

Hand, D., Mannila, H., and Smyth, P. (2001). *Principles of Data Mining*. Cambridge, MA: MIT Press.

Little, R.A. and Rubin, D.B. (2002). *Statistical Analysis with Missing Data*. 2nd Edn. New York: Wiley.

찾아보기

역자 소개

정재식
서울시립대학교 전산통계학과 학사
서울대학교 통계학과 석사
Texas A&M University (Ph.D.)
현) 전남대학교 통계학과 교수

R을 활용한
다변량 통계분석 입문 -제4판-

저　　자　Bryan F.J. Manly · Jorge A. Navarro Alberto
역　　자　정재식
발 행 인　김지영
발 행 처　자유아카데미
주　　소　경기도 파주시 회동길 37-42
　　　　　파주출판도시
전　　화　031-955-1321
팩　　스　031-955-1322
홈페이지　www.freeaca.com
전자우편　main@freeaca.com (대표)
　　　　　editor@freeaca.com (편집)
　　　　　crm@freeaca.com (영업)
등　　록　제406-2003-017호, 1980. 7. 12
제4판1쇄　2020년 11월 25일 발행
제4판2쇄　2024년 12월 26일 발행
정　　가　25,000원

Printed in Korea
ISBN 979-11-5808-279-6　93310